U0908287

国家示范性高职院校建设项目成果
河南省省级精品课配套教材

3G 基站建设与维护

主　编　王　昆　李　伟
副主编　王香丽　王　盛
参　编　周　军　秦连铭
主　审　谢敬国　王一凡

机 械 工 业 出 版 社

本书依据电子信息类专业高级技能人才的培养要求，突破传统教育对学生技术应用能力培养的局限，以任务模块构架实训教学体系，以基站勘察、安装、调测、维护和测试等操作的基本工艺、基本技能为重点，结合所用到的知识点，并辅以必要的理论分析，使理论指导实践，突出技能训练。本书的内容包括5个任务模块：基站勘察与设计、基站设备的安装、基站系统的调测、基站系统运行维护和移动网络无线测试。

本书可作为高等职业教育电子信息类专业（应用电子技术、通信技术、移动通信技术）高级技能人才培养的实训教材，也可作为工程技术人员的自学参考书。

为方便教学，本书配有免费电子课件、习题解答等，凡选用本书作为授课教材的学校，均可来电或邮件索取，咨询电话：010－88379564或邮箱：cmpqu@163.com。有任何技术问题也可通过以上方式联系。

图书在版编目（CIP）数据

3G基站建设与维护/王昆，李伟主编．—北京：机械工业出版社，2010.12（2015.1重印）

国家示范性高职院校建设项目成果．河南省省级精品课配套教材

ISBN 978-7-111-32809-4

Ⅰ.①3… Ⅱ.①王…②李… Ⅲ.①码分多址－移动通信－通信设备－高等学校：技术学校－教材 Ⅳ.①TN929.533

中国版本图书馆CIP数据核字（2010）第251937号

机械工业出版社（北京市百万庄大街22号　邮政编码100037）
策划编辑：曲世海　责任编辑：曲世海　常建丽　崔占军
封面设计：赵颖喆　责任印制：乔　宇
北京机工印刷厂印刷（三河市南杨庄国丰装订厂装订）
2015年1月第1版第2次印刷
184mm×260mm·15印张·365千字
4 001—5 500册
标准书号：ISBN 978-7-111-32809-4
定价：32.00元

凡购本书，如有缺页、倒页、脱页，由本社发行部调换

电话服务　　网络服务

服务咨询热线：(010)88379833　　机工官网：www.cmpbook.com

读者购书热线：(010)88379649　　机工官博：weibo.com/cmp1952

教育服务网：www.cmpedu.com

金书网：www.golden-book.com

序

三载寒暑，数易其稿，我院国家示范性高职院校建设成果之一——工学结合的系列教材终于付梓了，她就像一簇小花，将为我国高职教育园地增添一抹春色。我院入选国家示范性高职院校建设单位以来，以强化内涵建设为重点，以专业建设为龙头，以精品课程和教材建设为载体，与行业企业技术、管理专家共同组建专业团队，在课程改革的基础上，共同编著了30余部教材，涵盖了我院的机电一体化技术、电子信息工程技术、汽车检测与维修技术、烹任工艺与营养四个专业的30余门专业课程。在保证知识体系完整性的同时，体现基于工作过程的基本思想，是本批教材探讨的重点。

本批教材是我院与行业企业共同开发的，适应区域、行业经济和社会发展的需要，体现行业新规范、新标准，反映行业企业的新技术、新工艺、新材料。教材内容紧密结合生产实际，融“教、学、做”为一体，力求体现能力本位的现代教育思想和理念，突出高职教育实践技能训练和动手能力培养的特色，注重实用性、先进性、通用性和典型性，是适合高职院校使用的理论和实践一体化教材。

本批教材由我院国家示范性重点建设专业的专业带头人、骨干教师与相关行业企业的技术、管理专家合作编写，这些同志大都具有多年从事职业教育和生产管理一线的实践经验，合作团队中既有享受国务院政府特殊津贴的专家、河南省“教学名师”，又有河南省教育厅学术技术带头人、国家技能大赛优胜者等。学院教师长期工作在高职教育教学一线，熟悉教学方法和手段，理论方面有深厚功底；行业企业专家具有丰富的实践经验，能够把握教材的广度和深度，设定基于工作过程的教学任务，两者结合，优势互补，体现“校企合作、工学结合”的主要精髓。相信这批教材的出版，将会为我国高职教育的繁荣发展做出一定贡献。

王爱群

前　言

根据《教育部、财政部关于确立“国家示范性高等职业院校建设计划”2008年度立项建设院校的通知》（教高函【2008】17号），河南职业技术学院被确立为立项建设院校。本教材所属课程是该院电子信息技术专业核心课程之一。

本教材注重实践，提倡“做中学，学中做”。以模块化结构，将基站勘察、安装、调测、维护和测试的工作过程整合成工作任务。以任务驱动教学，从提出“教学目的”开始，在完成工作任务的过程中突出工艺要领和操作技能的培养；在每个任务中的“知识能力”部分，对任务中涉及的理论知识进行梳理，努力使学生在实训时能够实现理论实训一体化；在“技能能力”部分，对工作过程进行教学描述，设计出“任务单”，要求学生从资讯、决策、计划、实施、检查、评价6个方面开放学习，并在每个任务后面给出“考核标准”，对训练过程进行记录，并给出相应的量化参考标准。同时，教材内容以国家、行业和企业的职业标准和规范为依据，充分体现新工艺、新技术和新方法。

本教材由河南职业技术学院的王昆和李伟主编，王昆编写了模块1、任务2.1、任务4.1、任务5.1和任务5.3；李伟编写了前言并负责统稿；河南职业技术学院的王香丽编写了任务2.2和模块3；河南职业技术学院的王盛和秦连铭分别编写了任务4.2和任务2.3；河南联通郑州分公司网优中心的周军编写了任务5.2；全书由河南联通郑州分公司的谢敬国和王一凡任主审。在此对本书编写过程中参考的有关文献、资料的作者表示衷心的感谢，并对河南联通郑州分公司在本书编写过程中给予的大力支持表示衷心的感谢。

为方便教学，本书配有免费电子课件、习题解答等，凡选用本书作为授课教材的学校，均可来电或邮件索取，咨询电话：010－88379564或邮箱：cmpqu@163.com。有任何技术问题也可通过以上方式联系。

由于编者水平有限，编写时间仓促，书中难免有疏漏、错误和不足之处，恳请读者批评指正。

编　者

目　　录

模块 1　基站勘察与设计

任务 1.1　勘测工具与仪器的使用

教 学 目 的

知识能力：掌握勘测工具及仪器的基本操作使用方法。

技能能力：掌握相关勘测工具和仪器在基站勘察中的应用，独立完成指定室内外建筑物和天线有关内容的测试。

社会能力：培养学生分析问题、解决问题的能力。培养学生的沟通能力及团队协作精神。

➢ 知识能力

在移动通信网络建设过程中，基站勘察是无线网络规划和优化的重要组成部分。勘察的主要内容包括无线传播环境和工程安装条件的勘察。

1.1.1　基站勘察概述

基站勘察为网络建设的规划提供了科学依据，为网络建设的实施提供了详细的建设方案，以实现最小建设投资、满足一定质量要求的网络覆盖和容量，并指导建设中的备货、施工、安装调测等环节。在整个网络建设中，基站勘察的作用如图 1-1 所示。勘察结果的合理性和严谨性不仅关系到站点自身工作效果，而且会影响其他站点的工程质量和整网效果。

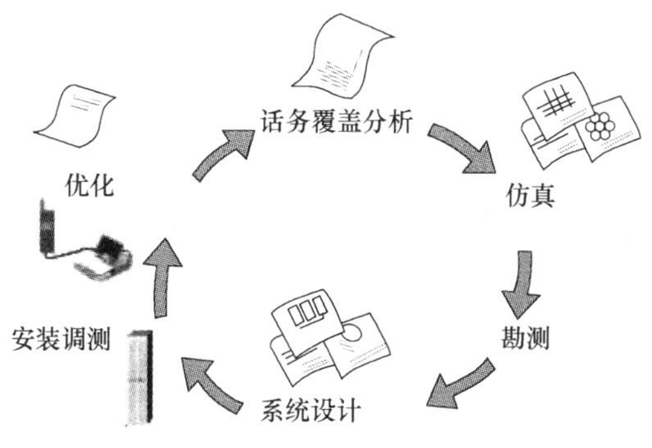

图 1-1　基站勘察的作用

基站勘察要求勘察人员对移动通信技术体系有较全面的了解，通常应该具备以下几方面的基本知识：

1）移动通信系统结构及空中接口。

2）基站设备的技术性能。

3）天馈系统知识。

4）无线传播理论的基础知识。

为保证现场勘察的顺利进行，勘察前应准备相关勘察工具和仪器（见表 1-1）。需要注意的是，所有设备在现场使用前必须检查、试用，以确保现场使用的设备完好无损。

表 1-1　勘察工具和仪器

序　号	名　称	用　途	备　注
1	GPS 定位仪	确定基站的经纬度和海拔	必备
2	罗盘仪	确定天线方位角	必备
3	便携计算机	记录、保存和输出数据	必备
4	卷尺	测量长度信息	必备
5	数码相机	拍摄基站周围无线传播环境、天面信息以及共站址信息	必备
6	笔和纸	记录数据和绘制草图	必备
7	倾角仪	测量天线下倾角	必备
8	激光测距仪	测量建筑物的高度以及周围建筑物的距离，勘察站点的距离等	必备
9	钳形接地电阻仪	测量建筑物接地网阻值	必备
10	望远镜	观察周围环境	推荐
11	角度仪	测量角度，可用于推算建筑物的高度	推荐
12	Mapinfo 软件	处理基站位置信息	推荐
13	地图	当地行政区域纸面地图，显示勘察地区的地理信息	推荐

1.1.2　勘测工具和仪器

下面以基站勘察中常用到的罗盘仪、GPS 定位仪、激光测距仪、数显倾角仪、钳形接地电阻仪等为例，讲述勘察工具和仪器的结构、原理与操作方法。

1. 罗盘仪

罗盘仪俗称指南针，是测定直线磁方位角的仪器，主要可测走向、倾向、倾角，定方位，测坡角，定水平，测垂直角等。DQY-1 型罗盘仪实物如图 1-2 所示，该仪器具有结构紧凑、体积小、携带方便、精度可靠、性能稳定等特点。在通信网规划和优化工作中，主要在站点勘察及测定天线方位角时用到罗盘仪。

（1）原理与结构　罗盘仪是利用磁性物体（即磁针）具有指明磁子午线一定方向的特性，配合刻度环的读数来确定目标相对于磁子午线的方向。

图 1-2　DQY-1 型罗盘仪实物

DQY-1 型罗盘仪结构示意图如图 1-3 所示，由上盖 6 与外壳 13 通过连接合页 8 构成仪器主体。上盖内装有反光镜 7，可使目标映入镜中；外壳 13 的外部装有长照准器 1，配合小照准器 5，可瞄准目标；外壳内装有刻度盘 2 和磁针 3，可以直接读出目标的方位值；圆水准器 10 可以指示仪器的水平位置；长水准器 4 和指示盘 11 供测量坡角用，可以在方向盘12的倾角刻度上直接读数；开关9为磁针制动机构；在外壳的外面备有磁偏角调整轴。

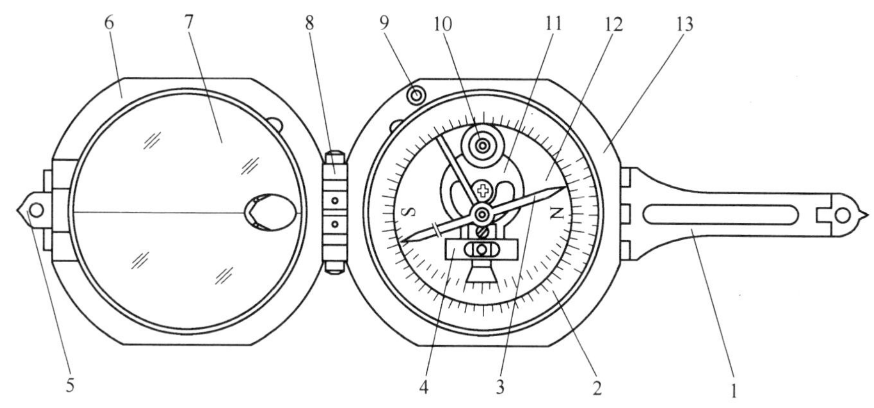

图1-3　DQY-1型罗盘仪结构示意图

1—长照准器（瞄准觇板）　2—刻度盘　3—磁针　4—长水准器　5—小照准器（对目觇板）　6—上盖　7—反光镜　8—连接合页　9—磁针制动开关　10—圆水准器　11—指示盘　12—方向盘　13—外壳

（2）磁偏角的校正　在使用前必须进行磁偏角的校正。因为地磁的南北两极与地理上的南北两极位置不完全相符，即磁子午线与地理子午线不重合，使得地球上任一点的磁北方向与该点的正北方向不一致，这两个方向间的夹角称为磁偏角。

地球上某点磁针北端偏于正北方向的东边称东偏，偏于西边称西偏，东偏为（+），西偏为（-）。地球上各地的磁偏角都定期公布，以备查用。校正时可旋动罗盘仪侧面的校正旋钮，使刻度盘向左或向右转动（磁偏角东偏则向右，西偏则向左），从而使罗盘仪上的南北刻度线与刻度盘0°和180°两刻度连线之间的夹角等于磁偏角。经校正后的测量读数就为真方位角。

（3）目的物方位的测量　目的物方位是待测定目的物与测量者间的相对位置关系，也就是目的物的方位角。测量时放松磁针制动开关，使瞄准觇板指向目的物，即罗盘仪北端对着目的物，南端靠着自己，进行瞄准，使目的物、瞄准觇板的小孔、镜上细线、对目觇板的小孔四者连在一条直线上，同时保持圆水准器水泡居中，待磁针静止时，所测读数即为目的物的方位角。

若磁针静止不下来，则可读取磁针摆动时最小刻度的1/2处的数值。

（4）天线方位角的测量　测量天线方位角与测量前面目的物方位的方法相似，只是测量目的物方位时瞄准觇板对准的是被测目的物，而测量天线方位角时瞄准觇板对准的是天线覆盖主方向中心线（在现场只能大致指出该方向），所以测量结果也是近似值，主要是检测天线方位角是否有较大偏差。

测量时以正北方向为0°，天线方向与正北方向顺时针角度即是天线的方位角。测量天线方位角的步骤如下：

1）测量者手握罗盘仪站在天线或天线铁塔前。罗盘仪受金属影响较大，所以在测量时要尽量远离铁塔等金属设施。

2）使罗盘仪上盖背面向着测量者，瞄准觇板指向天线方向。

3）保持圆水准器水泡居中，等指针稳定后读磁针北极所指示的度数，即为天线方位角。

（5）注意事项

1）磁针和顶针、玛瑙轴承是仪器最重要的零件，应保持干净，小心操作，以免影响磁针的灵敏度。不用时应将仪器关牢，仪器上盖合上后，通过开关和拨杆的动作使磁针自动抬起，与玛瑙轴承脱离，以避免磨坏顶针。

2）所有合页不要轻易拆卸，以免松动而影响精度。

3）使用仪器时尽量避免高温曝晒，以免水泡漏气失灵。

4）长时期不用时，应放在通风、干燥处保存。

2. GPS 定位仪

手持 GPS 定位仪通过相位跟踪捕获、锁定卫星信号，根据接收卫星定位信息，定位仪实时计算三维位置、运动速度和时间信息等，达到全球性、全天候、连续的精密三维定位与导航的目的。捕获 4 颗以上卫星信息可以三维定位，捕获信息的卫星越多，定位精度越高。下面以图 1-4 所示的 GARMIN 手持式 GPS76 定位仪为例，说明 GPS 的基本使用方法。

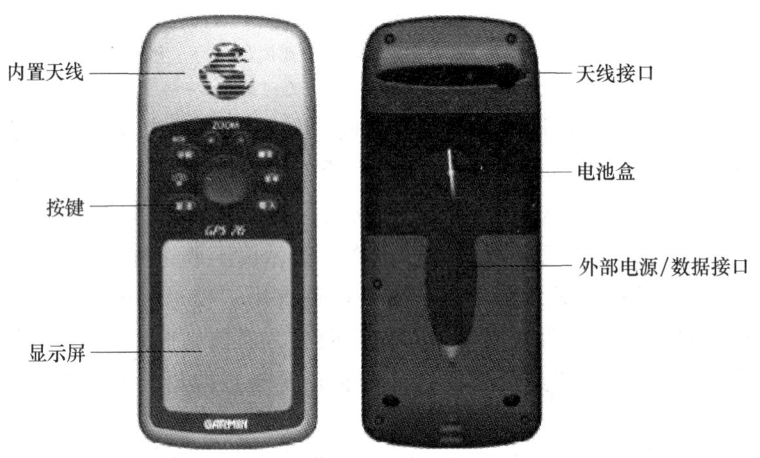

图 1-4　GARMIN 手持式 GPS76 定位仪

（1）面板按键功能　GPS76 定位仪的操作主要通过图 1-5 所示控制面板的相关按键实现，控制面板各按键操作的功能如下：

1）电源键，按住红色电源键 2s 以上，可开/关机。在开机状态下瞬时按下即放开，将打开控制显示屏亮度和对比度的窗口。

2）翻页键，用于顺序循环显示各个主要页面。

3）输入键，激活黑色光标所选择的选项功能，按住 2s 将会存储当前位置。

4）退出键，反向循环显示各个主要页面，或终止某一操作退出到前一界面。

5）导航键，用于开始或停止导航，按住此键 2s 将记录当前位置，并立刻向这个位置导航。

6）缩/放键，控制面板上标识“+/-”的按键可实现在地图页面放大/缩小地图显示范围。

7）菜单键，打开当前页面的选项菜单，连续按下两次时将打开主菜单。

8）方向键，位于控制面板中间位置的圆形按键，可在显示屏中移动光标或选择输入的数据。

（2）主要页面　GPS76 定位仪采用图 1-6a ~ e 所示的主要页面来显示有关信息，分别是“GPS 信息页面”、“地图页面”、“罗盘导航页面”、“公路导航页面”和“当前航线页面”。按“翻页键”或“退出键”就可正向或反向循环显示这些页面。

图 1-5　控制面板

1）GPS 信息页面，可以显示当前的导航数据、定位状态、GPS 卫星分布图、卫星信号强度、日期、时间和坐标的经纬度等信息。

2）地图页面，可以显示全国城市、乡镇的详细地图、导航数据、行走轨迹和保存的航点等信息，还可进行测量距离的操作。

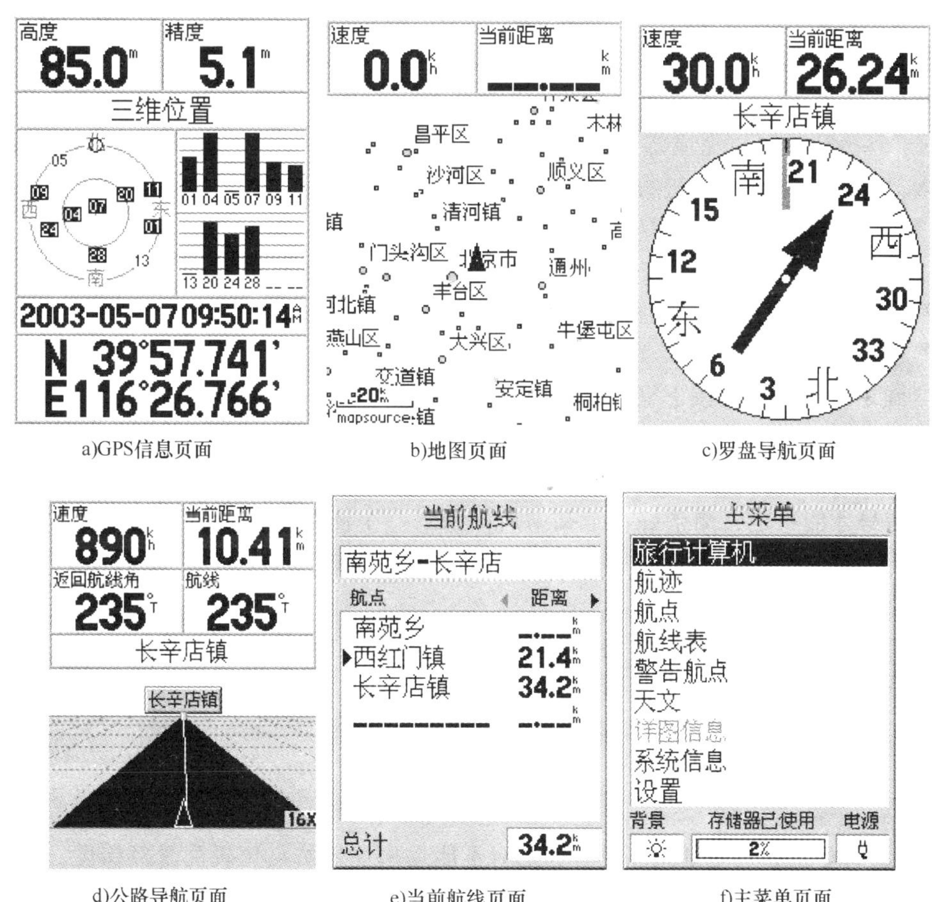

a)GPS信息页面　b)地图页面　c)罗盘导航页面

d)公路导航页面　e)当前航线页面　f)主菜单页面

图 1-6　主要页面

3）罗盘导航页面，可以显示导航数据、定位状态，以罗盘形式标示出当前的行进方向和目标方位等信息。

4）公路导航页面，可以显示导航数据、定位状态，以公路形式标示出当前的行进方向与目标的关系等信息。

5）当前航线页面，可以显示当前正在使用其导航的航线名称、航线上的各个航点，以及它们之间的距离和时间等信息。

当连续两次按下菜单键时，将打开图 1-6f 所示的“主菜单页面”，其中主要包括旅行计算机、航点、航线表、航迹、设置等信息和功能。

任何一个页面都有关于此页面的选项菜单，其中包括了本页面的选项、设置或功能等内容，只要按下菜单键，就可以调用当前页面的选项菜单。某些选项或设置菜单又分为几个子页面，可以左右按动方向键在子页面间切换。

（3）基本操作

1）开机：将机器竖直放置，按住红色电源键保持 2s 以上直至开机，屏幕首先显示开机欢迎画面和警告页面，按翻页键后将进入 GPS 信息页面；关机：开机后再次按住红色电源键 2s 以上，将关闭 GPS76 定位仪。

2）亮度调整。在任意页面中按一下电源键，将出现调节显示屏窗口。上下按动方向键，将打开或者关闭背景光；左右按动方向键，将调节显示的对比度。

3）自动定位。开机后将首先进入 GPS 信息页面，当足够的卫星（一般需要 3 颗以上的卫星）被锁定时，定位仪将计算出当前的位置。第一次使用大约需要 2min 完成定位，以后将只需要 15 ~ 45s 就可以完成定位。定位后，GPS 信息页面下部将显示当前的经纬度坐标。如果进入 GPS 信息页面没有进行任何的按键操作，定位仪在定位后将自动切换到地图页面。

4）保存当前位置。当 GPS76 定位仪完成定位后，可以以航点的形式保存任何一处的位置坐标。在任何页面中，只要按住输入键 2s，GPS76 定位仪都将立刻捕获当前的位置，并进入图 1-7 所示的标记航点页面。页面左上角的黑色方块是机器为航点所设定的默认图标。此外，机器还将从数字 0001 开始为航点分配一个默认的名称。此时当前黑色光标就在屏幕右下角的“确定”按钮上，按下输入键，当前的位置将被保存。

（4）注意事项

1）GPS 定位仪至少需要 3 颗卫星定位，而且定位后需要等待一段时间信号才能稳定，测量好一个基站后，到下一个测量站点之前可以不关闭 GPS，这样可以帮助在测量下一个基站时，GPS 能快速定位。

2）GPS 信号不能穿过岩石、建筑、人群、金属等障碍物。为得到最佳结果，应尽量在开阔处使用。

3）GPS 测量坐标系统选择 WGS84 坐标。

4）测量坐标读数统一使用度为单位，如经度 116.26766°、纬度 39.57741°等。

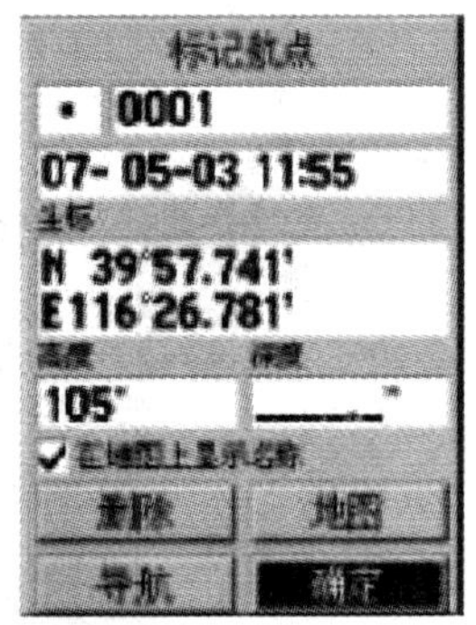

图 1-7　标记航点页面

5）测量时尽量靠近规划站点位置，绝对不能远离规划站点位置测量经纬度，这样测出的数据误差太大，没有意义。测量人员必须增强责任心，必要时可以到楼顶进行测量。如果在规划站点实在没法测量出经纬度，可以采用在电子地图上按照位置直接添加基站的方法以避免较大的误差。

（5）基站数据偏差的处理　测量点和实际规划点不符的现象，在实际工程中必须避免。GPS 定位仪测量误差与定位接收到的卫星信号有关，目前使用 GPS 误差最小可以达到 5m。在 GPS 上有误差的读数，要求读数时误差要在 10m 以内，如不能达到这个误差要求，记录下误差的读数并作出说明。输入站点信息时也可能产生很多错误，如出现误差超过100m的情况，很可能是输入错误造成的。

3. 激光测距仪

激光测距仪又称激光测距望远镜，是一种综合了望远镜和激光测距功能的便携式光电仪器，在清晰观察物体的同时，在一定范围内可测量与固定或慢速运动物体的距离。激光测距仪可应用于测绘测量、基站勘察等众多领域，大大提高了工作效率。

Apresys（普利塞斯）Pro1500激光测距仪的激光发射功率小，对人眼安全，不需要合作目标，可对测距范围内的任意目标测距，其外形结构如图1-8所示。此外，利用“OVER 100m”模式，在测量超过100m的目标时可消除100m以内近距离的电线、树枝等小目标的影响。

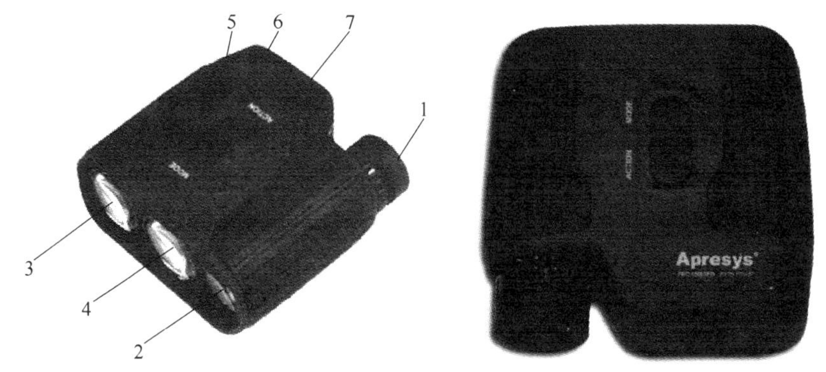

图1-8 Pro1500的外形结构

1—望远镜目镜（镜内显示器显示测距结果） 2—望远镜物镜 3—激光发射物镜
4—激光接收物镜 5—模式按钮（MODE） 6—触发按钮（ACTION） 7—电池仓

（1）工作模式 在镜内显示器点亮后，通过目镜可观察到图1-9所示的5种工作模式。短按模式按钮（MODE），即可依次循环显示各工作模式。其中，工作模式1表示距离大于100m的测距模式，主要用来测量远距离目标；工作模式2表示距离大于20m的测距模式，主要用于测量近距离目标；工作模式3～工作模式5表示3种瞄准方式。

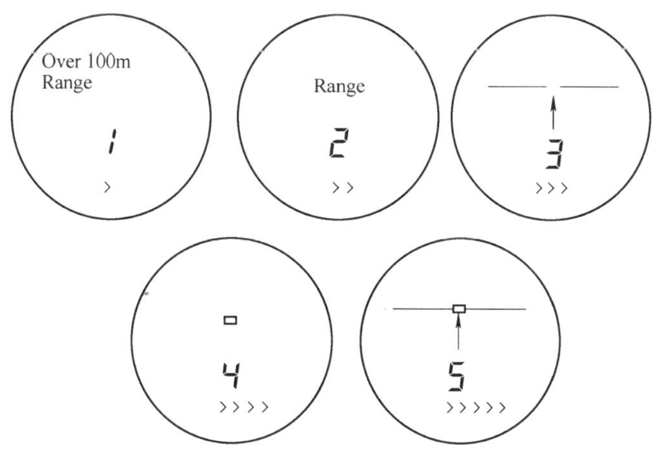

图1-9 5种工作模式

镜内显示器在各种工作模式下，通过图1-10所示的状态字符表示仪器的工作状态和测试结果，各状态字符含义的说明如下：“Ready”为准备标记，“Range”为测距模式标记，

“ ”为激光发射标记，“ ”为电池欠电压指示标记，“ ”为瞄准标记，“8888”为距离显示标记（无距离时显示“－－－－”），“MY”为距离单位标记（“M”表示米，“Y”表示码）、“Quality＞＞＞＞＞＞”为目标反射质量等级标记。

（2）测距操作

1）调节望远镜。首先对着目标调节望远镜目镜的视度，使被测目标成像清晰。

2）启动。测距仪共有两个按键，分别是启动键“ACTION”和模式键“MODE”。按住启动键“ACTION”约 2s 打开电源，屏幕显示启动状态如图 1-11 所示。

3）测距。若屏幕上方显示“Range”，则表示处于测距模式。在测距模式下，点按一次“ACTION”键实现一次测距，测试数据以米或码为单位显示在屏幕下方，如图 1-12 所示。如果按住“ACTION”键不松开，则开始扫描测距，随着目标的改变，数据不断地刷新显示，当松开启动键后，则停止测距，返回初始的显示状态。测距时，激光发射标记“ ”会闪烁，同时下方显示字符“Quality＞＞＞＞＞＞”,其中“＞”个数越多，表示目标反射质量越好，测量速度越快；反之则说明反射质量差，测量速度慢。若目标反射质量很差，则显示“－－－－”，表示测距失败。在测距模式下长按“MODE”键，测试数据单位在米和码之间转换。

4）自动断电。在 20s 内不按任何键，定位仪将自动断电。

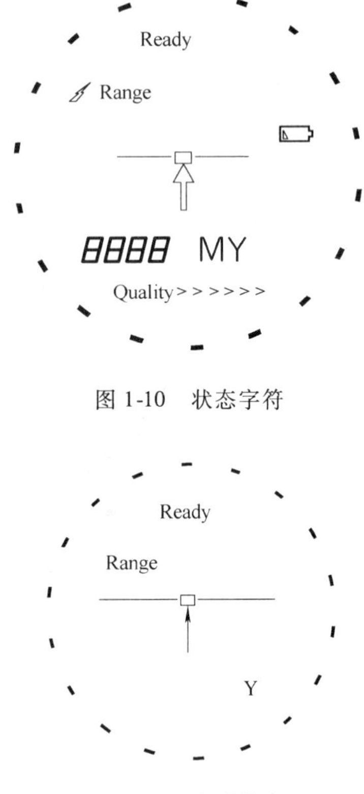

图 1-10　状态字符

图 1-11　启动状态

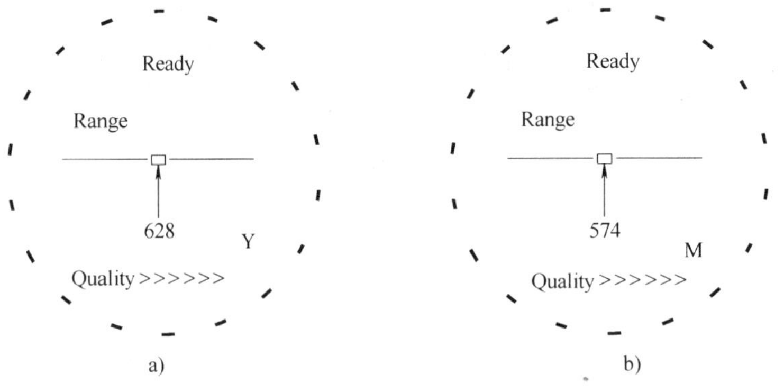

图 1-12　测距状态

（3）注意事项

1）激光测距仪的测程与精度和被测目标的性质、发射光束、目标表面的倾斜角度以及天气能见度等因素有关。一般地，目标表面光亮、面积大、光束与目标面垂直及天气晴朗时测试效果较好。

2）当“ ”显示时表示电池欠电压，应及时更换电池，否则测距误差会增大。若长时间不使用，则应将电池从机内取出。

3）使用时不能用手触摸镜头表面，以免损坏镜头表面的膜层。

4）当外露玻璃镜片有污迹时，用擦镜绒布轻轻擦拭干净，以免损伤光学玻璃表面膜层。

4. 数显倾角仪

数显倾角仪可代替水泡式倾角仪，定量化显示偏离水平面的角度，广泛用于道路工程、机械测量、建筑工程、工业平台、通信勘察、测绘、军工、船舰及许多需要测量重力参考系下的下倾角或水平偏离度。SP-Ⅱ型数显倾角仪的外形和按键功能如图1-13所示。

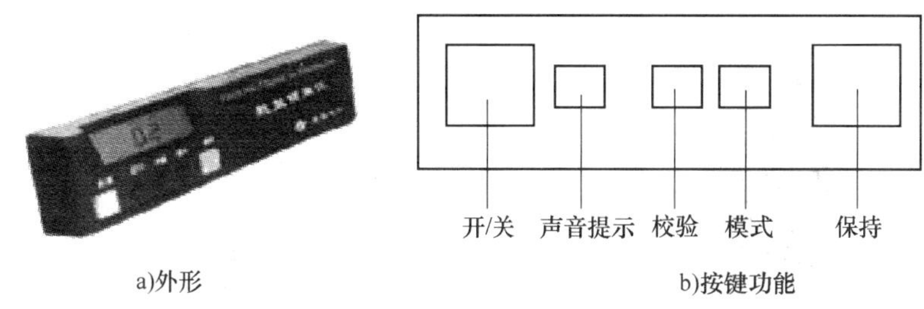

a)外形　　b)按键功能

图1-13 SP-Ⅱ型数显倾角仪

（1）功能按键

1）“开/关”键为仪器电源开关。

2）“声音提示”键为垂直/水平状态声音提示键。按此键，屏幕左上角的“🕪”符号消失，撤销声音提示功能。

3）“校验”键提供仪器的校验功能。在下列情况下请校验仪器：数显倾角仪测量面受到磨损时；在某一测量面上的测量值和仪器沿该平面旋转180°的测量值相差0.3°以上时；停止使用达半年以上时；在超过工作温度的环境中使用时。

4）“模式”键提供4种工作模式的切换功能。4种工作模式分别为：测量角度、%（百分比）、相对角度和温度。

5）“保持”键提供存储当前屏显示的测试数据。若仪器连续5min内无操作且角度输出无变化，则自动关闭电源。

（2）基本操作

1）校验操作。将数显倾角仪放置在光滑平面（水平偏离度小于3°）上等待10s，按一下校准键，显示CAL2，约5s后恢复到角度检测状态。校准平面的水平偏离度超过3°时，此功能无效，若按下校准键，则显示“—”，约3s后恢复到角度检测状态。

2）工作模式的切换。开启电源后，数显倾角仪显示为测量角度值；按一次“模式”键，显示%，即以百分比表示的倾斜度；按第二次显示0.00，即以当前角度为相对0°，在此模式下测到的角度为相对角度值；按第三次显示为温度值；按第四次返回当前测量值。

（3）注意事项

1）产品装有高精度传感器及信息处理电路，严禁浸湿或放在潮湿平面测量。

2）产品如常期不使用，请取出供电电池，以免造成腐蚀。

3）产品开启电源后，若液晶显示屏无显示数字，则应及时更换电池。

5. 钳形接地电阻仪

良好的接地已成为重要的防干扰、防雷击的有效保护系统。钳形接地电阻仪提供安全、快速的接地测量方式，是传统接地电阻仪测量技术的一大突破，用来测量任何有回路系统的接地电阻。例如，电力传输线的接地电阻或通信线的接地电阻，测量时不必使用辅助接地棒，可应用多处并联接地系统，而不需要中断待测设备接地。只要用钳头夹住接地线或接地棒，就能安全、快速测量对地电阻。图 1-14 所示为 MS2301 型钳形接地电阻仪。

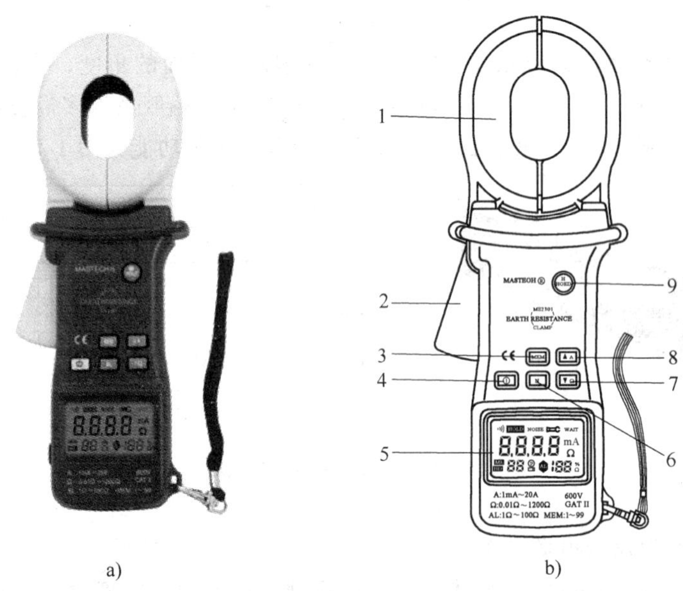

图 1-14　MS2301 型钳形接地电阻仪

1—钳头　2—扳机　3—MEM 按键　4—按键（电源开关）　5—液晶显示器
6—AL 按键　7—▼Ω 按键　8—▲A 按键　9—HOLD 按键

（1）功能说明　MS2301 型钳形接地电阻仪功能一览表见表 1-2。开机后，仪器的有关设定状态和各项测试结果均通过液晶面板有关字符显示，如图 1-15 所示。图 1-15 所示的各字符含义说明见表 1-3。

表 1-2　功能一览表

按　　键	功　　能	按　　键	功　　能
ⓘ	开/关机退出设定	MEM	进入存储模式
▲A	A 测量/报警值加大/存储序号选择	ⓘ + Ω	蜂鸣器开/关
▼Ω	Ω 测量/报警值减小/存储序号选择	ⓘ + AL	设定报警值
HOLD	锁定显示	ⓘ + HOLD	自动关机设定
AL	选择报警模式	ⓘ + MEM	读取存储值
HOLD + MEM	清除所有存储值		

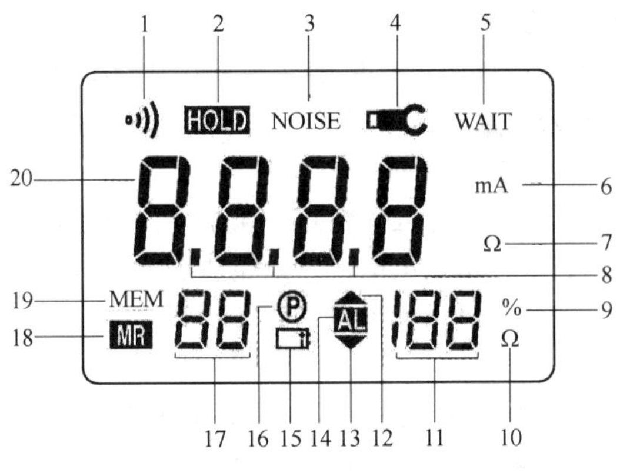

图 1-15　字符显示

表 1-3　字符含义说明（对照图 1-15 中的标号）

标　　号	含　　义	标　　号	含　　义
1	蜂鸣器符号	11	二位半 LED 数字显示
2	数据保持符号，测量值锁定	12	高警报符号
3	噪声符号，回路电流受噪声干扰，电阻测量值不准确	13	低警报符号
4	钳头符号，钳头闭锁不完全，无法测量	14	警报功能模式符号
5	等待符号，开机自动校准时的等待符号	15	低电源电压符号
6	测量值的电流单位	16	自动关机符号
7	测量值的电阻单位	17	存储器编号
8	十进位点	18	存储读取符号
9	电池容量百分比	19	存储模式符号
10	报警值电阻单位	20	4 位 LED 数字显示

（2）接地电阻的测量

1）打开钳头，查看钳头接触面上是否保持干净，不得有杂质、异物在上面。

2）扣压扳机数次，让钳头接触面调整到最佳位置。

3）开机切换到电阻测量状态，在此时和之后的自动校准时不可钳住任何导体或者开启钳形接触面。

4）仪器将进行自动校准，以获得较佳的测量准确度。自动校准时，显示器将依次显示“CAL9、CAL8、…、CAL0”。使用者需等待其校准完成，若发出“嘀”的一声，则表示校准完毕。

5）钳住待测电极或接地棒，若此时显示器上出现“ – – – – ”和钳头符号，则表示钳头闭合不完全，如图 1-16a 所示。此时应按压仪器扳机数次，重新使钳头完全闭合，待钳头符号消失后，则进入正常测量状态。

6）从显示器上读出当前测量值，如图 1-16b 所示。当显示器上出现杂信符号“NOISE”时，表示回路有干扰电流，此时的电阻测量值不准确。

7）按下 HOLD 键，当前测量状态和所测量的值将会锁存显示。

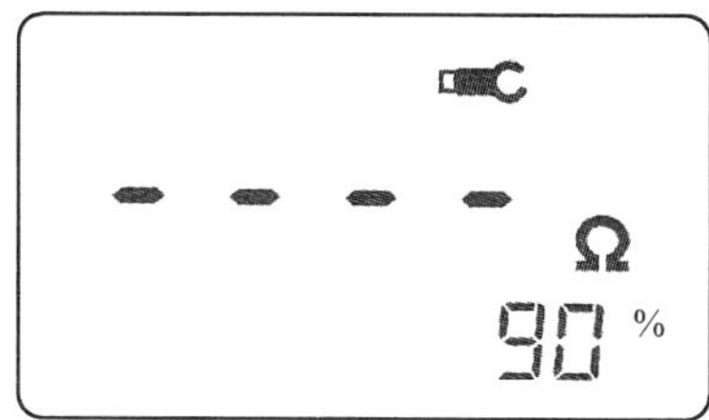

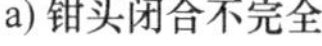
a) 钳头闭合不完全

b) 测试结果

图 1-16　测量状态和结果

（3）注意事项

1）对电气设备进行测试时，应注意安全。

2）刻在仪器背面的警告文字，提醒使用时不要超过测量值。仪器必须在所规定的测量电流下做测试。

3）开机前，需扣压扳机数次，使钳头闭合完全。开机自校准时，不要张开钳头或钳住任何导线。

4）钳头接触面要保持干净，污损可能造成功能上的障碍。清洁钳头接合面时，用柔软的湿布擦拭，不能使用溶剂和粗糙的物品。

5）避免仪器过于接近带磁物体。

6）测量完成，按 HOLD 键进入锁定状态，可降低电池消耗。

1.1.3　工作任务描述

以小组为单位，合理制订实施计划，正确选用和操作勘测工具和仪器，完成下列任务：

1）认真查阅有关产品说明书，熟悉罗盘仪、GPS 定位仪、激光测距仪、数显倾角仪、钳形接地电阻仪等勘测工具和仪器的使用方法。

2）对指定建筑物的高度、经纬度和海拔进行测量。

3）对指定建筑物的楼顶层面及该层面上的建筑尺寸进行测量，并绘制平面草图。

4）对指定天线的类型、方位角和下倾角等进行勘测。

5）测量指定接地网的阻值。

6）对指定机房的尺寸、门窗的位置和尺寸进行测量，并绘制平面草图。

1.1.4　工具、仪器及材料

罗盘仪、GPS 定位仪、激光测距仪、数显倾角仪、钳形接地电阻仪、卷尺、绘图工具等。

1.1.5　操作步骤

1. 工具和设备的操作

1）按设备清单清点有关设备和材料，并负责保管。

2）认真阅读产品说明书，熟悉有关设备的性能和操作注意事项。

3）按照“知识能力”中的内容，结合实际设备，熟悉罗盘仪、GPS 定位仪、激光测距仪、数显倾角仪和钳形接地电阻仪等的使用方法。

2. 指定建筑物的勘测

1）建筑物高度的测量。对于建筑物的高度，可利用卷尺、角度仪或激光测距仪进行测量，其测量方法如图 1-17 所示。其中测试点 A 的角度 θ 可由角度仪测得（有关角度仪的使用请自行查阅相关资料），D_2 为激光测距仪距离楼顶层面的高度。

此外，在测量工具有限的情况下可用卷尺测得每一个台阶的高度。记录每一层的台阶数，则可按式（1-1）计算。

$$楼高 = 每级台阶高度 \times 每一层楼的台阶数 \times 楼层数 + 最高层高度 \tag{1-1}$$

2）使用 GPS 定位仪测得建筑物的经纬度和海拔。

3）对指定楼顶上的建筑物尺寸进行测量，并绘制楼顶层面的平面草图。

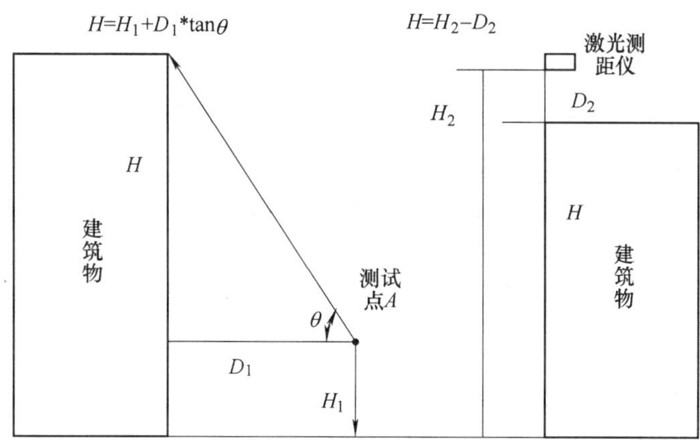

图 1-17　建筑物高度的测量

4）使用钳形接地电阻仪测量指定接地网的阻值。

3. 指定天线的勘测

1）观察并记录指定天线的标牌所示参数。

2）对该天线的方位角和下倾角进行测量。

4. 室内勘测

1）测量指定机房的尺寸，记录室内物品和设施的位置情况。

2）对门窗的位置和尺寸进行测量。

3）绘制室内平面草图。

注意事项

1）在任务实施前，认真检查工具、设备和材料，以确保在实施过程中的正常使用。

2）在任务实施过程中，必须时刻注意人身安全问题，特别是在建筑物顶层的现场勘测。

3）认真阅读产品说明书和"知识能力"中工具和仪器的有关注意事项，并在任务实施过程中严格执行。

4）在任务的各个环节做好各项记录，并按要求完成相关报告。

5）任务实施完成后，对工具和仪器进行清点和必要的保养。

1.1.6　任务单

任　务　单

任务名称	勘测工具与仪器的使用	学时		班级	
学生姓名		学生学号		任务成绩	
实训材料与仪表	参阅 1.1.4 节	实训场地		日期	
工作任务	完成指定建筑物、天线和机房的勘测				
任务目的	1）掌握相关勘测工具和仪器的操作、保养方法。 2）掌握相关勘测工具和仪器在基站勘测中的应用。				

（续）

（一）资讯
资讯引导： 1）基站常用勘测工具和仪器的概述。 2）罗盘仪的结构和原理，以及在基站勘测中的应用。 3）GPS 的使用方法，以及在基站勘测中的应用。 4）激光测距仪的使用方法，以及在基站勘测中的应用。 5）钳形接地电阻仪的使用方法，以及在基站勘测中的应用。 6）数显倾角仪的使用，以及在基站勘测中的应用。 7）演示相关操作，分析重点和难点。 8）下发任务单，安排各组具体工作任务，并对工作任务作简要说明。 9）与学生开展讨论，并答疑。
（二）决策与计划
（三）实施
（四）检查（评价）

1.1.7　考核标准

考 核 标 准

序号	工作过程	主要内容	评分标准	配分	学生（自评）		教师	
					扣分	得分	扣分	得分
1	资讯 （10 分）	任务相关知识查找	查找相关知识，该任务知识掌握度达到 60%，扣 5 分	10				
			查找相关知识，该任务知识掌握度达到 80%，扣 2 分					
			查找相关知识，该任务知识掌握度达到 90%，扣 1 分					

（续）

序号	工作过程	主要内容	评分标准	配分	学生（自评）		教师	
					扣分	得分	扣分	得分
2	决策、计划（10分）	确定方案编写计划	制订整体设计方案，在实施过程中修改一次，扣2分	10				
			制订实施方法，在实施过程中修改一次，扣2分					
3	实施（10分）	记录实施过程步骤	实施过程中，步骤记录不完整度达到10%，扣2分	10				
			实施过程中，步骤记录不完整度达到20%，扣3分					
			实施过程中，步骤记录不完整度达到40%，扣5分					
4	检查评价（60分）	指定建筑物的勘测	高度测量方法不正确，扣4分	20				
			测量结果不正确，一处扣2分					
			楼层勘测内容有遗漏，扣5分					
			工具和仪表操作不正确，一处扣2分					
		天线的勘测	测试方法不正确，一处扣1分	10				
			方位角和下倾角错误，一处扣2分					
			工具和仪器操作不正确，一处扣1分					
		室内勘测	室内勘测内容遗漏，一处扣2分	20				
			工具和仪器操作不当，一处扣2分					
			测试结果不正确，扣5分					
		文件与报告	相关报告不完整，扣5分	10				
			草图绘制不完整，扣5分					
5	职业规范团队合作（10分）	安全文明生产	违反安全文明操作规程，扣3分	3				
		组织协调与合作	团队合作较差，小组不能配合完成任务，扣3分	3				
		交流与表达能力	不能用专业语言正确流利地简述任务成果，扣4分	4				
合计				100				

学生自评总结			
教师评语			
学生签字	年　月　日	教师签字	年　月　日

1.1.8 知识能力测试

1）查阅相关资料，给出通信工程中的交流工作地、直流工作地、防雷保护地的安全阻值。

2）什么是天线方位角？测量中有哪些注意事项？

3）什么是天线下倾角？它与天线覆盖有什么关系？

4）如何测量铁塔高度？

任务 1.2 新建基站的勘察

教 学 目 的

知识能力：了解天馈系统和机房的相关知识，掌握基站勘察的基本原则。

技能能力：掌握基站勘察的方法和步骤，加强勘测工具和仪器操作的熟练度和灵活性，完成有关勘测图样和文件。

社会能力：培养学生分析问题、解决问题的能力。培养学生的沟通能力及团队协作精神。

➢ 知识能力

1.2.1 勘察前的准备

基站勘察前需准备必要的工具、仪器和项目资料，协调好有关人员、车辆等事务。到现场后，对站点进行基站周围环境和天面勘察。其中，基站周围环境勘察包括站点的整体信息、经纬度采集、周围传播环境的信息采集和相关照片的拍摄等工作；天面勘察包括天线高度、方位角等勘察以及绘制天线安装平台的平面示意图和相关照片拍摄等工作。勘察完毕后需提交相关资料。前期准备工作主要包括以下几个方面。

1）熟悉工程概况，尽量收集与本次勘察项目有关的各种资料。

2）准备勘测工具与仪器。

3）勘察准备协调会。

1. 勘察资料

为了确保勘察的顺利进行，勘察人员应备齐基站勘察相关技术文件：合同配置清单、网络规划部门最新的基站勘察表等。为了确保工程正确、有效地实施，网络规划人员应在勘察之前给出一份勘察指导书，内容包括此次工程的网络结构及状况，初步拟定的站点及天线参数，对一些未确定的站点应给出建议及设计要求。

此外，应积极与市场或工程部人员取得联系，记录办事处电话、局方地址、局方联系人电话、到达途径等信息，这方面工作应尽量做得详细些。熟悉工程概况，认真查看技术建议书、网络规划报告等资料。熟悉当地的自然环境，包括较大的城镇/城市结构、人口分布、主要街道、交通流量、山地和海岸线等情况。

勘察前需准备的具体资料和信息主要包括：工程文件、背景资料、现有网络情况、当地地图、合同配置清单和有关网络规划信息等。

2. 勘察准备协调会

在开始勘察前，应该集中相关人员召开必要的勘察准备协调会，主要内容包括以下几个方面：

1）了解当地电磁背景情况，必要时进行清频测试。

2）落实勘察及配合人员，准备车辆、工具、设备等。

3）制订勘察计划，确定勘察路线。如果需勘察区域比较大，可划分成几组，同时进行勘察。

4）对于共站址站点的勘察，应与运营商交流获得已有天线系统的频段、最大发射功率、天线方位角和下倾角等工程参数（简称工参）。

5）如果涉及非运营商物业的楼宇或者铁塔，需要向运营商确认是否可以到达楼宇天面或者铁塔。

6）了解站点采用的传输方式和电源配置的初步方案等内容。

3. 现场勘察

做好前期勘察准备工作后，即可开始到达现场对基站位置、周围传播环境、机房设施建设、天线选择、设备安装位置等内容详细勘察。基站的现场勘察主要包括以下几个方面：

1）基站站址的选择。

2）基站环境的勘察。

3）天面的勘察。

4）机房的勘察。

5）勘察结果的汇总。

1.2.2 基站环境的勘察

1. 站址的选择

基站站址的选择工作通常由运营商与网络规划工程师共同完成，网络规划工程师提出选址建议，由运营商与业主协商房屋或地皮租用事宜，委托设计院进行工程可行性勘察，并完成机房和铁塔的设计。规划勘察人员通过勘察、选址工作，了解每个站点周围电波传播环境和用户密度分布等情况，并得到站点的具体经纬度。选择站址主要从场强覆盖、话务密度分布、建站条件、经济成本等几个方面来考虑。

一般地，在勘察前运营商对站址选择已有了总体设想，有些站点甚至都会有确定的站址。规划勘察人员可根据现场情况来判断选择的站址是否合适。如不合适，可勘察并选择更合适的站址，同时提供选址原因和建议，最终由委托方书面确认。

2. 站点的总体拍摄

到达站点后，首先拍摄1～2张备选站点入口、所属建筑物或者铁塔的站点总体照片。如有可能，站点入口的照片需要将该站点位置对应的街道、门牌号码拍摄进去，如图1-18所示。

3. 站点信息的采集

在勘察站点空旷的地方使用GPS定位仪采集基站经纬度。首先设置GPS定位仪的坐标

a)站点所属建筑物

b)站点入口照片

图 1-18　站点总体照片

系统为 WGS84 坐标。在一个地区首次使用 GPS 要等待搜索到 4 颗卫星以上才能保证精度，根据测量结果记录站点经纬度和海拔高度。

4. 站点周围传播环境

基站的选址往往带有一些主观因素，为了确保所选站址是合理而有效的，并且为规划设计和将来的优化提供依据，对站址周围的环境信息进行采集是很有必要的。主要考虑周围环境的对信号传播和覆盖会产生哪些影响，并根据周围环境的特点合理规划天线的方位角和下倾角。具体勘察步骤如下：

（1）基站地理环境描述　从正北方向开始，记录基站周围 500m 范围内各个方向上与天线高度相当，或者超出天线高度的建筑物、自然障碍物等的高度和距离。在现场勘察记录表（见表 1-4）中记录基站周围环境信息，将基站周围的建筑物、山、广告牌等以附表形式给出，并在勘察草图中简单描述站点周围障碍物的特征、高度和到本站点的距离，同时记录 500m 范围内的重点、热点场所。

表 1-4　现场勘察记录表

基站编号		基站名称		勘察人员		勘察时间	
基站配置		设备厂家		配合单位		配合人员	
站址信息							
详细站址							
经度		纬度		海拔		地图标注	□
机房信息							
使用情况	租用□	自建□	购置□	利旧□		共址□	
楼层		机房位置		机房平面图	□	相邻情况图	□
机房类型	现浇□	预制板□	通信机房□	电梯机房□	平房□	机房照片	□
现有设备	无□	基站设备□	光传输□	微波□	开关电源□	电池□	其他□
类型							

（续）

厂家						
型号						
机架数量						
容量配置						
走线架	无□	有□	走线架宽		下沿距地高		
馈线窗	无□	有□	下沿距地高		孔数/空余孔	/	
其他说明							
天线信息							
现有天线	联通 GSM	□900□1800	电信 CDMA	□	移动 GSM	□900□1800	移动 TD □
天线类型	全向□	定向□	全向□	定向□	全向□	定向□	
楼顶抱杆	□	楼顶增高架	□	楼顶铁塔	□	地面铁塔	□
楼房高度		增高架高度		楼顶塔高度		铁塔高度	
天线挂高		天线挂高		天线挂高		天线挂高	
天线方位角		天线方位角		天线方位角		天线方位角	
女儿墙高度							
抱杆长度							
天面改造						天面照片	□
周围环境							
地貌特征	东	密集城区□	一般城区□	乡村□	开阔地□	森林□	水面□
环境照片□	南	密集城区□	一般城区□	乡村□	开阔地□	森林□	水面□
	西	密集城区□	一般城区□	乡村□	开阔地□	森林□	水面□
	北	密集城区□	一般城区□	乡村□	开阔地□	森林□	水面□
障碍物	障碍物 1□	障碍物 2□	障碍物 3□	障碍物 4□	障碍物 5□	障碍物 6□	障碍物 7□
障碍物类型							
阻挡范围角							
距离							
障碍物高度							
重点区域 1				方位		距离	
重点区域 2				方位		距离	
重点区域 3				方位		距离	
相邻基站 1				方位		距离	
相邻基站 2				方位		距离	
相邻基站 3				方位		距离	
备注							

（2）站址周围传播环境的拍摄　根据罗盘仪指示，从 0°（正北方向）开始每隔 45°拍摄一张传播环境下倾角度照片，如图 1-19 所示。每张照片以“基站名_角度”命名，基站名为勘察基站的名称，角度为每张照片对应的拍摄角度（用 000、045、090、…、315 表示），同时每张照片要在绘制的天面平面示意图上标注出拍摄点的位置和拍摄方向。另外，

从水平角度拍摄东、西、南、北 4 个方向上的景物，每张照片以“基站名_ 方向”命名，方向为东、西、南、北，拍照时并不是固定在某一点，而是根据天线的具体安装位置，尽量从架设天线的位置在天面各个方向的边缘分别拍照，上一张照片与下一张照片应该有少许重叠，传播环境水平角度照片如图 1-20 所示。在所绘制的天面平面示意图上标注出拍摄照片的位置和方向。

（3）观察站址周围环境　观察站址周围是否存在其他运营商的天馈系统。将天线方向、距离，系统所用频段等信息填入现场勘察记录表中。注意观察站址周围是否有 10kV 电力线、变压器和光缆等设施，是否有大功率无线电台、雷达站和卫星地面站等强干扰源。

a)基站名_000

b)基站名_045

c)基站名_090

d)基站名_135

e)基站名_180

f)基站名_225

图 1-19　传播环境下倾角度照片

g)基站名_270

h)基站名_315

图 1-19　（续）

a)正北方向照片

b)正东方向照片

c)正南方向照片

d)正西方向照片

图 1-20　传播环境水平角度照片

5. 天面的勘察

天面勘察主要包括新建天线、共站天线、天面环境及建筑物情况等几个方面，同时记录勘察结果和绘制天面平面示意图，并对必要的覆盖区域和目标进行拍照。天面勘察内容见表 1-5。

表 1-5　天面勘察内容

项　目	内　容	说　明
高度测量	测出建筑物和天线的高度	此高度为距离地面高度
天面环境	绘制天面平面示意图	现场可绘制草图
	机房位置	如机房设置在天面上应记录其位置
	天面的建筑物	对天面上的阁楼、楼梯间等建筑物进行记录
	新建天线安装位置	在天面示意图中记录安装位置和尺寸
	共站天线位置	如果天面上存在其他系统天线，应做记录
	障碍物	如果天面上有广告牌等障碍物，应做记录
共站系统信息采集	天线参数	记录共站天线的方位角、下倾角、频段、类型、运营商和系统名等信息
	位置信息	勘察新建天线与共站天线间的水平、垂直间距
	共站天线的连线示意图	如果无法由运营商处获得共站天馈系统连线图，则可现场勘察绘制
拍照	覆盖目标图	如果已拍摄的站址周围传播环境照片不能反映新建天线覆盖目标，则需补充拍摄

基站天线高度应满足目标覆盖要求，一般要求天线主瓣方向 100m 范围内无明显阻挡。同时，天线不宜过高，避免“灯下黑”和扇区间的过度重叠而影响网络容量及质量。基站所在建筑物高度和天线挂高要求见表 1-6，其中，相对周边平均高度为重点选择因素。

表 1-6　基站所在建筑物高度和天线挂高要求

区域类型	天线挂高/m	相对周边平均高度/m	所在建筑物
密集市区	15～25	1	低于最高建筑物，高于平均高度建筑物，选择比平均高度高出 2～3 层的建筑物为宜
市区	20～30	2	
郊区	20～40	4	
农村	30～50	30	根据周围环境而定

6. 天线天面高度的测量

天线根据架设方式、安装层面位置的不同，天面高度测量如图 1-21 所示。其中，H_1、H_2、H_3 为天面高度，测量中应注意以下几种情况：

1）对于天线安装在建筑物楼顶层面上的情况，只需记录建筑物高度。

2）对于天线安装在建筑物楼顶铁架（增高架）上的情况，应注意天线天面高度与建筑物高度的区别。天线天面高度可使用卷尺和激光测距仪测量。

3）对于天线安装在铁塔上的情况，在确认天线安装在铁塔第几层面的前提下，可使用卷尺、角度仪和激光测距仪进行测量。

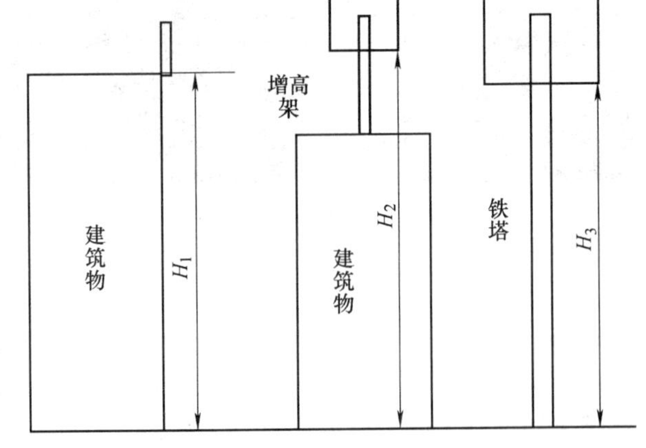

图 1-21　天面高度测量

1.2.3　机房的勘察

机房是指放置 Node B 的场所。为了确保工程建设和设备正常运行，机房的位置和室内的各项设施是否齐全必须在勘察时予以确认。勘察人员需记录勘察各项数据并绘制拟选机房平面草图。注意，所画草图观察方向与拟选机房平面草图方向一致。下面以新建站机房的勘察为例进行讲述。

1. 机房位置的选取

机房位置应选择靠近顶层，最好是倒数第二层，以缩短传输线的长度以及避免机房受太阳照射，节省空调消耗的能量；应尽量避开排水管道，以保证内部干燥。对于站址为楼房的楼梯应有足够宽度，以便通信设备及安装器材的搬运。

如果没有现成的房屋作为机房，则要考虑在建筑顶端搭建彩板房作为机房使用。在搭建彩板房时需要注意建筑楼顶的承重能力，一般使用工字钢对楼顶进行加固。此外，还要注意对机房进行防水处理，工字钢拼接后需要垫高并在四周垫砖用于防水，同时做好排水处理。彩板房应该远离排水口，以避免潮湿环境对机房造成的影响。

2. 机房的测量

机房面积应在 $15m^2$ 以上，房高大于 2.9m，机房楼板承重应大于 $600kg/m^2$。如果是规则的矩形，则只要测量矩形的长、宽、高即可。如果不是矩形，则需要根据实际情况测量相应的参数，以确定机房形状。观察墙的四角是否有承重立柱突出部分，若有，则要测量其长和宽。测量门宽以及门边与墙的距离。如果有窗户，则需对窗户下边沿距地高度、窗边与墙间距、窗高、窗宽进行测量。

3. 机房环境勘察

勘察人员需对机房环境进行勘察，记录并提出有关整改方案。勘察内容主要包括门窗、照明、防水/火措施、地面、屋顶、墙面、水暖管道、供电接入和馈线窗等方面。机房环境要求见表 1-7。

表 1-7　机房环境要求

勘察项目	要求说明
门窗	使用双层外包边钢制防盗门，内部填充防火材料；原则上窗户用防火板封死。对于不允许封死的窗户要用耐火密封条等材料进行密封，玻璃表面贴防晒膜处理
照明	为便于施工和维护，$20m^2$ 左右可采用 4 个 40W 的吸顶灯
墙面	不允许有开裂现象，并进行防漏和防潮处理
供电接入	一般采用三相四线制直接引入交流 380V 供电，室内需有 220V 的交流电源插座，以供后期维护使用
水暖管道	原则上机房内部水暖管道和阀门全部拆除，不能拆除的须进行防漏处理
地面	尽量避免采用预制板结构，机房楼板承重应大于 $600kg/m^2$

对于机房内已铺设防静电地板的，要对原有的地板进行检查，看是否需要改造或替换。在放置设备时需加钢筋底座，同时测量地面到防静电地板上表面的高度。

4. 设备的布放

机房内的设备一般包括：交流配电箱、电力保护箱、开关电源、传输设备、室内走线架、蓄电池、室内接地排、Node B 基站主设备、环境监控系统和空调等。机房内设备的一般布放原则如下：

1）先要了解设备的基本性质，如采用的是什么设备、有几个机柜、设备背后（侧面）是否需要维护，是光站还是微波站，采用几组电池组，各种设备的尺寸等。考虑地面承重，安装位置铺设工字钢加固。

2）主要设备的摆放因业务种类不同各有差异，应最大化利用机房空间，设备机柜（如基站主设备机柜、传输设备、开关电源柜和微波机架等）应排成一条直线，与走线架外沿平齐，但要预留主设备扩容机位。可按照开关电源、传输综合柜、基站主设备自右向左排列（根据实际情况也可以自左向右）。设备布置合理，不能堵住门口。设备前面有大于 1.2m 的维护空间，后面留有至少 0.45m 的维护空间。

3）环境监控箱、交流配电箱、防雷箱靠门壁挂安装，离地大于 1.4m。交流配电箱应靠门挂墙安装，离门 30～50cm。室内接地排靠近走线架挂墙安装。

4）空调室内机安装于机房的屋角处，并考虑方便排水和室外机的连接。楼顶站室外机原则上安装于机房屋顶上。

5）电池组较重，应放在梁上或靠墙分开放置，也可固定于加固工字钢上，平行排列，后沿距离墙面大于 10cm；两组蓄电池之间应预留不小于 30cm 的间距。

6）基站馈线窗位置原则上应固定于房屋长方向两端的墙上，下沿距离地面 2.4m。如果因房屋结构限制，可根据实际情况调整。

7）走线架位置为馈线窗正下方，沿水平方向逐段（通常每段长度以 3m 为宜）连接而成，在荷重较大的地方设吊挂件或支撑件，爬墙走线架视具体情况而定。

8）基站内部需配备至少 3 个悬挂式灭火器，2～4 个手持式灭火器；悬挂式灭火器须挂

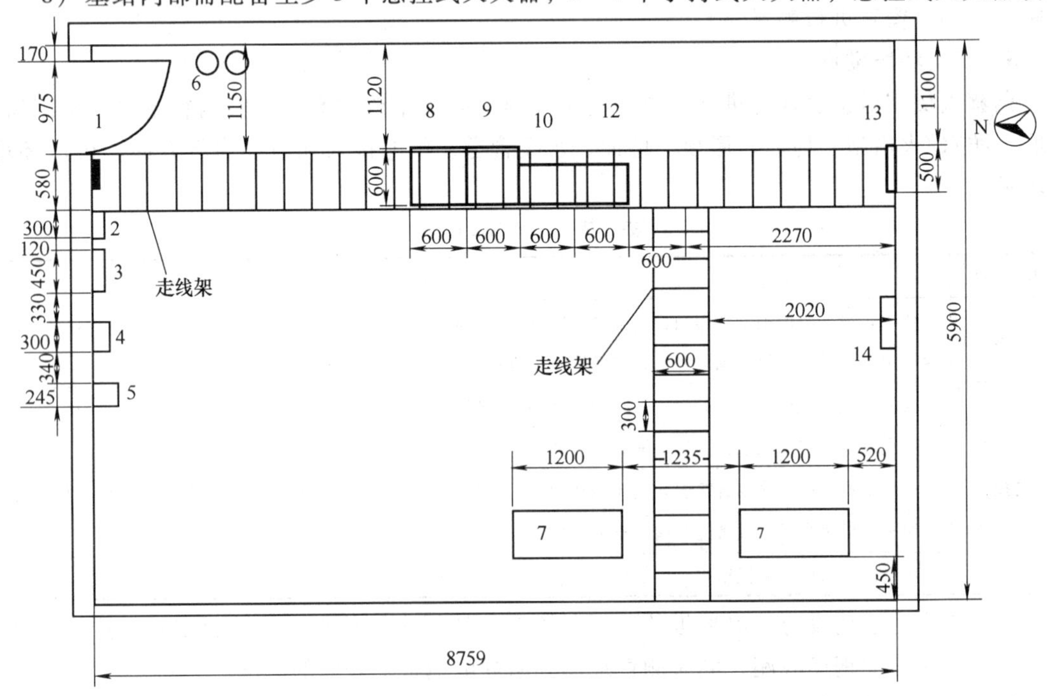

图 1-22　机房设备分布图

1—接地排　2—电力保护箱　3—交流配电箱　4—电力开关　5—环境监控箱

6—灭火器　7—蓄电池　8—开关电源　9—综合传输柜　10—GSM-BTS

12—Node B　13—馈线窗　14—空调

于开关电源、主设备和电池连接处正上方；手持式灭火器须放置在进门顺手侧靠墙地面上。

9）清洁用品统一放置在门后，在空间不够的情况下，放置在空调旁边。

图 1-22 所示为某基站机房设备分布图（经 CAD 软件绘制）。

1.2.4　勘察文件及图样

在现场勘察完成后，需对勘察记录进行整理，主要包括勘察草图、勘察数据与表格和勘察照片等。在以上勘察记录的基础上完成相关勘察文档。

（1）基站勘察报告　准确规范的文档为随后的网络规划、优化工作提供依据，是工程质量的有力保障，也是将来网络扩容规划的依据，主要包括网络建设背景、预规划方案、基站工程参数表、基站分布图以及现场拍摄的照片等。

（2）工程参数总表　工程参数总表简称工参总表，是对基站勘察的简要总结，在运营商提供的相关数据的基础上，结合现场勘察记录完成。工参总表的内容需随着网络的发展而实时更新，常采用 EXCEL 电子表格形式记录，一般包括站名、Cell - Name、经/纬度、站型、天线类型、挂高、角度、频率和扰码等参数。

（3）基站勘察备忘录　为了避免遗忘造成的信息偏差，及时发现备选站点存在的问题，制订应对方案，勘察结束后，需要与基站勘察项目委托方再次开会，讨论勘察出现的问题，确认勘察结果，不能达成共识的需要签署基站勘察备忘录，由运营商签字认可并存档，以便后期监测跟踪。

（4）现场勘察记录表　每个基站都有一张现场勘察记录表（见表 1-4），并按照要求做出现场勘察，主要包括基站天线安装位置、各扇区工程参数和天线周围环境等信息。

➢技能能力

1.2.5　工作任务描述

以组为单位，合理制订实施计划，正确选用和操作勘测工具及仪器，完成学院 WCDMA 新建室外宏基站的勘察工作，工作任务要求如下：

1）确定新建站址和完成基站环境勘察。

2）完成天面勘察，并绘制天面平面草图。

3）完成机房的勘察，并给出机房平面草图。

4）汇总并提交有关勘察数据和文件。

1.2.6　工具、仪器

所需工具、仪器有数码相机、罗盘仪、GPS 定位仪、激光测距仪、数显倾角仪、钳形接地电阻仪、卷尺、轮式测量仪、绘图工具、CAD 软件和计算机等。

1.2.7　操作步骤

1. 站址选择

1）以组为单位讨论、分析工作任务，提交所需勘测工具、仪器和材料清单。

2）综合考虑学院环境、话务分布、建站条件、经济成本等因素，初步给出学院新建基站站址，同时提交选址依据。

周围环境草图
北向

每格 ________ m

图 1-23　周围环境草图

天面勘测草图
（标出已有通信设备、建筑物、拍摄照片方向和位置）
北向

每格 __________ m

图 1-24　天面勘测草图

机房室内勘测草图
北向
每格 ________ m

图 1-25　机房室内勘测草图

2. 基站环境的勘察

1）拍摄站点所属建筑物和入口图片，记录详细地址。

2）记录站点经纬度和海拔高度。

3）参照表1-4所示的现场勘察记录表，观察站点周围地形、地貌环境，重点考察周围500m范围内各个方向上的建筑物、自然障碍物和重点场所等，并在图1-23中绘制周围环境草图。

4）对站址周围传播环境进行拍照，并对照片命名。

5）观察站址周围是否存在其他运营商的天馈系统，在现场勘察记录表中记录有关信息。

3. 天面勘察

参照表1-4对站点的天面环境进行勘察，确定新建天馈系统位置，并在图1-24中绘制天面勘测草图。

4. 机房勘察

1）给出机房的具体位置及选址依据。

2）对机房室内外环境进行勘察，同时参照表1-7给出机房整改建议。

3）根据实训指导教师给出的室内设备清单和有关参数确定设备布放位置，并在图1-25中绘制机房室内勘测草图。

4）利用CAD软件绘制机房设备布放图。

5. 勘察结果的汇总

在现场勘察完成后，对勘察记录进行整理，提交有关图样、表单、照片和报告等文档。

注意事项

1）在任务实施前，认真检查工具、设备和材料，以确保在实施过程中的使用。

2）在任务实施过程中必须时刻注意人身安全，特别是在建筑物顶层的现场勘察。

3）以小组形式实施任务，合理分配人员，注意任务实施的效率。

4）在任务的各个环节需做好各项记录，并按要求完成相关报告。

5）在任务实施完成后，对工具和仪器进行清点和必要的保养。

1.2.8　任务单

任　务　单

任务名称	新建基站的勘察	学时		班级	
学生姓名		学生学号		任务成绩	
实训材料与仪表	参阅1.2.6节	实训场地		日期	
工作任务	完成学院新建WCDMA室外宏基站的勘察				
任务目的	1）掌握基站的勘察原则和流程。 2）运用相关工具和仪器完成新建基站的勘察。 3）具备勘测前/后搜集、整理有关任务信息的能力。 4）以小组形式完成任务，具备团队合作精神。				
（一）资讯					

（续）

资讯引导： 1）基站勘察的基本流程和原则。 2）勘察前的准备工作。 3）站址的选择和环境勘察方法。 4）天面的勘察内容与方法。 5）机房环境勘察及室内设备布放的基本原则。 6）勘察后需提交的图样及文件。 7）演示相关操作，分析难点和重点。 8）下发任务单，安排各组具体工作任务，并对工作任务作简要说明。 9）与学生开展讨论，并答疑。
（二）决策与计划
（三）实施
（四）检查（评价）

1.2.9 考核标准

考核标准

序号	工作过程	主要内容	评分标准	配分	学生（自评）		教师	
					扣分	得分	扣分	得分
1	资讯 （10 分）	任务相关知识查找	查找相关知识，该任务知识掌握度达到 60%，扣 5 分	10				
			查找相关知识，该任务知识掌握度达到 80%，扣 2 分					
			查找相关知识，该任务知识掌握度达到 90%，扣 1 分					

（续）

序号	工作过程	主要内容	评分标准	配分	学生（自评）		教师	
					扣分	得分	扣分	得分
2	决策、计划（10 分）	确定方案、编写计划	制订整体设计方案，在实施过程中修改一次，扣 2 分	10				
			制订实施方法，在实施过程中修改一次，扣 2 分					
3	实施（10 分）	记录实施过程步骤	实施过程中，步骤记录不完整度达到 10%，扣 2 分	10				
			实施过程中，步骤记录不完整度达到 20%，扣 3 分					
			实施过程中，步骤记录不完整度达到 40%，扣 5 分					
4	检查、评价（60 分）	站址选择	站点选址不当，扣 4 分	10				
			选址依据不当，扣 5 分					
		基站环境的勘察	环境勘察内容遗漏，一处扣 2 分	10				
			照片拍摄点或命名不当，一处扣 1 分					
			测量数据不正确，一处扣 2 分					
		天面勘察	天面勘测内容遗漏，一处 2 分	10				
			天馈系统位置不当，一处扣 2 分					
		机房勘察	室内勘察内容遗漏，一处扣 2 分	20				
			设备布放位置不当，一处扣 2 分					
			机房改造建议不当，一项扣 2 分					
		文件与报告	相关表单、报告不完善，扣 5 分	10				
			图样绘制不完整，扣 5 分					
5	职业规范、团队合作（10 分）	安全文明生产	违反安全文明操作规程，扣 3 分	3				
		组织协调与合作	团队合作较差，小组不能配合完成任务，扣 3 分	3				
		交流与表达能力	不能用专业语言正确流利地简述任务成果，扣 4 分	4				
合计				100				

学生自评总结			
教师评语			
学生签字	年　月　日	教师签字	年　月　日

1.2.10　知识能力测试

1）查阅相关资料，给出共站址基站在勘察中的注意事项。

2）建筑物高度、天线高度和天面高度的区别是什么？

3）天馈系统和机房内主要由哪些设备组成？

模块2　基站设备的安装

任务2.1　天馈系统的安装

教学目的

知识能力：掌握天馈系统的结构、主要组成设备的性能指标和选型原则。

技能能力：掌握安装天馈系统的基本步骤和操作工艺。

社会能力：培养学生分析问题、解决问题的能力。培养学生的沟通能力及团队协作精神。

➢ 知识能力

天馈系统作为移动通信网络系统的关键组成部分和基础硬件设施，直接决定了基站高频无线信号在空中传播的质量和距离，并与整个移动通信网络的运行状况息息相关，能够有效地保证覆盖范围、减少盲区、提高接通率和切换成功率，最终为用户提供优质的通信服务。

2.1.1　天馈系统的组成

天馈系统介于用户终端 UE 与基站主设备 Node B 之间，接收 UE 发射过来的上行信号和发射 Node B 输出的下行信号。天馈系统除天线外的其他部分主要用来传输天线和 Node B 之间的射频信号，其中塔放（塔顶放器）对接收的上行信号进行了一定的放大。另外，为了使天馈系统对 Node B 具有一定的雷电保护作用，天馈系统中应具有防雷装置，将较大的雷电流导通到地，从而大大减小对 Node B 的雷电流。图 2-1 所示为抱杆型天馈系统的基本组成示意图。

由图 2-1 可以看出，基站的天馈系统主要包括：天线子系统、线缆、接地装置、走线装置、和馈线入窗装置和防雷装置等组成部分。天馈系统各组成部分的作用见表 2-1。

表 2-1　天馈系统各组成部分的作用

组成部分	设备名称	作　用	说　明
天线子系统	天线	完成无线信号的接收与反射	主要分为定向和全向天线
	调节支架	固定天线和调整天线下倾	图 2-1 中采用非电调天线
	抱杆	固定和支撑天线	
线缆	主馈线	实现天线与收发信机之间，信号最小损耗的传输	通常采用泡沫介质同轴电缆，主要有 7/8 in 和 5/4 in（英寸）两种
	室内跳线	连接机柜顶端和主馈线(经防雷器)尾端	通常采用 1/2 in 馈线
	室外跳线	连接主馈线天线端和天线端口	通常采用 1/2 in 馈线
	接头密封件	用于室外跳线两端接头的防水密封处理	

（续）

组成部分	设备名称	作　用	说　明
接地装置	馈线接地夹	主要用来防雷和泄流	
	接地排	接地线的引入点	
走线装置	馈线固定夹	用于固定主馈线	主要针对主馈线
	走线架	用于布放主馈线、传输线、电源线及安装馈线固定夹	
馈线入窗装置	馈线窗	用于将馈线穿墙引入室内，同时具有防尘、防水的作用	
防雷装置	防雷器	装在主馈线与室内跳线之间，用来防雷和泄流	

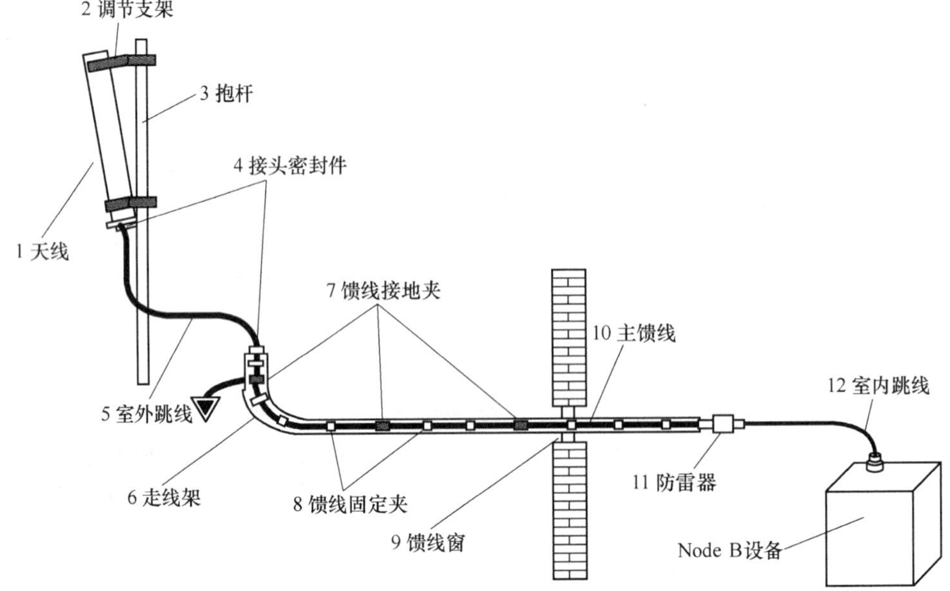

图 2-1　抱杆型天馈系统的基本组成示意图

根据基站的站型、站址、设备类型和小区环境等的不同，实际天馈系统的组成部分会有所不同。除以上介绍的有关部分外，还会采用塔放（TMA）。对于电调天线来说，需配置电调控制系统，或采用具有电调控制功能的塔放 STMA。

2.1.2　天线

天线实质上是一种转换装置，它可以把封闭在传输线中的电磁波转换为在空间传播的电磁波，也可以把在空间传播的电磁波转换为在封闭传输线中传输的电磁波的装置。对于移动通信网络来说，天线在抗干扰、覆盖率、接通率及全网服务质量方面，具有举足轻重的作用。表 2-2 为某型号定向天线的主要参数。

1. 主要性能参数

天线的性能参数可分为电气参数和机械参数两大类。天线的电气参数主要包括：工作频段、增益、极化方式、波瓣宽度、预置倾角、下倾方式、前后比、副瓣抑制比、零点填充、回波损耗、功率容量、阻抗和三阶互调等；天线的机械参数主要包括：尺寸、重量、天线输入接口和抗风强度等。下面对移动通信中天线的主要性能参数加以说明。

表2-2　某型号定向天线的主要参数

电　气　参　数	
型号	AMP-1920-2170
频率范围	1920～2170MHz
增益	14dBi
水平面波瓣宽度	90°±8°
垂直面波瓣宽度	15°
前后比	≥23dB
驻波比	≤1.5
输入阻抗	50Ω
极化方式	垂直
最大功率	200W
机械参数	
天线尺寸	650mm×170mm×65mm
重量	3.7kg
抗风强度	60m/s
接头型号	N型或用户指定

（1）工作频段　中国WCDMA系统的FDD工作频段为上行1920～1980MHz，下行2110～2170MHz，如考虑共天线系统，室外天线建议选择工作在1710～2170MHz频段的宽带天线。室内分布系统如有异系统共用的需求，就需要考虑前向（GSM/DCS）和后向（WLAN）兼容。室内分布系统的天线需要选择800～2500MHz的宽带天线。

（2）输入阻抗　天线的输入阻抗是天线馈电端输入电压与输入电流的比值。天线与馈线的最佳连接情形是天线输入阻抗是纯电阻且等于馈线的特性阻抗，实现阻抗匹配。一般移动通信天线的输入阻抗为50Ω。

天线的阻抗匹配工作就是消除天线输入阻抗中的电抗分量，使电阻分量尽可能地接近馈线的特性阻抗。这时馈线终端没有功率反射，馈线上没有驻波，天线的输入阻抗随频率的变化比较平缓。

匹配性能的优劣一般用4个参数来衡量，即反射系数、行波系数、驻波比和回波损耗，在工程维护和测试中，用得较多的是驻波比和回波损耗。

（3）驻波比　驻波比（VSWR）是由于入射波能量传输到天线输入端未被天线全部吸收（未被天线完全辐射出去），产生反射波叠加而形成的，其值在1到无穷大之间。驻波比为1，表示完全匹配；驻波比为无穷大，表示全反射，完全失配。在移动通信系统中，一般要求驻波比小于1.5。驻波比可以表示为式（2-1）。

$$VSWR = \frac{\sqrt{P_0} + \sqrt{P_r}}{\sqrt{P_0} - \sqrt{P_r}} \tag{2-1}$$

式中，P_0为输入天线系统的功率；P_r为从天线系统反射回来的功率。

（4）回波损耗　回波损耗（RL）是反射系数绝对值的倒数，以分贝值表示。回波损耗的值在0dB到无穷大之间。0dB表示全反射；无穷大表示完全匹配。回波损耗越小，表示匹配越差；回波损耗越大，表示匹配越好。在移动通信系统中，一般要求回波损耗大于14dB。回波损耗可表示为式（2-2）。

$$RL = -10\lg \frac{P_r}{P_0} \qquad (2\text{-}2)$$

可以看出，驻波比和回波损耗均是输入功率 P_0 和反射功率 P_r 的表达式。驻波比与回波损耗对照表见表2-3。

表 2-3　驻波比与回波损耗对照表

驻波比	回波损耗/dB	驻波比	回波损耗/dB
1.00	无穷大	1.40	15.6
1.10	26.4	1.50	14.0
1.20	20.8	1.60	12.7
1.30	17.7	1.70	11.7

（5）极化方式　天线的极化是指天线辐射电波时形成的电场强度方向。当电场强度方向垂直于地面时，称为垂直极化波；当电场强度方向平行于地面时，称为水平极化波。由于电波的传播特性，决定了水平极化传播的信号在贴近地面时会在大地表面产生极化电流，极化电流因受大地阻抗影响而迅速衰减，垂直极化方式则不易产生极化电流，从而避免了能量的大幅衰减，保证了电波的有效传播。因此，在移动通信系统中，单极化天线一般均采用垂直极化的传播方式。

双极化天线在一副天线罩下组合了两副极化方向相互正交的天线，大大节省了每个小区的天线数量，有效保证了极化分集接收的效果。另外，随着新技术的发展，又出现了一种±45°极化天线构成的双极化天线，其性能优于垂直和水平双极化天线。天线的极化方式如图2-2所示。

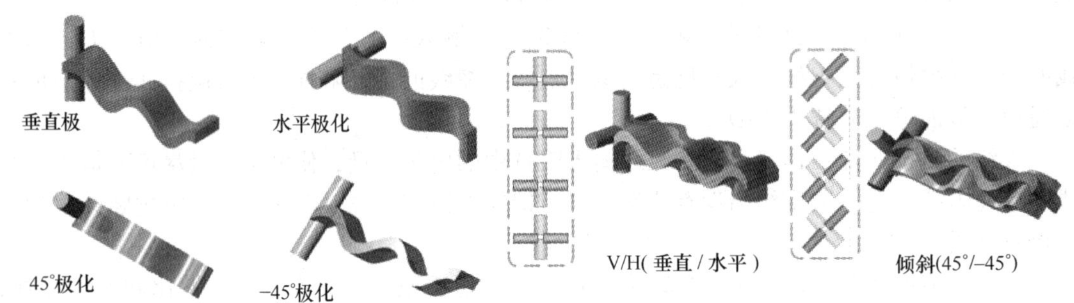

图 2-2　天线的极化方式

（6）天线增益　天线增益是一种用来衡量天线朝一个特定方向收发信号的能力，对移动通信系统的运行质量极为重要，决定了蜂窝边缘的信号电平。增益的提高可以在一个确定方向上增大网络的覆盖范围，或者在确定范围内增大增益余量。它是选择基站天线最重要的参数之一。

表征天线增益的参数有dBi和dBd两种表征方式。dBi是相对于理想波源（点源）天线的增益，在各方向的辐射是均匀的；dBd是相对于理想半波阵子天线的增益。两种表征方式的天线增益方向图如图2-3所示，两者的转换关系见式（2-3）。

$$\text{dBi} = \text{dBd} + 2.15 \qquad (2\text{-}3)$$

（7）波瓣宽度　波瓣宽度是定向天线常用的一个重要参数，是指天线方向图中低于峰值3dB（半功率）处所成夹角的宽度。天线方向图中通常都有两个或多个瓣，其中最大的瓣称为主瓣，其余的瓣称为旁（副）瓣。主瓣两半功率点间的夹角定义为天线方向图的波瓣宽

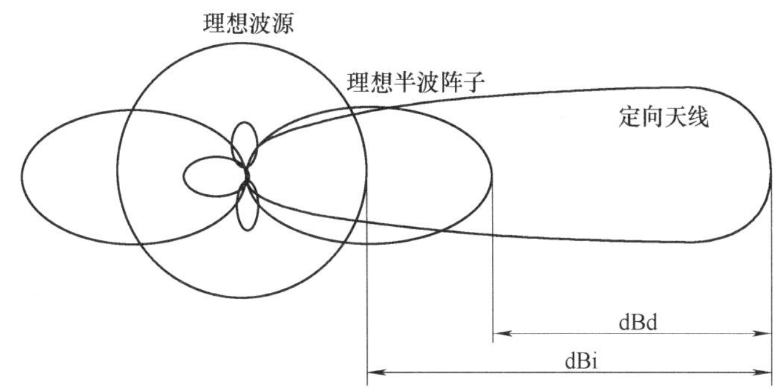

图 2-3　天线增益方向图

度，又称为半功率角，波瓣宽度示意图如图 2-4 所示。

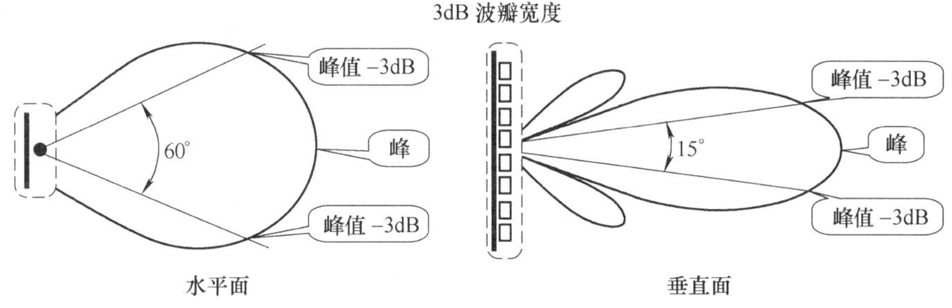

图 2-4　波瓣宽度示意图

主瓣波瓣宽度越小，则方向性越好，抗干扰能力越强。一般地，郊区使用波瓣宽度大的天线，市中心使用波瓣宽度小的天线。例如，20°～30°用于狭长高速公路；65°用于密集市区；90°用于城市郊区；120°用于乡村。

（8）前后比　前后比是指定向天线辐射的前向功率和后向功率之比，表明了天线对后瓣抑制的能力。图 2-5 所示为前后比示意图。天线前后比的典型值为 25～30dB。当前后比较低时，天线的后瓣有可能产生越区覆盖，导致切换关系混乱。

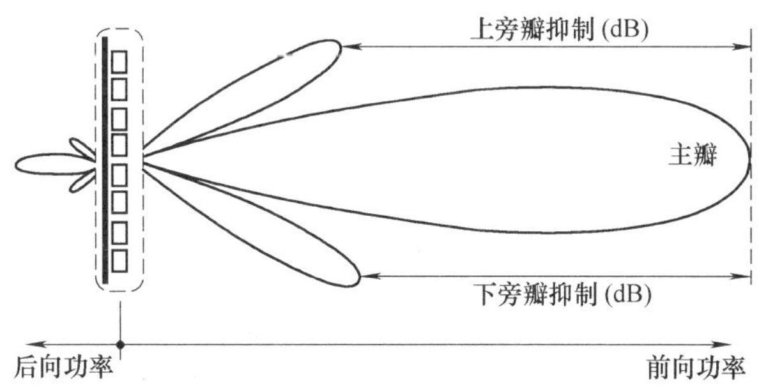

图 2-5　前后比示意图

（9）天线下倾角　在覆盖和优化中需调整天线垂直面的俯仰角，使基站主瓣辐射方向下倾，按设计要求实现信号覆盖。图 2-6 所示为天线下倾角示意图。天线下倾角的调整主要通过机械（非电调）下倾和电调下倾两种方式。图 2-7 所示为不同下倾方式的比较。

机械下倾通过调整天线背面支架实现天线下倾角的改变。电调下倾通过控制天线内部辐射单元的幅度和相位，使辐射波束方向下倾，从而实现天线下倾角的改变，具体可分为固定电下倾、手动可调电下倾和远程可控电下倾 3 种方式。

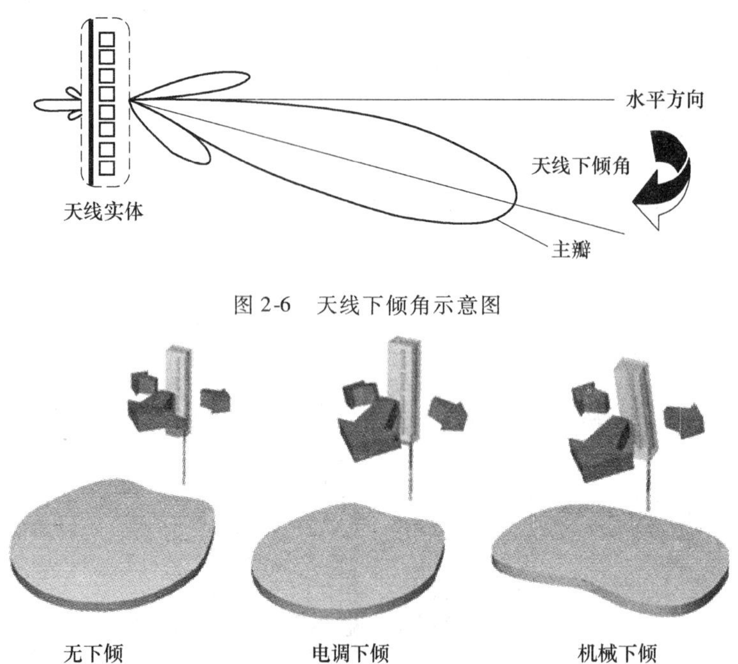

图 2-6　天线下倾角示意图

图 2-7　不同下倾方式的比较

固定电下倾通过设计时改变内部辐射单元的幅度和相位实现；手动可调电下倾通过手动调节天线上的旋钮改变辐射单元的相位而实现；远程可控电下倾配有内置或外置伺服系统，通过控制伺服电动机改变辐射单元相位，以实现远程控制下倾角。

实践证明，机械天线的最佳下倾角为 1° ~5°；当下倾角在 5° ~10°变化时，其天线方向图稍有变形，但变化不大；当下倾角在 10° ~15°变化时，其天线方向图变化较大；当下倾 15°以后，天线方向图的形状改变很大，这时主瓣方向的覆盖距离明显缩短，整个天线方向图不是都在本扇区内，在相邻基站扇区内也会收到该信号，从而造成严重的系统内干扰。

对于电调天线，下倾角在 1° ~5°变化时，其天线方向图与机械天线的大致相同；当下倾角在 5° ~10°变化时，其天线方向图较机械天线方向图稍有改善；当下倾角在 10° ~15°变化时，其天线方向图较机械天线变化较大，因此采用电调天线能够降低呼损，减小干扰。

（10）端口隔离度　对于多端口天线，如双极化天线和双频段双极化天线等，收发共用时端口之间的隔离度应大于 30dB。

（11）无源互调　所谓无源互调，是指接头、馈线、天线、滤波器等无源部件工作在多个载频的大功率信号条件下，由于部件本身存在非线性而引起的互调效应，通常都认为无源部件是线性的。但是，在大功率条件下无源部件都不同程度地存在一定的非线性，这种非线性主要由以下因素引起：不同金属材料的接触、相同材料的接触表面不光滑、连接处不紧密、存在磁性物质等。

互调的存在会对通信系统产生干扰，特别是处在接收带内的互调产物将对系统的接收性能产生严重影响，因此对接头、电缆、天线等无源部件的互调特性都有严格的要求。接头的无源互调指标小于或等于 -150dBc，电缆的无源互调指标小于或等于 -170dBc，天线的无源互调指标小于或等于 -150dBc。

dBc 是一个表示功率相对值的单位，与 dB 的计算方法完全一样。一般来说，dBc 是相对于载波（Carrier）功率而言的，在许多情况下用来度量与载波功率的相对值，如用来度量同频干扰、互调干扰、交调干扰和带外干扰的相对值。在采用 dBc 的地方，原则上也可以使用 dB 替代。

（12）功率容量　功率容量通常指平均功率容量。天线包括匹配、平衡、移相等其他耦合装置，其承受的功率是有限的。考虑到基站天线的实际最大输入功率（如单载波功率为 20W），若天线的一个端口最多输入 4 个载波，则天线的最大输入功率为 80W。因此，天线的单端口功率容量应大于 150W。

（13）尺寸和重量　为了便于天线储存、运输、安装及安全性，在满足各项电气指标的情况下，天线的外形尺寸应尽可能地小，重量尽可能地轻。目前运营商对天线尺寸、重量、外观上的要求越来越高，因此在选择天线时，不但要关心其电气性能指标，还应关注这些非技术因素。一般地，城区基站天线应该选择重量轻、尺寸小、外形美观的天线，郊区、乡村天线无此要求。

（14）抗风强度　抗风强度又称风载荷。基站天线通常安装在高楼及铁塔上，尤其在沿海地区，常年风速较大，一般要求天线在 36m/s 时正常工作，在 55m/s 时不破坏。在风力较强的地区，天线本身通常能够承受强风，往往是由于铁塔、抱杆等原因遭到损坏，在这些地区应选择表面积小的天线。

（15）天线接口　为了改善无源交调及射频连接的可靠性，基站天线的输入接口通常采用 7/16DIN-Female。在天线使用前，端口上应有保护盖，以免生成氧化物或进入杂质。

除以上主要参数外，还包括工作温度和湿度、雷电防护和三防能力等。

2. 天线的分类

天线根据性能参数的不同可分为以下几类，其外形如图 2-8 所示。

1）按辐射方向分：定向天线、全向天线。

2）按极化方式分：单极化天线、双极化天线。

3）按外形分：板状天线、帽状天线、鞭状天线、面状天线等。

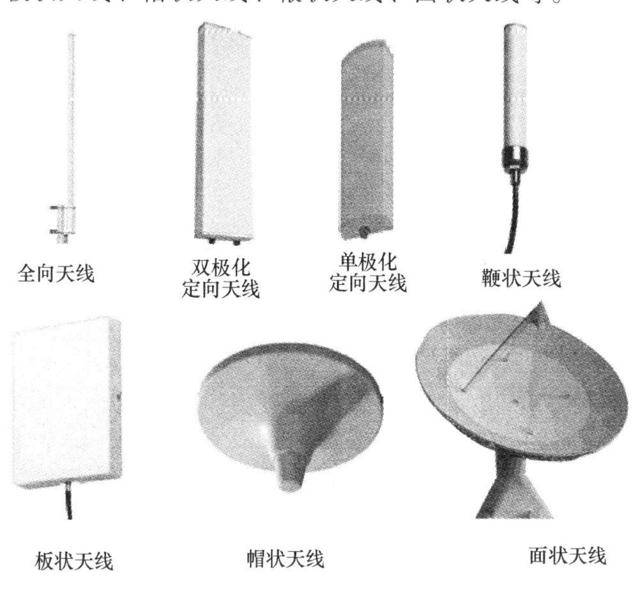

图 2-8　天线外形

3. 天线的选择

天线的选择是决定网络质量的一个重要因素，应根据基站服务区内的覆盖、服务质量要求、话务分布和地形地貌等条件，并综合考虑整网的覆盖、干扰情况来选择天线。根据地形或话务分布情况可以把天线使用的环境分为以下几种类型：市区、郊区、农村、公路、山区、近海、隧道等。天线选型的一般原则见表 2-4。

表 2-4　天线选型的一般原则

环境类型	一般原则
市区	通常选用水平波瓣宽度在 60°～65°之间的定向天线；一般选择 15dBi 左右的中等增益天线；带机械或电下倾角，最好选择带有一定电下倾角（3°～6°）的天线；建议选择双极化天线
郊区	根据实际情况选择水平波瓣宽度为 65°或 90°的定向天线；一般选择 15～18dBi 的中、高增益天线；根据具体情况决定是否采用预置下倾角；双极化和垂直极化天线均可选用
农村	根据具体情况和要求选择 90°、120°定向天线或全向天线；所选的定向天线增益一般比较高（16～18dBi）；一般不选预置下倾天线，高站可优先选择零点填充天线；建议选择垂直极化天线
公路	一般选择窄波束、高增益的定向天线，也可以根据实际情况选择 8 字形天线、全向或变形全向天线；公路基站对覆盖距离要求高，因此一般不选预置下倾天线；建议选择垂直极化天线；所选定向天线的前后比不宜太高
隧道	小于 2km 的隧道建议选择 10～12dBi 的八木/对数周期/平板天线安装在隧道口内侧，对隧道进行覆盖；大于 2km 的隧道建议采用泄漏电缆、同轴电缆、光纤分布式系统等解决
山区	当近距离居住用户对天线的仰角不大于 18°时应采用全向高增益天线（固定电下倾角不超过 3°）；当近距离居住用户对天线的仰角超过 18°时应采用全向中增益天线（固定电下倾角不超过 3°）；当近距离居住用户数量较多且在某定向区域，而远距离为公路或分散用户，定向区域对天线的仰角大于 18°时应采用全向高增益天线（固定电下倾角不超过 3°）＋定向站型；定向天线的波束宽度取决于特定区域的大小，同时采用电下倾和机械下倾（通常为 15°）方式，15～16dBi 增益，单、双极化均可
近海、沙漠、草原	建议选用垂直波瓣一般为 6°，水平波瓣宽度为 45°或 45°以下的高增益垂直极化天线，近端盲区可以用水平波瓣 90°，垂直波瓣 7°天线补充；选用 18dBi 以上的高增益天线；选用具备零点填充特性的天线
室内	室内覆盖采用垂直极化方式，全向天线使用在房间中心，吸顶方式安装；平板定向天线使用在矩形环境，安装于矩形短边的单面墙上；高增益定向天线使用在电梯井中，一般采用对数周期天线；全向天线建议水平波瓣宽度为 360°、垂直波瓣宽度为 90°、增益在 2dBi 左右；平板定向天线建议水平波瓣宽度为 90°、垂直波瓣宽度为 60°、增益为 7dBi；对数周期天线建议选水平波瓣宽度为 55°、垂直波瓣宽度为 50°、增益在 11dBi 左右

2.1.3　塔放

塔放（Tower Mounted Amplifier，TMA）的全称为塔顶放大器，是一种安装在塔上的低噪声放大模块。TMA 对天线接收到的微弱信号直接放大，以提高基站系统的接收灵敏度和系统的上行覆盖范围，同时有效降低 UE 的发射功率。图 2-9a 所示为塔放的内部结构，主要由低噪声放大器 LNA 和 TX/RX 带通滤波器构成。塔放分为单塔放和双塔放两类。一个双塔放相当于在内部结构上有两个塔放。

1）单塔放　主要用于使用全向天线的基站和使用单极化天线的基站。

2）双塔放　主要用于使用双极化天线的基站，如图 2-9b 所示，端口 1 连接来自天线的跳线，端口 2 连接来自 Node B 的馈线，端口 3 连接接地线。

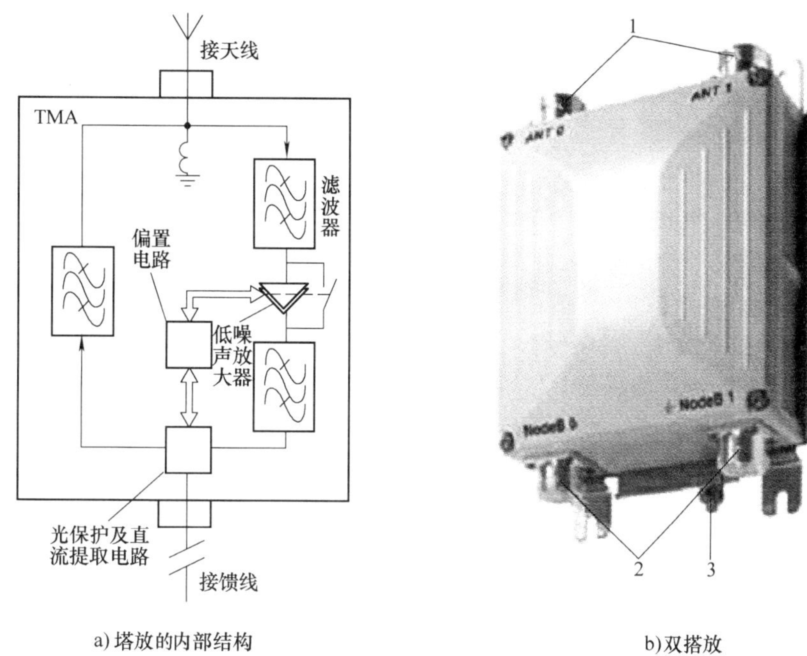

a) 塔放的内部结构　　b) 双塔放

图 2-9　塔放示意图

塔放虽然对上行链路有一定的增益，但是会给下行链路带来一些插入损耗，因此并不是所有大馈系统均使用塔放，应用中可参考如下原则：

1）密集城区或站间距比较小，上行覆盖一般不存在问题，故通常不建议使用塔放。

2）如果运营商有使用塔放的要求，就可按运营商要求使用。

3）乡村、郊区、海面、山区、沙漠、草原等场景可能受限于上行覆盖，建议使用塔放。

4）在工作环境恶劣，如环境温度超出塔放允许的工作范围时不使用塔放。

1. 性能参数

塔放的主要性能参数包括：发射插入损耗、接收增益、接收噪声系数和旁路插入损耗等。表 2-5 给出了某型号塔放的主要性能参数及典型工程参考值。

表 2-5　某型号塔放的主要性能参数及典型工程参考值

性　　能	参　　数/dB	参　考　值/dB
发射插入损耗	≤0.6	0.5
接收增益	12	12
接收噪声系数	≤2.0	1.7
旁路插入损耗	≤2.5	1.5

2. 智能塔放

在远程控制电调天线中需要使用智能塔放（STMA）。智能塔放是内部具有远程控制电调天线辐射单元相位功能的塔放。智能塔放外观及端口功能如图 2-10 所示。

2.1.4　馈线

馈线通常由泡沫介质同轴电缆构成，如图 2-11 所示。按直径分，主要有 1/2 in、7/8 in

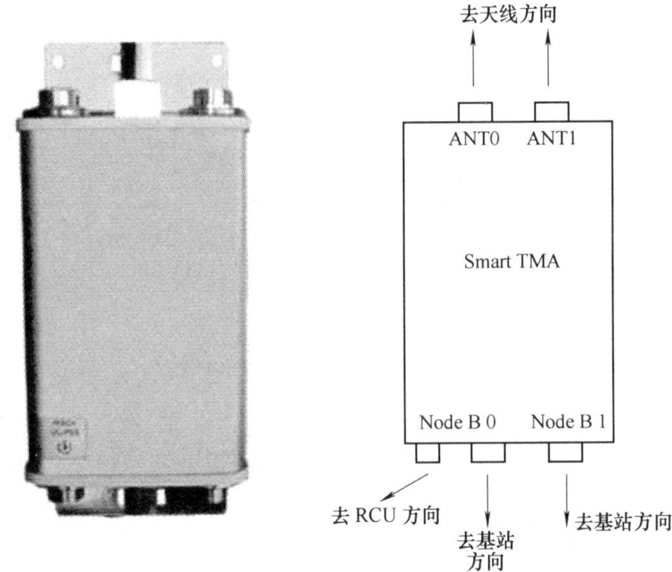

图 2-10　智能塔放外观及端口功能

和 5/4 in 的馈线，实际工作中通常表示为 1/2″、7/8″和 5/4″。馈线按作用主要分为主馈线和跳线。常用的馈线类型见表 2-6。

图 2-11　馈线

表 2-6　常用的馈线类型

类　型	损　耗	接头形式	使用范围
1/2 in 跳线	-0.3dB/1.5m	两端都是 DIN 型阳头	用于连接天线和馈线，天线和塔放，Node B 和主馈线
	-0.5dB/2.5m	两端都是 DIN 型阳头	
	-0.7dB/3.5m	两端都是 DIN 型阳头	
7/8 in 主馈线	-6.4dB/100m	两端都是 DIN 型阴头	用于馈线长度小于 40m 的情况
5/4 in 主馈线	-5.0dB/100m	两端都是 DIN 型阴头	用于馈线长度大于 40m 的情况

1）主馈线，通常由直径为 7/8 in 和 5/4 in 的泡沫介质同轴电缆构成。7/8 in 馈线分为标准和超柔两种，由室内防雷器首端一直延伸至铁塔顶端或支架顶端。

2）跳线，可分室内跳线及室外跳线两部分。室内跳线连接 Node B 机柜顶端和防雷器尾端，室外跳线连接主馈线和天线端口。

在使用超柔 7/8 in 主馈线时，室外跳线可以省掉，将主馈线直接与天线连接，这样可使整个馈线系统部件减少，简化安装，提高驻波比指标。

2.1.5　连接器

馈线与基站设备以及不同类型线缆之间一般采用可拆卸的射频连接器进行连接，连接器俗称接头。常见连接器如图 2-12 所示。连接器通常采用以下两种：

1）DIN 型连接器，适用的频率范围为 0 ~ 11GHz，一般用于宏基站射频输出口。

2）N 型连接器，适用的频率范围为 0 ~ 11GHz，用于中小功率的具有螺纹联接机构的同轴电缆，是室内分布中应用最为广泛的一种连接器，可以配合大部分的馈线使用。

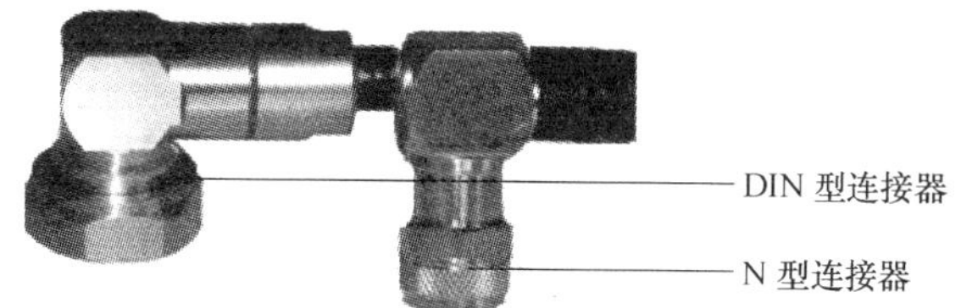

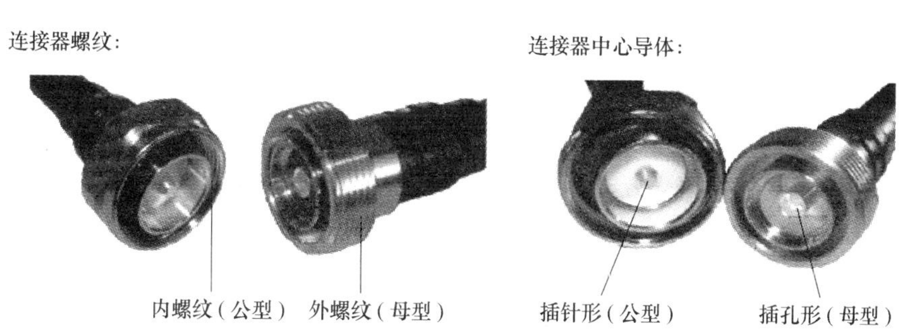

图 2-12　常见连接器

2.1.6　馈线接地装置

馈线接地装置主要由馈线接地夹和室内/外接地排构成，如图 2-13 所示。在天馈系统中，馈线接地一般有以下 3 处：

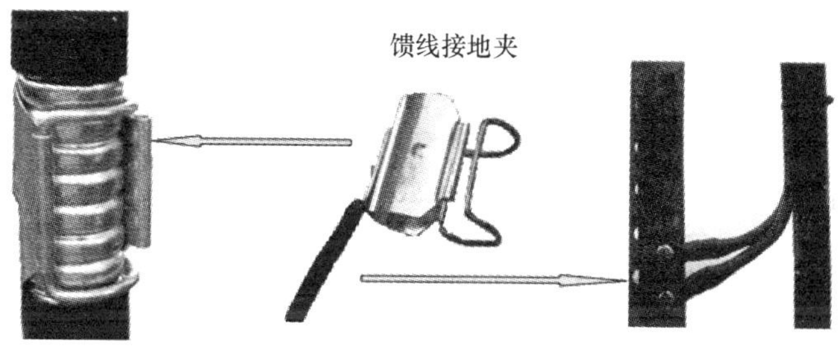

图 2-13　馈线接地装置

1）塔顶天线一处接地（铁塔本身就有接地点）。

2）馈线引入机房之前一处接地（接到室外接地排）。

3）馈线引入机房后在和 1/2 in 跳线接头处有一接地（接到室内接地排）。

2.1.7 远程电调系统

远程电调（RET）系统主要包括：RET 型天线、RCU、SBT、AISG 控制线等主要部件。图 2-14 所示为远程电调系统的主要部件和连接图。

RET 天线（底部）　RCU　SBT　AISG 控制线 (0.5m)

连接图

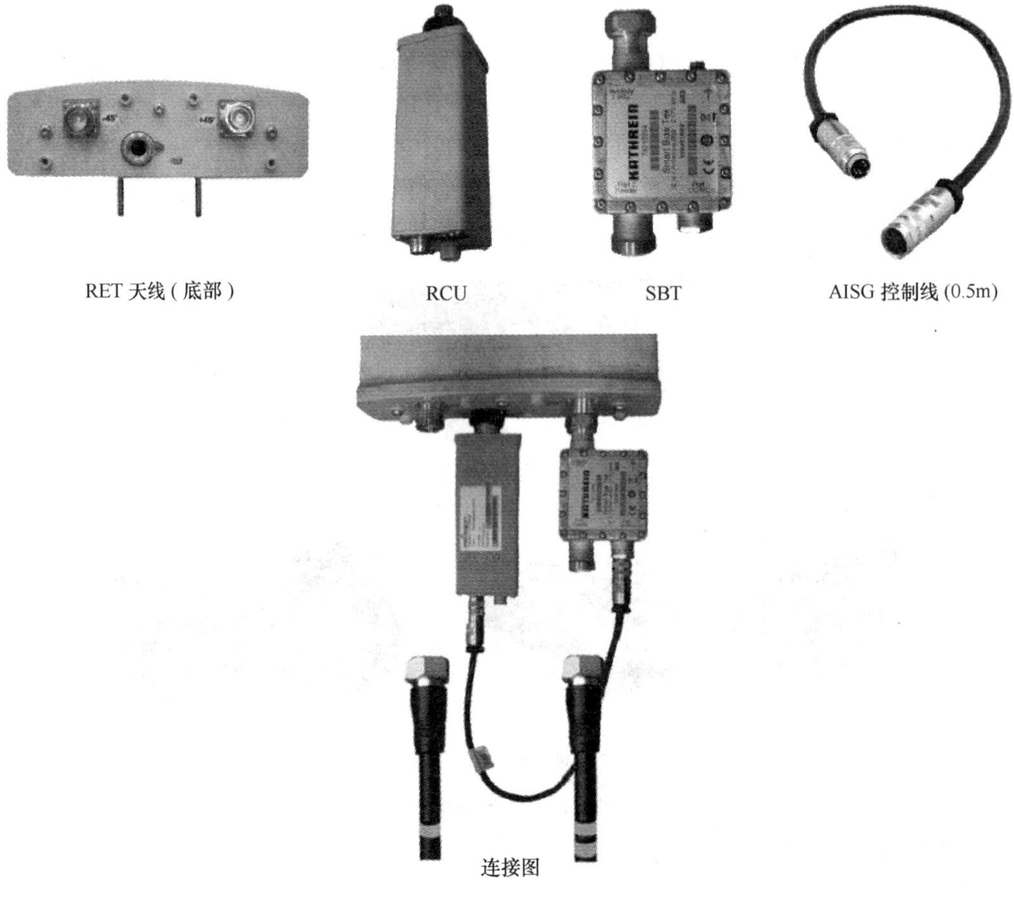

图 2-14　远程电调系统的主要部件和连接图

RCU 是电调天线内部移相器的驱动电动机。它接受来自基站的控制命令并执行命令，驱动步进电动机，通过传动机构来带动天线内的可调移相器，从而改变天线的下倾角；SBT 通过馈线为 RCU 提供直流电源与控制命令的单元；AISG 控制线是 RCU 与 SBT（或 STMA）间的信号线，如图 2-15 所示，常见的规格有 0.5m、2m、15m 等。连接 RCU 与 SBT 间的信号线接头，分别为 8 芯 AISG 标准公型连接器和 8 芯 AISG 标准母型连接器。

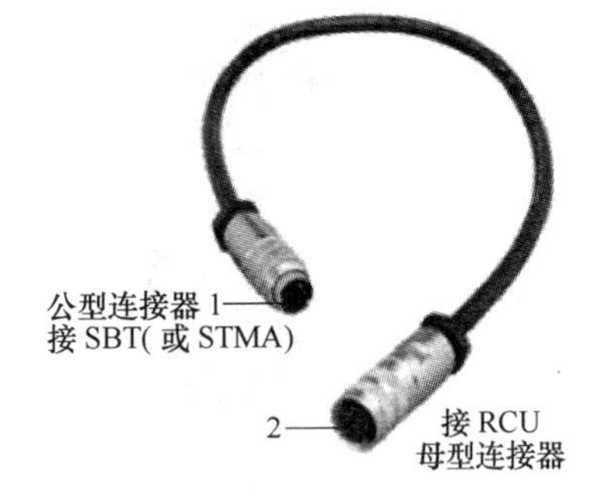

图 2-15　AISG 控制线

2.1.8　天馈防雷器

天馈防雷器可有效防止天馈系统、收发系统中电子信息设备被雷电波冲击而造成的损失。天馈防雷器的外形如图 2-16 所示，其主要参数包括：工作频率范围、直流放电电压、标称放电电流、最大通流容量、限制电压、电压驻波比和插入损耗等。表 2-7 给出了某型号防雷器的主要参数。

图 2-16　天馈防雷器的外形

表 2-7　某型号防雷器的主要参数

参　数	指　标	参　数	指　标	参　数	指　标
工作频率范围	0～2500MHz	标称放电电流	(8/20μs)10kA	电压驻波比	≤1.1
直流放电电压	90V	最大通流容量	(8/20μs)20kA	插入损耗	≤0.1dB
特性阻抗	50Ω	限制电压	(10/700μs)≤200V	接头形式	N-J/K

➢ 技能能力

2.1.9　工作任务描述

要求学生以组为单位，合理制订实施计划，完成对实训室屋顶抱杆型非电调天馈系统的安装，具体工作任务要求如下：

1）根据现场勘察情况，针对实训室屋顶抱杆型非电调天馈系统，提交天馈系统设备清单。

2）完成非电调天线的组装。

3）制作跳线和馈线接头，连接馈线、跳线至天线和主设备。

4）安装并调整天线。

5）完成室内/外馈线的安装和检查工作。

2.1.10　工具、仪器及材料

工具：工程安装工具套件（包括各型号的钳子、扳手和螺钉旋具等）、剪线钳、馈线刀、热吹风机、梯子等。

仪器：非电调板状天线、天线支架、走线架、倾角仪和罗盘仪等。

材料：馈线固定夹、馈线防雷器、线扣、馈线接地夹、各型号接头、7/8 in 主馈线、1/2 in 馈线、色环胶带、防水胶带和绝缘胶带等。

2.1.11　操作步骤

1. 材料的清点

1）按照工作任务要求选取相应种类与型号的工具、仪器，并负责保管。

2）分析工作任务，制订工作计划并确定任务所需的基本材料清单，按表 2-8 填写材料清单。

表 2-8　材料清单

序　号	名　称	规　格	数　量	单　位	备　注

材料领取人：

2. 天线的安装

下面以屋顶抱杆型非电调定向天馈系统（天馈系统工程结构见图 2-17）的安装为例讲解安装步骤（天馈系统安装流程见图 2-18）与工程规范。

非电调定向天线在支撑架上安装的基本步骤如图 2-19 所示。各安装步骤的操作说明如下：

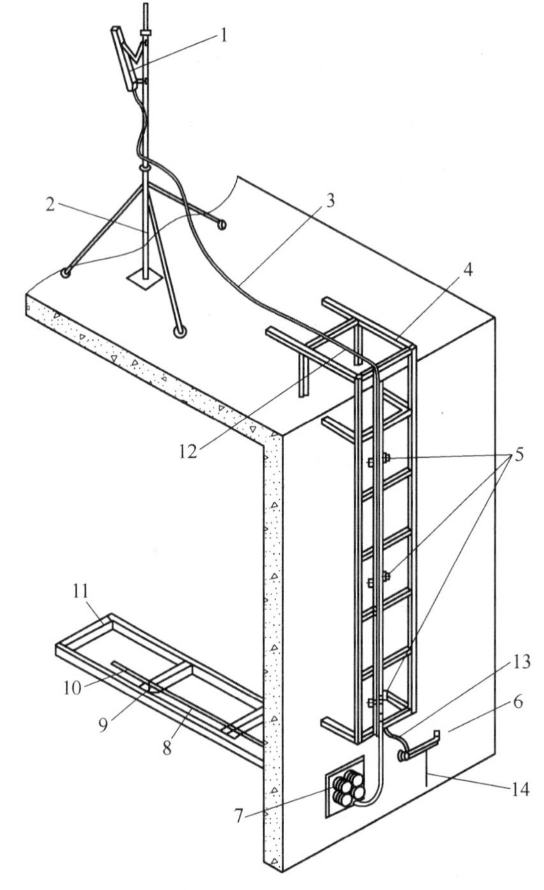

图 2-17　天馈系统工程结构

1—定向天线　2—天线支撑架　3—室外跳线　4—室外走线架　5—馈线固定夹　6—室外接地排　7—馈线窗　8—馈线防雷器　9—线扣　10—室内跳线　11—室内走线架　12—主馈线　13—馈线接地夹　14—地线

图 2-18　天馈系统安装流程

图 2-19　非电调定向天线在支撑架上安装的基本步骤

1）打开天线包装箱，取出天线和各种紧固件，检查天线是否有明显的弯曲或变形，如发现，应立即更换。

2）安装天线倾角的 V 型调节架和紧固抱杆的紧固夹，螺栓松紧适当，以便于安装施工。天线组装示意图如图 2-20 所示。

3）将跳线和天线端口连接。图 2-21 所示为天线与跳线连接示意图。在操作过程中应注意以下几点：

①　接头必须用扳手紧固。

②　在距跳线接头 200mm 处粘贴对应扇区的色环。缠绕色环方向应一致，不能错位，每道缠绕 2 ~ 3 层，相邻两道色环的间距为 10 ~ 15mm。

③　缠绕胶带时，须保证上一层胶带覆盖下一层的 50% 以上，每缠一层都要拉紧压实。缠绕防水胶带时，均匀拉伸防水胶带，使其宽度为原宽度的 1/2 后再缠绕。防水胶带缠绕长度超出金属接头约 20mm，绝缘胶带缠绕长度超出防水胶带约 10mm。

4）安装天线与抱杆。首先应检查支架或抱杆是否垂直，安装是否牢固；支架顶端必须有避雷针，避雷针长度要大于 40cm；安装天线时应尽可能地防止碰撞天线和弯折跳线；安装时暂不要把上/下螺母拧紧，但也不能过松，要保证天线不会向下滑落。图 2-22 所示为天

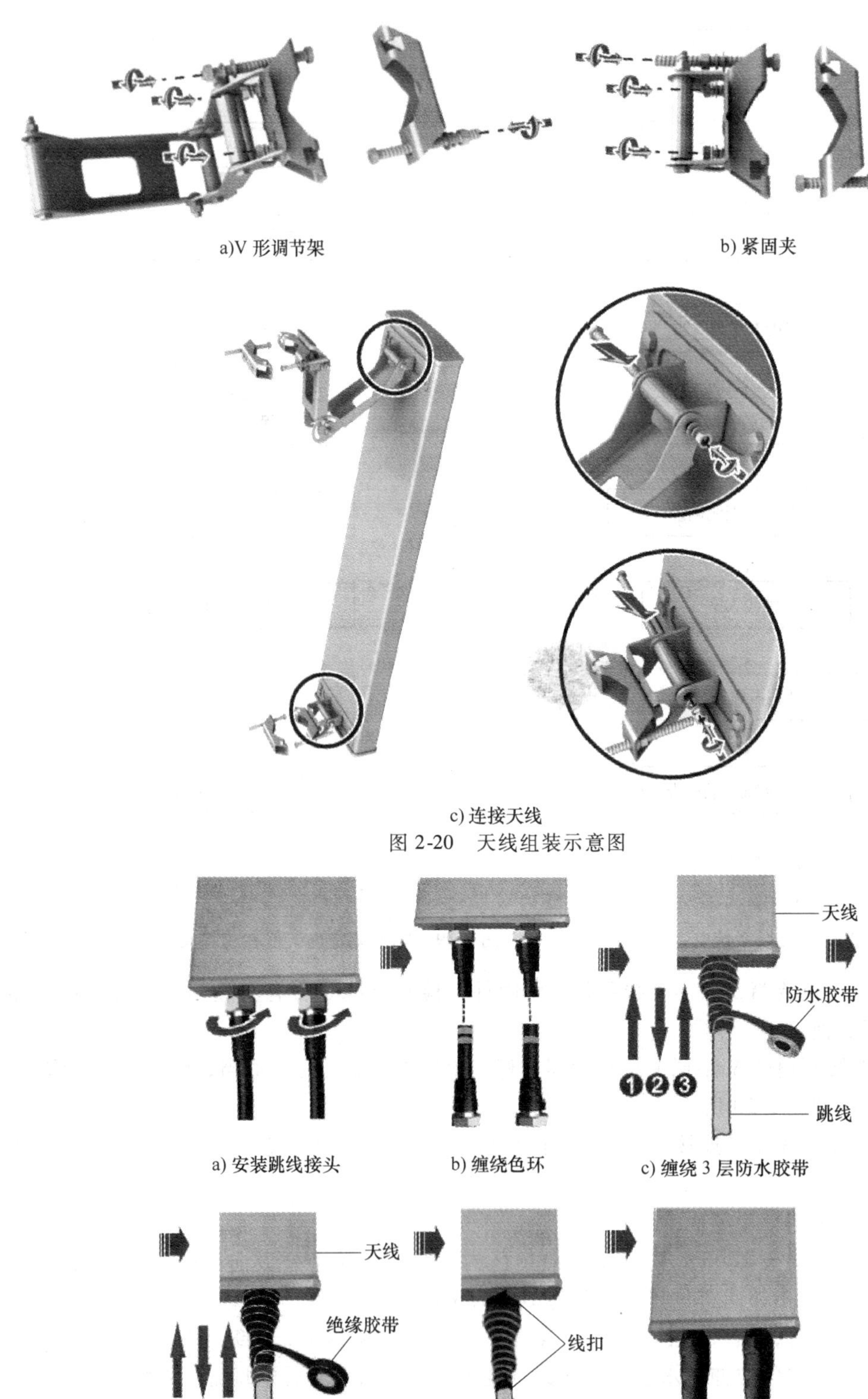

a)V 形调节架　b) 紧固夹

c) 连接天线

图 2-20　天线组装示意图

a) 安装跳线接头　b) 缠绕色环　c) 缠绕 3 层防水胶带

d) 缠绕 3 层绝缘胶带　e) 绑扎线扣　f) 完成后的效果图

图 2-21　天线与跳线连接示意图

线与抱杆安装示意图。

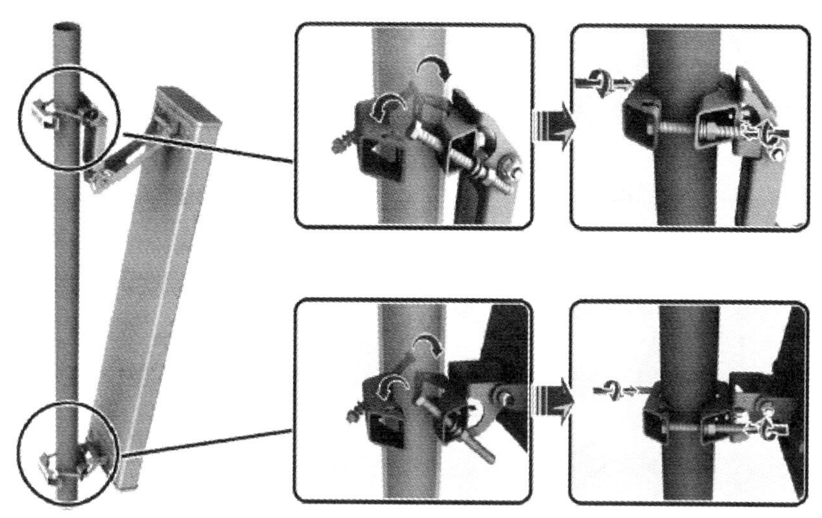

图 2-22 天线与抱杆安装示意图

5）调整方位角。天线方位角以正北为0°，顺时针为正，不取负值，依次为120°、240°。方位角误差为±5°。图2-23所示为方位角调整示意图。如有设计文件指明方位角，则应以设计文件为准。

调整时，需楼下人员与楼顶人员配合完成，楼下人员在远离楼房10～20m处使用罗盘仪，楼顶人员左右调整天线，直至方位角满足要求。调整完毕后，拧紧上下固定螺母。

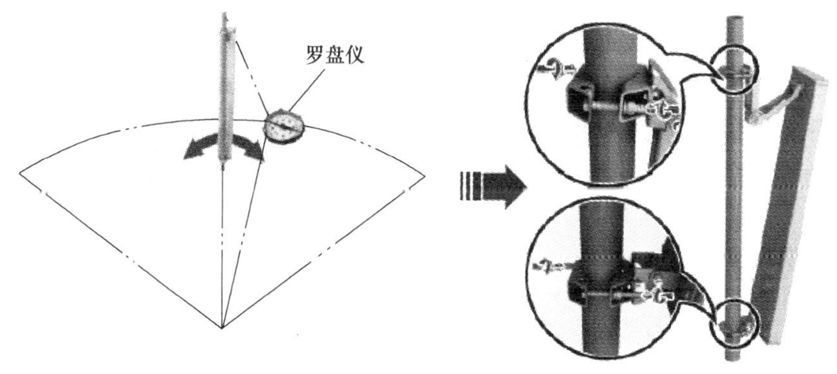

图 2-23 方位角调整示意图

6）调整下倾角。下倾角误差要控制在±0.5°，调整后紧固。对于具有预置电下倾角的天线，合计下倾角为机械下倾角与电调下倾角的和。对于非电调天线下，倾角的调整可采用V形架上的刻度盘，也可采用倾角仪。图2-24所示为天线下倾角调整示意图。

7）天线固定调整后，天线跳线应制作避水弯并沿支架或抱杆用扎带进行多处绑扎。图2-25所示为跳线的绑扎，其中方框内为避水弯。

此外，在安装全向天线时，需保证天线垂直不歪斜，天线顶端要低于避雷针，且处于防雷45°保护角范围之内。天线紧固卡不应直接安装在天线的辐射体上，应固定于辐射体下端10～50mm处，并做好天线接头的防水处理。天线标牌应扎在天线端口下方10～20cm处，标牌朝向应便于识别。在天线安装完毕后，要重点对如下项目进行重复检查和核对。

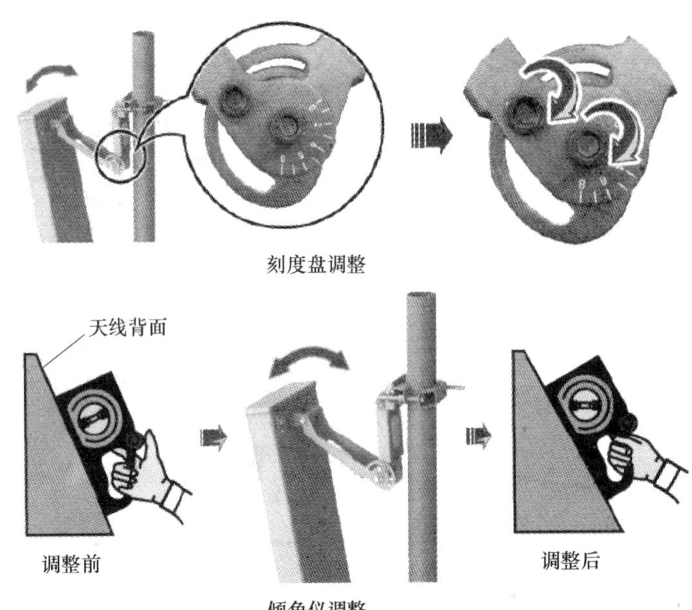

图 2-24　天线下倾角调整示意图

① 天线的方位角和下倾角。

② 天线安装的牢固性检查。

③ 天线型号的核对，天线与扇区对应关系的核对。

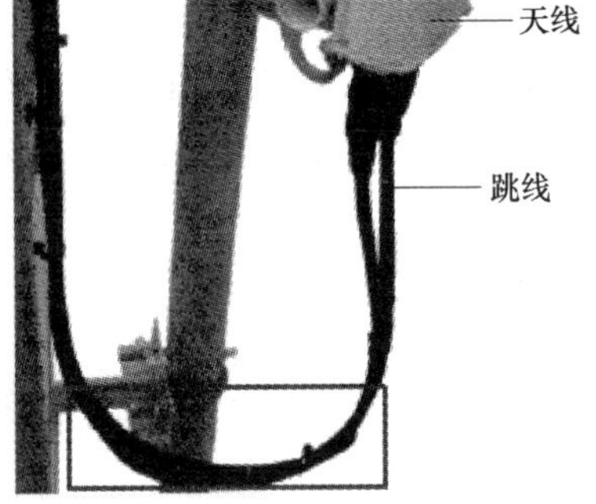

图 2-25　跳线的绑扎

3. 跳线的制作与安装

跳线分为室内跳线与室外跳线，均采用 1/2 in 馈线制作。下面分别就其制作、安装方法与规范进行讲述。

（1）室外跳线部分的安装规范

1）选用专用室外 1/2 in 跳线，注意检查其型号，避免与室内跳线混用。

2）将 1/2 in 跳线与天线端口连好，注意接头有正确的扭矩力。

3）注意跳线两端色带的对应。

4）在接口处缠上防水与绝缘胶带，并确保最后一层胶带缠绕方向为由下向上。

5）将天线标牌统一固定于天线端口下 20cm 处的跳线上，朝向以便于识别为准。

6）将 1/2 in 跳线在天线抱杆或支架上绑扎整齐，注意下垂部分尽量短，其弯曲半径不大于 125mm。

7）跳线接头处应留有一定的维护余量。

（2）室内跳线部分的安装规范

1）选用专用的室内 1/2 in 跳线，注意检查其型号。

2）根据基站 Node B 设备机架顶端连接头的类型，选择相应的 1/2 in 跳线的接头。该步骤仅在采用跳线一端需现场制作接头时实施。

3）使用专用工具，用正确的方法将该接头做好。

4）将 1/2 in 跳线与基站 Node B 设备机架顶端连接牢固，注意接头正上方 10cm 馈线保持垂直，没有弯曲。

5）沿着室内到室外的方向将 1/2 in 跳线固定，注意走线美观，没有交叉。

6）根据实际情况，可将多余的跳线用专用工具切除，并注意留有一定的维护余量。注意，出厂时已经做好的跳线不能切割跳线的长度。

7）根据防雷器接头的类型选用正确的 1/2 in 跳线接头。使用专用工具，用正确的方法制作接头。采用出厂时已连接两侧接头的跳线不需要此步骤。

8）室内 1/2 in 跳线的标记内容应该对应于室外主馈线标记的内容，并且保证馈线两端头的标记清晰一致，便于查看。

（3）接头制作步骤及规范　图 2-26 所示为 DIN 直式公型连接器的结构。下面以 DIN 直式公型连接器为例说明馈线接头的制作步骤和规范。具体步骤如下：

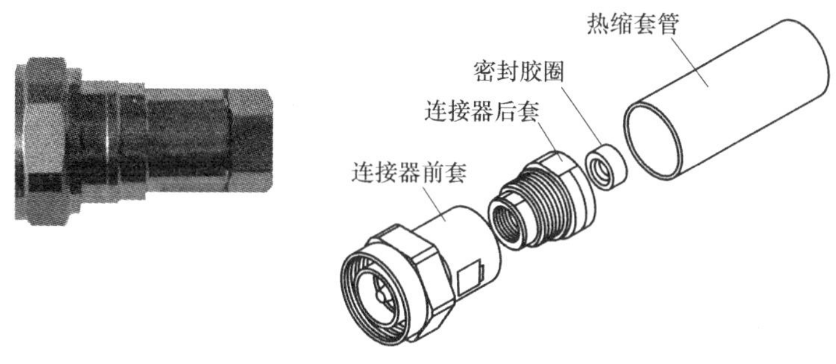

图 2-26　DIN 直式公型连接器的结构

1）现场安装接头前，先将靠近端头的馈线展直至少 15cm。

2）准确测量布放路径的长度后，使用精确的量尺来测量长度，也可根据馈线上的长度标识（图 2-27 中的线框内为对应长度标识）确定裁剪位置。馈线的裁剪如图 2-27 所示。

图 2-27　馈线的裁剪

3）用安全刀剥去馈线外皮时不要伤害外导体，建议使用专用馈线刀对馈线进行切割。填充泡沫与外皮的剥离如图 2-28 所示。

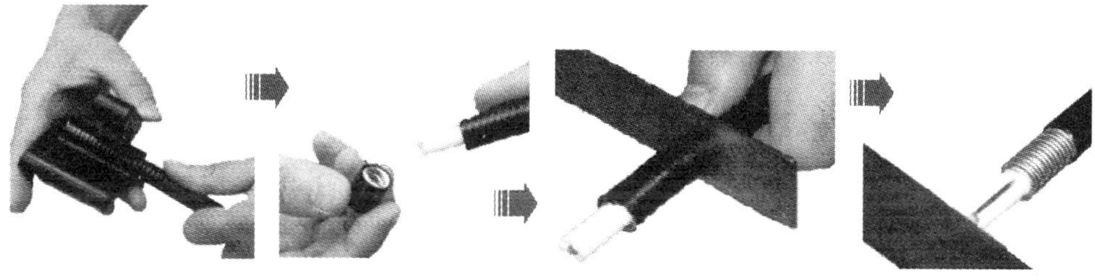

图 2-28　填充泡沫与外皮的剥离

4）按接头说明书要求的尺寸去除相应长度的缆芯，并沿外导体边缘压迫平整泡沫。缆芯的截取如图 2-29 所示。

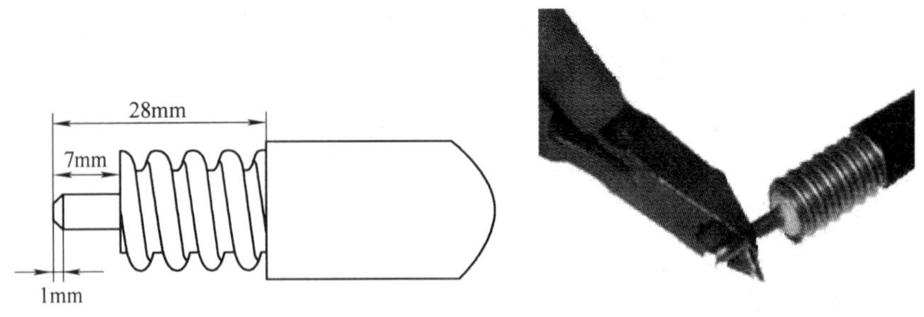

图 2-29　缆芯的截取

5）用锉刀或刀头去除毛刺，并用毛刷清理去除馈线泡沫中残留的铜屑及其他有反射性的金属。对馈线的切口处理进行检查，做到无残留铜屑，切口光滑而无毛刺，切割尺寸精确。切口的处理如图 2-30 所示。

图 2-30　切口的处理

6）先安装热缩套管和密封胶圈，再安装连接器的后套、前套，然后紧固前/后套，最后吹缩套管。连接器的安装如图 2-31 所示。

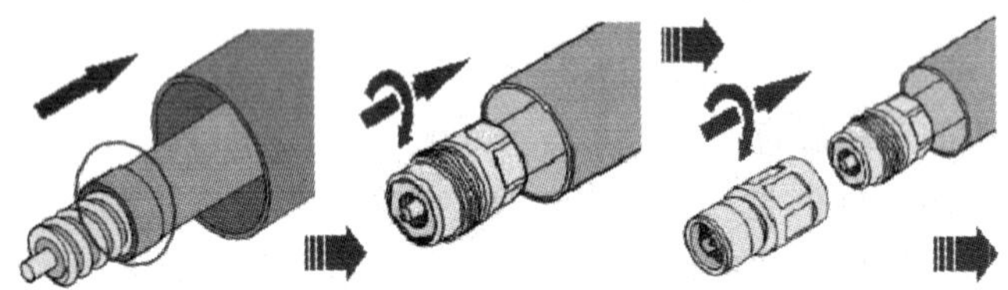
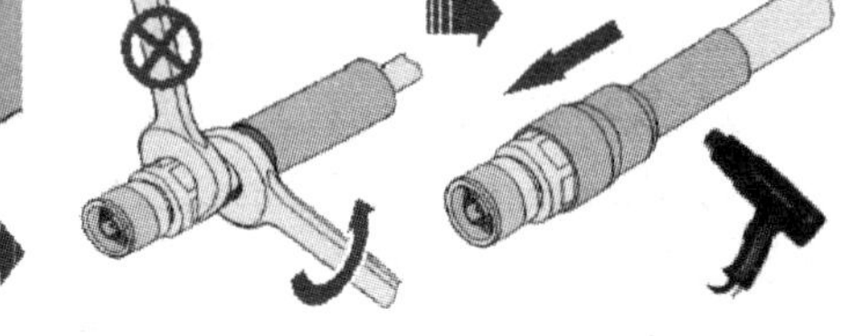

图 2-31　连接器的安装

4. 主馈线的安装

主馈线通常采用直径为 7/8 in 和 5/4 in 的泡沫介质同轴电缆构成。常采用的 7/8 in 馈线可分为标准和超柔两种，由室内防雷器首端一直延伸至铁塔顶端或支撑架顶端。主馈线施工步骤如下：

1）根据设计图样要求或实际测量长度裁剪馈线。注意，要留有一定余量。

2）在同一根馈线两端做好标注。不同厂商和运营商的规范不同，如采用色带标注，缠绕方向应一致，不能错位，每道色环缠绕 2～3 层，相邻两道色环的间距为 10～15mm；3 扇区一般采用红、黄、蓝 3 色标注；6 扇区时采用红、黄、蓝、紫、橙、绿标注；两道色环为主集，一道色环为分集。以色环标注为例，一般要求馈线标注位置如图 2-32 所示。

3）将主馈线天线端的接头连接好，应注意用锯或锉进行切割或修整时馈线头应倾斜朝下，避免铜屑落入铜管内。用防水胶带对馈线接头处进行暂时包裹，以防止接头处进水或受损。

4）用电缆提升挂网或其他专用设备沿走线架走线位置将主馈线天线端提升上塔或屋顶，提升时应防止将馈线划伤或弯折。

5）根据主馈线所对应不同扇区天线的位置，将主馈线在塔顶或屋顶的相应位置固定，并将主馈线沿着铁塔或走线架用馈线固定夹自上而下地进行固定。

对 7/8 in 的馈线，馈线固定夹的安装间距为 1.5 ~2m；对大于 7/8 in 的馈线，馈线固定夹的安装间距可适当延长。如果需安装多排馈线固定夹，应保持多排馈线固定夹平行整齐。图 2-33 所示为馈线固定夹。

6）主馈线接地。主馈线接地的制作过程如图 2-34 所示。注意，主馈线外皮的切割长度应与馈线接地夹的金属套长度相当；密封接头时应做到 3 层防水和 3 层绝缘处理；地线接地的走向应与主馈线入室的走向一致。

7）主馈线通过馈线窗进入室内。主馈线入室安装如图 2-35 所示，依次为：传入主馈线、做避水弯、做标志和紧固馈线窗。建议进馈线窗前先做避水弯，切角大于 60°，但需大于此馈线的最小弯曲半径。常用馈线的最小弯曲半径如下所示。

① 馈线单次允许最小弯曲半径：7/8 in 标准馈线为 89mm；7/8 in 超柔馈线为 89mm；1/2 in 馈线为 51mm。

② 馈线多次允许最小弯曲半径：7/8 in 标准馈线为 250mm；7/8 in 超柔馈线为 125mm；1/2 in 馈线为 125mm。

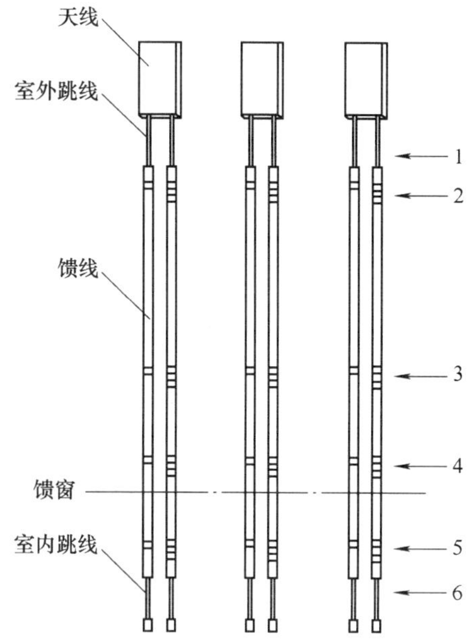

图 2-32　馈线标注位置

1—距室外跳线接头 200mm 处　2—距室外馈线接头 200mm 处　3—如采用铁塔架设天馈系统，则馈线下铁塔处的 1m 范围内　4—馈线入室前距馈窗 1m 处　5—距室内馈线接头 200mm 处　6—距室内跳线接头 200mm 处

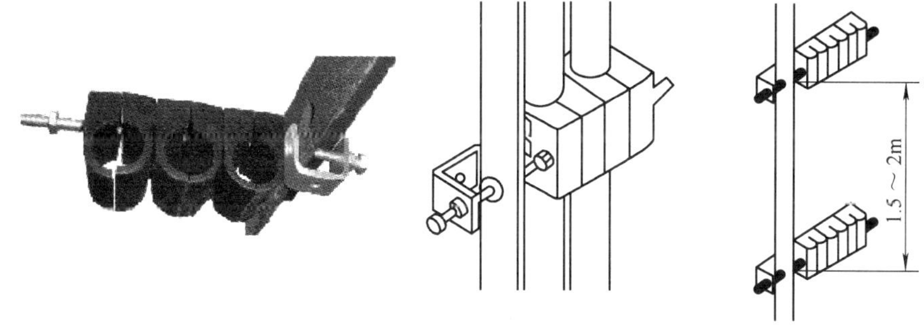

图 2-33　馈线固定夹

8）主馈线进窗后，将在距离馈线窗 1m 内某处（实际工程中应根据安装或设计文件要求实施）与防雷器相连。确定距离后，按照测量结果将主馈线裁断，在主馈线入室端做好接头并与防雷器相连接。在连接防雷器时应注意将防雷端与来自天线端的主馈线相连，设备端与来自 Node B 的馈线相连，切不可接反。防雷器的连接如图 2-36 所示。

9）将主馈线室内部分在走线架上进行固定，并与室外部分对应作出标注。

10）将室外跳线与主馈线接头连接，并做密封防水处理。跳线与主馈线的连接操作如图 2-37 所示。

5. 检验要求

天馈系统安装完毕后，需要逐项进行检验。对不符合要求的项目进行整改，具体项目及

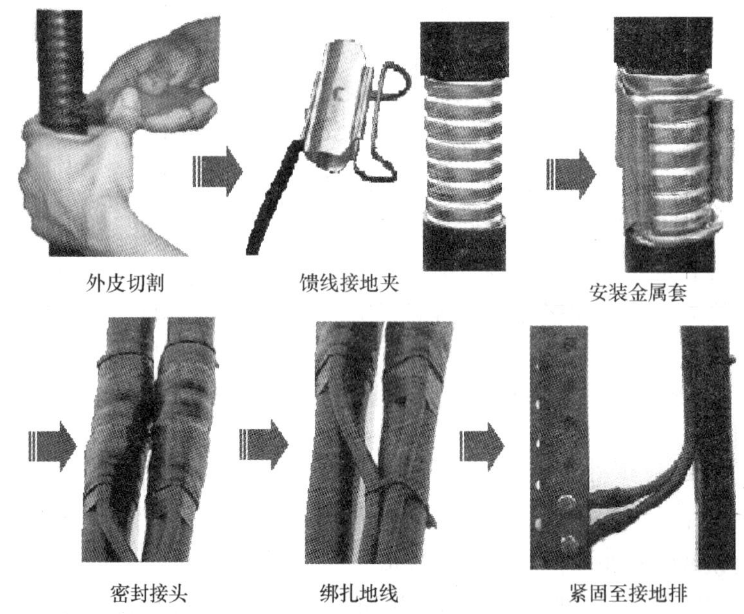

图 2-34　主馈线接地的制作过程

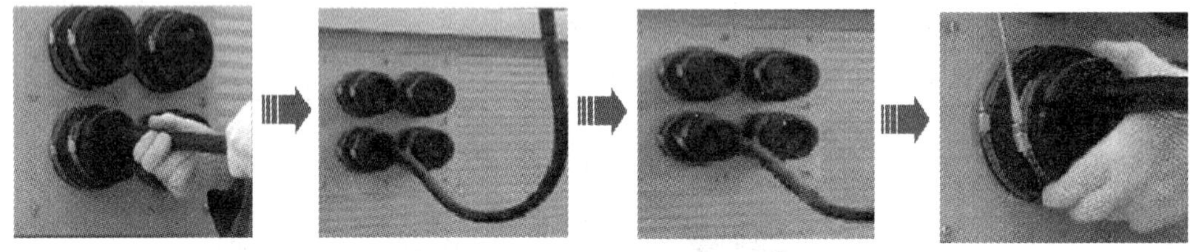

图 2-35　主馈线入室安装

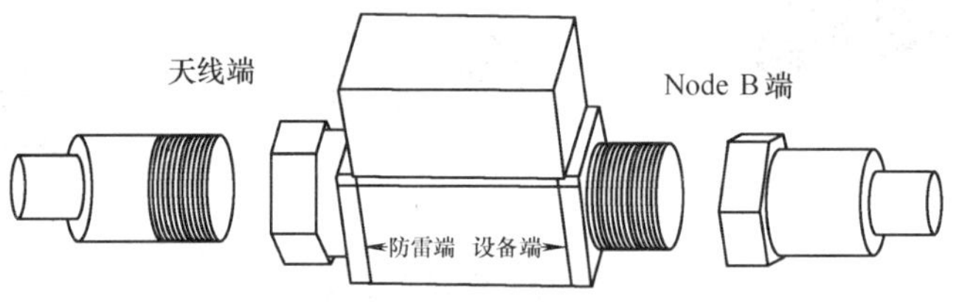

图 2-36　防雷器的连接

要求如下：

1）驻波比应小于 1.5 或项目要求的数值。

2）馈线馈管排列整齐美观。

3）按照规范要求粘贴馈线、跳线标签，标签排列应整齐美观，方向一致。

4）馈线无明显的折、拧现象，馈管无裸露铜皮。

5）馈线的最小弯曲半径应不小于馈管半径的 20 倍。

6）安装后的馈线固定夹间距应均匀，方向应一致。

7）馈线入室的室内、室外部分馈线应保持长度为 0.5m 以上并进行平直处理，防雷器

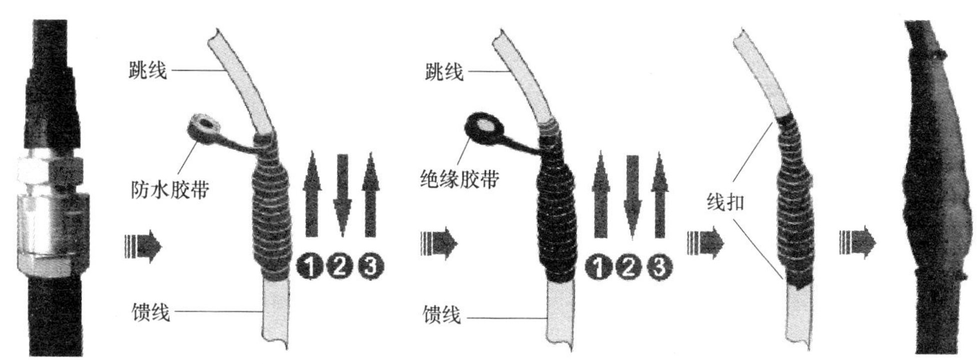

图 2-37　跳线与主馈线的连接操作

两侧应有 0.3m 平直。

8）馈管布放不得交叉，要求入室行、列整齐、平直，弯曲度一致。

9）天线的安装位置应与设计相符。

10）天线应在避雷针保护区域内（避雷针保护区域为避雷针顶点下倾 45°范围内）。

11）天线支架与铁塔的连接须可靠、牢固。

12）馈线密封窗的密封套上的注胶孔应朝上，密封窗板应安装在室内一侧（新馈窗无此项）。

13）所有室外跳线接头处均应做防水密封处理，且跳线应做避水弯。

14）全向天线离塔体距离应不小于 1.5m；定向天线离塔体距离应不小于 1m。

15）全向天线收/发水平间距应不小于 3.5m。

16）定向天线两接收天线分集间距不小于 4m。

17）定向天线收/发水平垂直线间距不小于 2.5m。

18）装在同一根天线支架上的两定向天线的垂直间距应不小于 0.5m。

19）全向天线护套顶端应与支架齐平或略高出支架顶部。

20）全向天线应保持垂直，误差应小于 ±2°。

21）全向天线在屋顶上安装时，全向天线与天线避雷针之间的水平间距应不小于 2.5m。

22）接天线的跳线应沿支架横杆绑至铁塔钢架上。

23）定向天线方位角误差应不大于 ±5°。定向天线倾角误差应不大于 ±0.5°。

24）室外所有绑扎后的扎带剪断时应留有一定的余量。

25）安装塔放时，接天线的一侧应朝上，接馈线的一侧应朝下，塔放应安装在离天线较近的地方。

26）机柜正面与馈线入室方向平行或机柜背面正对馈管线入室方向时，一个扇区排成一行，每行的排放次序应一致；当机柜正面正对馈管入室方向时，一个扇区排成一列，每列的排放次序应一致。

27）安装馈线窗引馈线入室时，要保证馈窗的良好密封。

28）馈线接头制作规范，无松动。

29）主馈线连接正确，扇区正确。

30）防雷器应悬挂在走线架的两个横挡之间，防雷器不能接触走线架。

2.1.12 任务单

任 务 单

任务名称	天馈系统的安装	学时		班级	
学生姓名		学生学号		任务成绩	
实训材料	参阅 2.1.10 节	实训场地		日期	
工作任务	屋顶抱杆型非电调天馈系统的安装				
任务目的	1）掌握天馈系统的组成结构、主要设备的性能指标和选型原则。 2）在实施任务的过程中，掌握安装工具及仪器的使用方法。 3）掌握天馈系统安装的基本步骤、操作工艺和工程检验原则。 4）培养学生团队合作、爱护工具、爱岗敬业、吃苦耐劳的精神，加强安全意识。				
（一）资讯					
资讯引导： 1）收集天馈系统组成结构的有关资讯。 2）查看实训用产品说明书，分组讨论，深入了解设备、工具和仪器的性能指标。 3）按小组分析各组任务，按照工作任务总结涉及的相关知识和技能。 4）对已有天馈系统的设施进行初步了解和勘察。					
（二）决策与计划					
（三）实施					
（四）检查（评价）					

2.1.13　考核标准

考 核 标 准

序号	工作过程	主要内容	评分标准	配分	学生（自评）		教师	
					扣分	得分	扣分	得分
1	资讯（10 分）	任务相关知识查找	查找相关知识，该任务知识掌握度达到 60%，扣 5 分	10				
			查找相关知识，该任务知识掌握度达到 80%，扣 2 分					
			查找相关知识，该任务知识掌握度达到 90%，扣 1 分					
2	决策、计划（10 分）	确定方案、编写计划	制订整体设计方案，在实施过程中修改一次，扣 2 分	10				
			制订实施方法，在实施过程中修改一次，扣 2 分					
3	实施（10 分）	记录实施过程步骤	实施过程中，步骤记录不完整度达到 10%，扣 2 分	10				
			实施过程中，步骤记录不完整度达到 20%，扣 3 分					
			实施过程中，步骤记录不完整度达到 40%，扣 5 分					
4	检查、评价（60 分）	工具仪器的使用	工具仪器选择不当，扣 5 分	15				
			工具仪器操作不当，一处扣 2 分					
		天线的安装	步骤及方法不正确，一处扣 2 分	15				
			丢失或损坏零部件，每件扣 2 分					
			方位角或倾角调整不正确，扣 5 分					
			安装不紧固，一处扣 1 分					
		馈线的安装	主馈线制作不合要求，一处扣 2 分	20				
			跳线制作不合要求，一处扣 2 分					
			馈线连接安装不正确，一处扣 5 分					
		系统检验	系统未安装完成，扣 5 分	10				
			系统检验不合要求，一处扣 1 分					
5	职业规范、团队合作（10 分）	安全文明生产	违反安全文明操作规程，扣 3 分	3				
		组织协调与合作	团队合作较差，小组不能配合完成任务，扣 3 分	3				
		交流与表达能力	不能用专业语言正确流利地简述任务成果，扣 4 分	4				
合计				100				

（续）

学生自评总结			
教师评语			
学　生 签　字	年　月　日	教　师 签　字	年　月　日

2.1.14　知识能力测试

1）在天馈系统中如何选用天线极化方式?

2）什么是“塔下黑”? 如何解决?

3）查阅相关资料，给出屋顶抱杆非电调全向天线的安装实施方案和实施计划。

任务 2.2　室内设备的安装

教 学 目 的

知识能力：熟悉 BTS3900 基站室内主要设备的结构和功能。

技能能力：掌握 BTS3900 机柜及附属设备的安装工艺。

社会能力：培养学生分析问题、解决问题的能力。培养学生的沟通能力及团队协作精神。

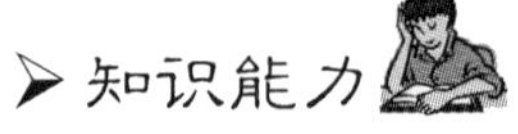

2.2.1　BTS3900 机柜

BTS3900 机柜是 BTS3900 基站系统的组成部分，如图 2-38a 所示。该机柜采用模块化结构设计而成，可以为模块提供安装空间、配电、散热、防雷等功能，主要组成模块包括：WRFU 模块、BBU 模块、DCDU 模块和 FAN 模块。其中，+24V 机柜和 220V 机柜还包括电源系统。

根据输入电源的不同，BTS3900 机柜分为 3 种类型：－48V 机柜、+24V 机柜和 220V 机柜。各种机柜硬件结构的差异主要体现在配电部分。其中，BTS3900 机柜（－48V）内主要包含 DCDU-01 模块、BBU 模块、FAN 模块、WRFU 模块，其他空余部分还可选配用户设备。该机柜支持 3WRFU 典型配置和 6WRFU 满配置，如图 2-38b、c 所示。

1. BTS3900 机柜（－48V）部件

BTS3900 机柜（－48V）部件包括：DCDU－01 模块、BBU3900 模块、FAN 模块、

a)BTS3900 机柜外形

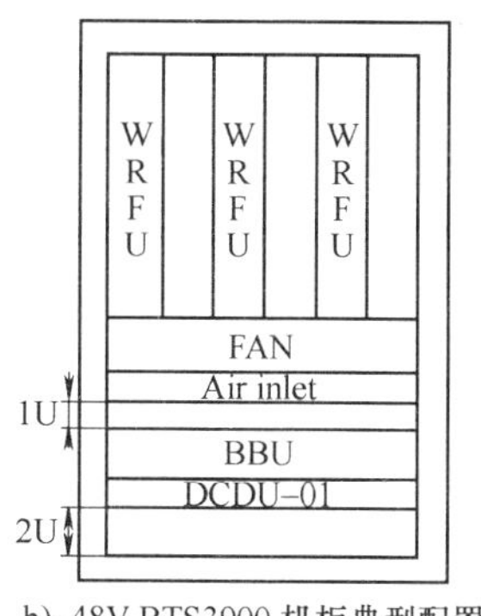

b)-48V BTS3900 机柜典型配置

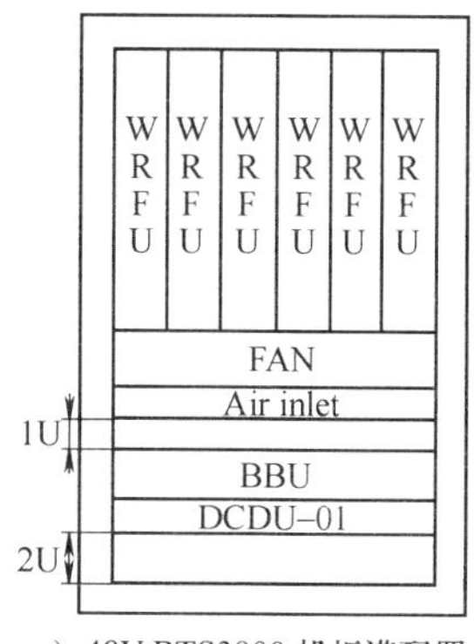

c)-48V BTS3900 机柜满配置

图 2-38　BTS3900 机柜及配置

WRFU 模块、ELU 和 EMU 模块等。

（1）DCDU-01 模块　DCDU-01（Direct Current Distribution Unit）模块为直流配电单元，为机柜内各部件提供电源输入。该模块支持 1 路 -48V 直流电源输入，10 路 -48V 直流电源输出，可为机柜内的 BBU3900 模块、WRFU 模块、FAN 模块和用户设备提供电源输入。

（2）BBU3900 模块　BTS3900 基站的主要功能模块，采用盒式结构，是一个 19 in 宽、2U 高的小型化的盒式设备。图 2-39 所示为 BBU3900 的外形和槽位。

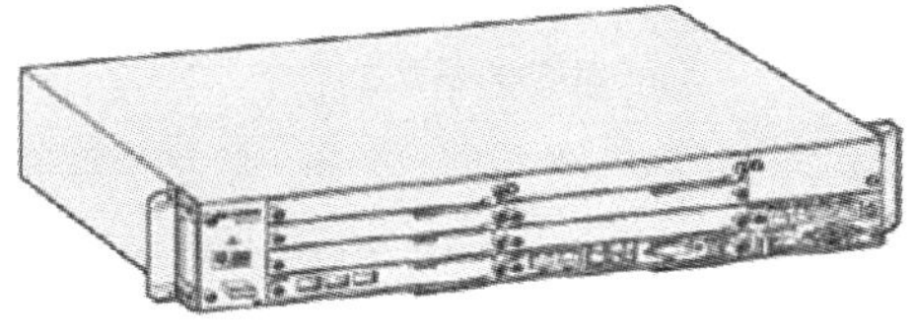
a)BBU3900 的外形

<table>
<tr><td rowspan="4">FAN</td><td>Slot 0</td><td>Slot 4</td><td rowspan="2">PWR1</td></tr>
<tr><td>Slot 1</td><td>Slot 5</td></tr>
<tr><td>Slot 2</td><td>Slot 6</td><td rowspan="2">PWR2</td></tr>
<tr><td>Slot 3</td><td>Slot 7</td></tr>
</table>

b)BBU3900 的槽位

图 2-39　BBU3900 的外形和槽位

在 BBU3900 模块的各个槽位中可配置不同功能的单板。BBU 单板功能及配置原则见表 2-9。

表 2-9　BBU 单板功能及配置原则

单板名称	单板功能	选配/必配	最大配置数	安装槽位	配置限制
WMPT 主控传输板	为其他单板提供信令处理和资源管理功能	必配	2	Slot6 或 Slot7	单个 WMPT 优先配置在 Slot7 槽位
WBBP 基带处理板	实现基带信号处理功能	必配	4	Slot0 ~ Slot3	WBBP 单板优先配置在 Slot3 槽位，然后是 Slot2、Slot1、Slot0 槽位
UBFA 风扇模块	实现风扇的转速控制及风扇板的温度检测，并为 BBU 提供散热功能	必配	1	FAN	只能配置在 FAN 槽位
UPEU 电源模块	UPEUA 是将 DC -48V 输入电源转换为 +12V 直流电源	必配	1	PWR2	配置在 PWR2 槽位
UEIU 环境接口板	将环境监控设备信息和告警信息传输给主控板	选配	1	PWR1 或 PWR2	优先配置在 PWR1 槽位

（续）

单板名称	单板功能	选配/必配	最大配置数	安装槽位	配置限制
UTRP 传输扩展板	提供 8 路 E1/T1 接口、1 路非通道化 STM-1/OC-3 接口、4 路 FE/GE 电接口和 2 路 FE/GE 光接口	选配	5	Slot0 ~ Slot5	优先配置在 Slot4 和 Slot5 槽位
USCU 通用星卡时钟单元	为主控传输板提供基站同步时钟信息	选配	1	Slot1 或 Slot0	优先配置在 Slot1 槽位

BBU3900 可根据用户的需要采用不同的配置方式，其中 BBU3900 典型配置为 1 块 WMPT、1 块 WBBP、1 块 UPEU 和 1 块 UBFA；满配置为 2 块 WMPT、4 块 WBBP、2 块 UTRP、2 块 UPEU 和 1 块 UBFA，如图 2-40 所示。

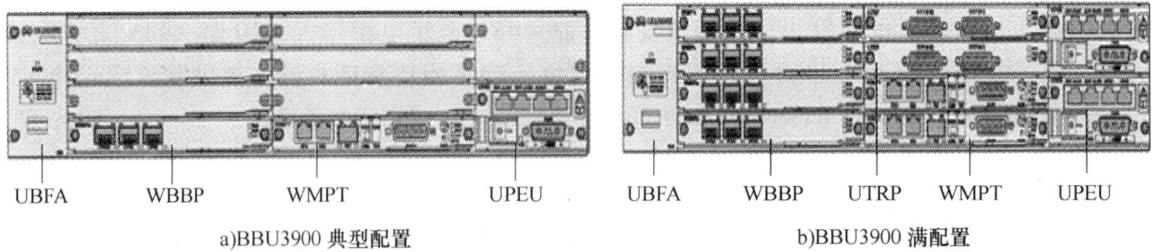

a)BBU3900 典型配置　　b)BBU3900 满配置

图 2-40　BBU3900 配置

（3）FAN 模块　FAN 模块为风扇盒模块，为机柜通风散热。一个 FAN 模块内有 4 个独立的风扇。

（4）WRFU 模块　WRFU（WCDMA Radio Filter Unit）模块为 WCDMA 射频滤波单元，可完成射频信号的发射和接收、功率控制、驻波检测和反向功率检测功能；提供 CPRI 接口。一个 WRFU 模块可支持 40W（2 载波）和 80W（4 载波）功率输出。

（5）ELU　ELU（Electronic Label Unit）为电子标签单元，提供机柜类型上报功能。

（6）EMU 模块　EMU（Environment Monitor ing Unit）为环境监控仪，主要用于监控机房的环境情况。EMU 通过告警线与主设备相连，实现对机房环境情况的监控。

2. 线缆

BTS3900 线缆主要包括：保护地线、等电位线、电源线、传输线、CPRI 电缆、信号线和射频线，BTS3900 线缆清单见表 2-10。

表 2-10　BTS3900 线缆清单

线缆类别	线缆名称	线缆类别	线缆名称
保护地线	机柜保护地线	CPRI 电缆	CPRI 电缆
	模块保护地线	信号线	BBU 告警线
等电位线	等电位线		FAN 监控信号线
电源线	BTS3900（－48V）电源线		ELU 信号线
	DCDU-BBU 电源线		EMU 监控信号线
	DCDU-FAN 电源线		GPS 信号线
	DCDU-WRFU 电源线	射频线	射频跳线
传输线	E1/T1 信号线		RFU 射频互连信号线
	FE/GE 信号线		

（1）保护地线　BTS3900保护地线用于保证机柜和机柜内各模块的良好接地。保护地线的颜色为黄绿色，分为机柜保护地线和模块保护地线。机柜保护地线的横截面积为$25mm^2$两端均为OT端子。模块保护地线的横截面积为$6mm^2$，如图2-41所示。

a) 机柜保护地线　b) 模块保护地线

图2-41　保护地线

（2）等电位线　等电位线是实现两个机柜间的等电位接地。等电位线为单根线缆，外观与保护地线相似，呈黄绿色，横截面积为$16mm^2$，两端均为OT端子。

（3）电源线　BTS3900（-48V）电源线用来引入外部的-48V电源；DCDU-BBU电源线用来为BBU3900提供-48V DC电源，如图2-42所示；DCDU-FAN电源线用来为FAN模块提供DC-48V电源；DCDU-WRFU电源线用来为WRFU模块提供DC-48V电源，外观与DCDU-BBU电源线相同。

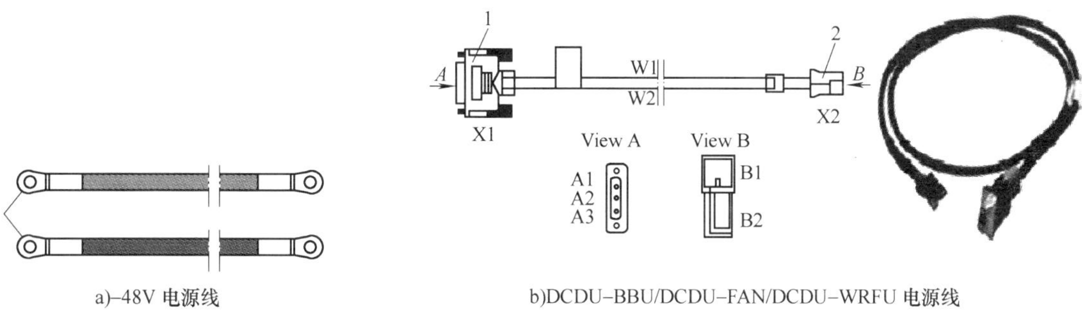

a)-48V 电源线　b)DCDU-BBU/DCDU-FAN/DCDU-WRFU 电源线

图2-42　电源线

（4）传输线　E1/T1信号线用于连接BBU和外部传输设备，传输基带信号。该信号线分为75Ω E1同轴线和120Ω E1双绞线。E1/T1信号线的一端为DB26公型连接器，另一端需要根据现场情况制作相应的连接器。FE/GE信号线通过路由设备连接BBU与传输设备，传输基带信号。FE/GE网线的两端均为RJ45连接器，如图2-43所示。

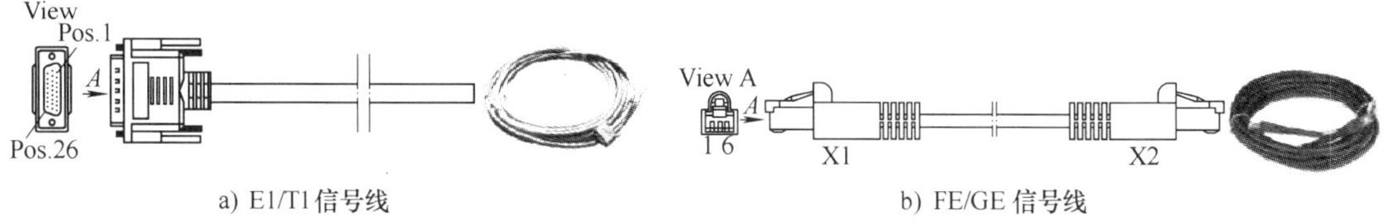

a) E1/T1信号线　b) FE/GE 信号线

图2-43　传输线

（5）CPRI电缆　CPRI电缆用于连接BBU3900和WRFU模块，实现高速通信，两端均为SFP200公型连接器，如图2-44所示。

（6）信号线　BBU告警线用来将外部告警设备的告警信号传输到BBU中；FAN监控信号线用来实现BBU对FAN工作状态的监控；ELU信号线用来将电子标签单元的机柜类型上报给FAN模块；EMU监控信号线用来将EMU开关量信号输出给BBU3900，如图2-45所示。

（7）射频线　射频跳线用于连接WRFU模块与天馈系统的馈线，实现基站与天馈系统的信号交互。WRFU互连射频信号线连接两个WRFU模块的RX IN/OUT接口，用于传输分集接收信号，如图 2-46 所示。

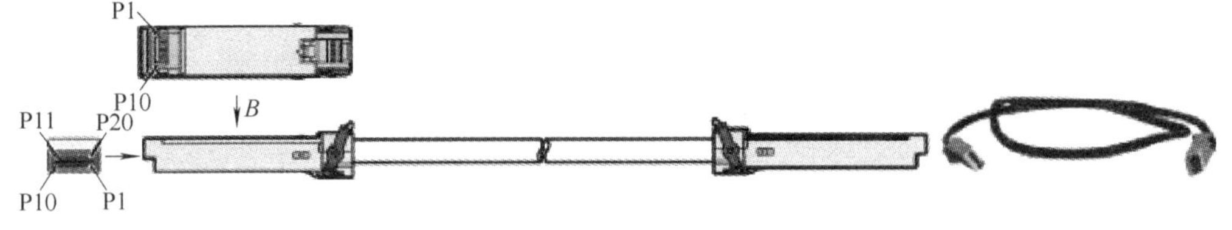

图 2-44 CPRI 电缆

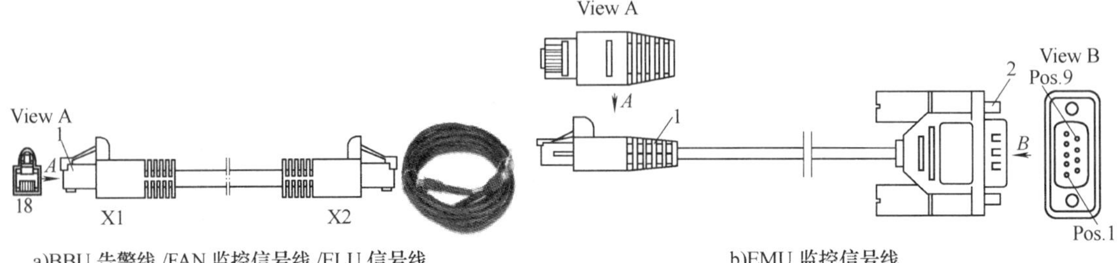

a)BBU 告警线 /FAN 监控信号线 /ELU 信号线　　b)EMU 监控信号线

图 2-45 信号线

1—RJ45 连接器 2—DB9 公型连接器

a) 射频跳线　　b) WRFU 互连射频信号线

图 2-46 射频线

1—DIN 直型公型连接器 2—DIN 弯型公型连接器 3—QMA 弯型公型连接器

2.2.2 PS4890 电源柜

PS4890 为室内电源柜，可为用户设备提供直流电源和安装空间，通过内置蓄电池组，可提供备电功能。为了满足不同场景的使用需求，可将该电源柜与 BTS3900 基站或分布式基站配套使用，如图 2-47 所示。PS4890 为 BTS3900 基站提供 -48V 直流电源，同时可提供 7U ~ 13U 的用户设备安装空间。无市电时，机柜内置的蓄电池组为 BTS3900 基站提供直流电源。

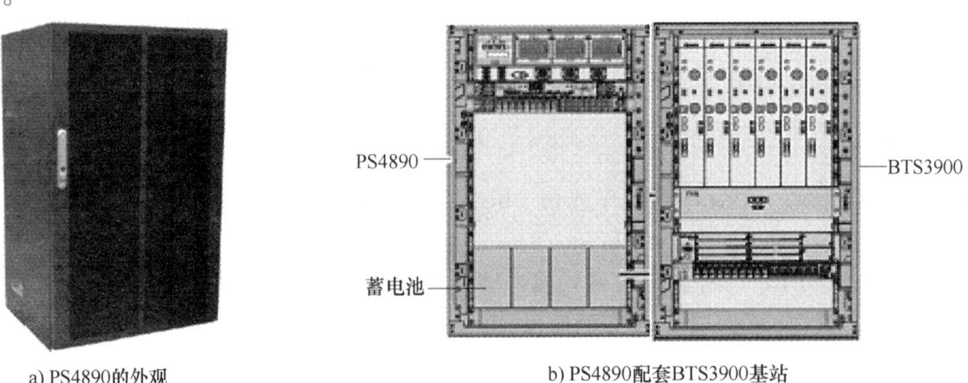

a) PS4890的外观　　b) PS4890配套BTS3900基站

图 2-47 PS4890 电源柜

1. PS4890 硬件结构

PS4890 机柜内置电源系统、DCDU－04 和 DCDU－03 等模块。图 2-48 所示为 PS4890 机柜内部结构图。

2. PS4890 组成部件

（1）电源系统（AC/DC）　该系统将 220V AC 转换成 DC－48V，由 PMU 模块、PSU 模块（AC/DC）和电源框（220V）组成，如图 2-49 所示。其中，PMU 模块为电源环境监测单元，提供完善的电源系统管理、配电检测和告警上报功能。PSU 模块为电源供电单元，支持将 220V AC 转换成 DC－48V。电源插框提供电源输入接线端子、电源输出接线端子和蓄电池电源输出接线端子，分别连接输入电源线、输出电源线和蓄电池电源线。

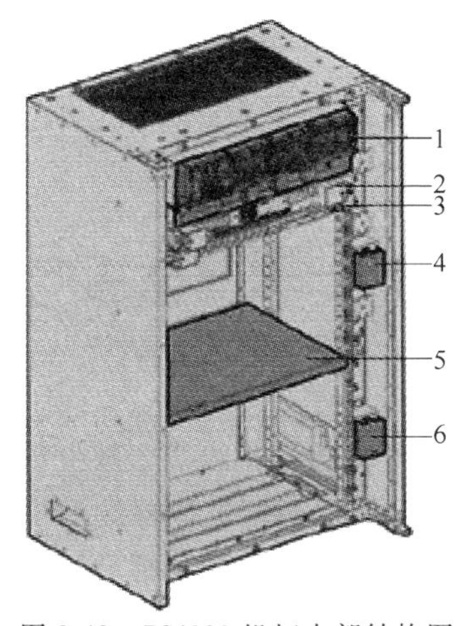

图 2-48　PS4890 机柜内部结构图

1—电源系统（AC/DC）　2—DCDU-04

3—DCDU-03　4—蓄电池组负极汇接铜排

5—蓄电池组支撑板　6—蓄电池组正极汇接铜排

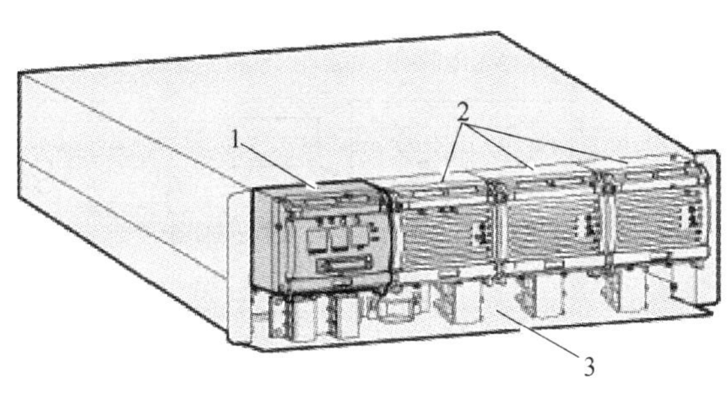

图 2-49　电源系统

1—PMU 模块　2—PSU 模块（AC/DC）

3—电源插框（220V）

（2）DCDU-04 模块　DCDU-04 模块为 BTS3900 机柜或其他主基站提供直流电源。

（3）DCDU-03 模块　根据配置的不同规格空开，该模块具有不同的直流配电功能。DCDU-03A 提供 9 路直流输出，为传输设备供电；DCDU－03B 用于 GSM 分布式基站；DCDU-03C 用于 WCDMA/WIMAX 分布式基站。

（4）蓄电池　蓄电池提供备电功能。PS4890 机柜中支持 48V 50Ah、48V 92Ah、48V 184Ah3 种蓄电池组。

3. PS4890 线缆

PS4890 线缆包括机柜保护地线、电源线和信号线等。PS4890 线缆清单见表 2-11。

表 2-11　PS4890 线缆清单

线缆类别	线缆名称	线缆类别	线缆名称
保护地线	机柜保护地线	电源线	输入电源线
	DCDU-03 保护地线		DCDU-04 输入电源线
	电源系统（AC/DC）保护地线		DCDU-04 输出电源线
信号线	电源柜环境监控信号线		DCDU-03 输入电源线
	PMU 监控信号线		DCDU-03 输出电源线
	蓄电池温度监控信号线		蓄电池电源线

（1）保护地线　PS4890 保护地线包括机柜保护地线、DCDU－03 保护地线和电源系统（AC/DC）保护地线。颜色为黄绿色，两端为 OT 端子。机柜保护地线的横截面积为 $25mm^2$，DCDU-03 保护地线和电源系统（AC/DC）保护地线的横截面积为 $6mm^2$。

（2）电源线　输入电源线用于向机柜引入外部交流电源。对于不同类型的交流电源，输入电源线的外观和内部芯线数目也不相同，如图 2-50a 所示。DCDU-04 输入电源线为 DCDU-04 模块提供 DC－48V 电源，颜色为蓝黑色，横截面积为 $25mm^2$，如图 2-50b 所示。DCDU-04 输出电源线为 BTS3900 或其他基站提供 DC－48V 电源，接口为双孔 OT 端子，如图 2-50c 所示。DCDU-03 输入电源线为 DCDU-03 模块提供 DC－48V 电源，颜色为蓝黑色，不同规格的 DCDU-03 输入电源线的外观不同。DCDU-03 输出电源线为外部设备提供 DC－48V 电源，横截面积最大为 $6mm^2$。如图 2-50d 所示。

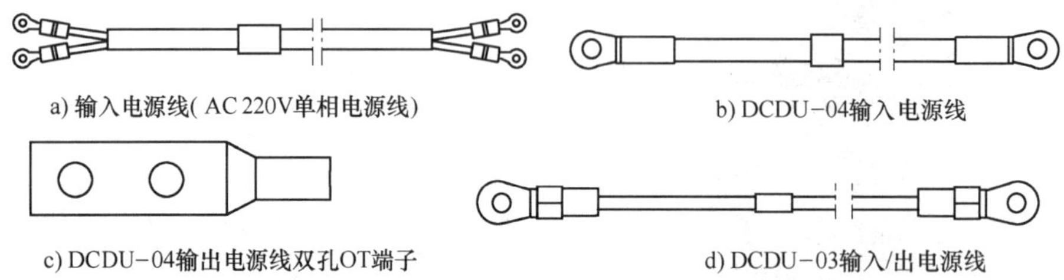

a) 输入电源线（AC 220V单相电源线）　b) DCDU－04输入电源线

c) DCDU－04输出电源线双孔OT端子　d) DCDU－03输入/出电源线

图 2-50　电源线

蓄电池电源线包括蓄电池串联铜排和电源插框至蓄电池转接铜排线缆，其中蓄电池串联铜排将蓄电池单体串联成蓄电池组，如图 2-51a 所示。电源插框至蓄电池转接铜排线缆用于连接电源插框和蓄电池，颜色为黑红色，横截面积为 $25mm^2$，如图 2-51b 所示。蓄电池组至蓄电池转接铜排线缆用于连接蓄电池组和蓄电池，颜色为黑红色，横截面积为 $25mm^2$。

（3）信号线　电源柜环境监控信号线将外部监控信号传输到PMU模块上，该信号线呈

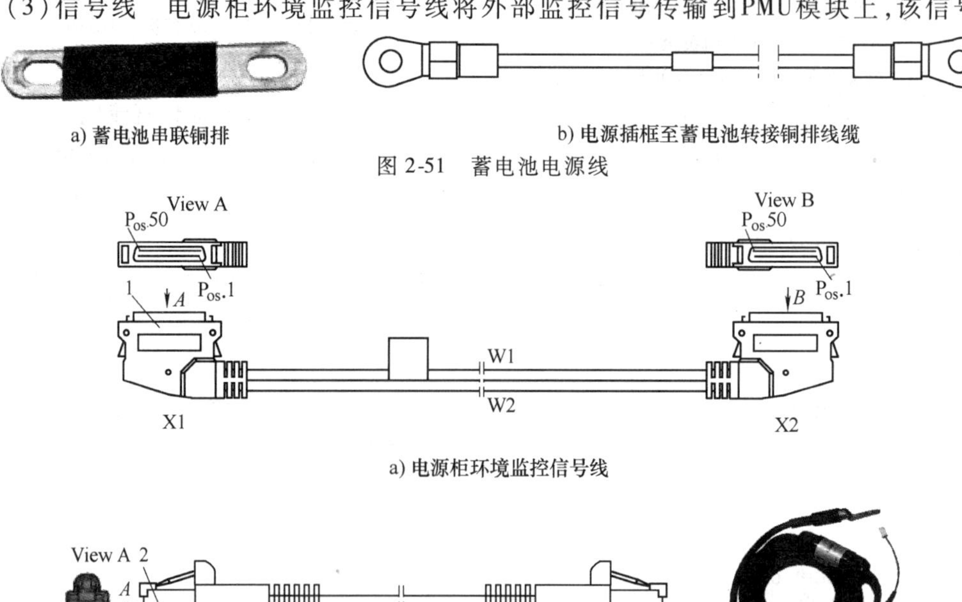

a) 蓄电池串联铜排　b) 电源插框至蓄电池转接铜排线缆

图 2-51　蓄电池电源线

a) 电源柜环境监控信号线

View A 2
A
1 8
X1
X2

b) PMU监控信号线　c) 蓄电池温度监控信号线

图 2-52　信号线

1—DB50 公型连接器　2—RJ45 连接器

黑色，长度为 0.5m，两端均为 DB50 公型连接器，如图 2-52a 所示。PMU 监控信号线将 PMU 监控信号传输到 BBU。信号线呈黑色，默认长度为 3m，超过 3m 需要现场做线，两端均为 RJ45 连接器，如图 2-52b 所示。蓄电池温度监控信号线用来监控蓄电池的工作状态，如图 2-52c 所示。

➢ 技能能力

2.2.3　工作任务描述

1）在给定的机房中规划及安装 BTS3900 和 PS4890 机柜。

2）完成 BTS3900 和 PS4890 机柜上线缆的连接。

2.2.4　工具、仪器及材料

螺钉旋具、扳手、压线钳、水平尺、万用表、机柜安装各种附件和各种线缆等。

2.2.5　操作步骤

1. BTS3900 机柜的安装

（1）BTS3900 机柜的安装空间和布局要求（见图 2-53）

1）机柜背部或侧面可以靠墙安装。

2）机柜前部至少预留 800mm 的维护空间，顶部至少预留 200mm 的布线空间。

3）机柜离馈线窗应尽可能近，以减少馈线长度。

4）同一机房内的机柜都采用单排布置，以便布线。

5）机柜和其他设备并排安装时无需留出间隙。

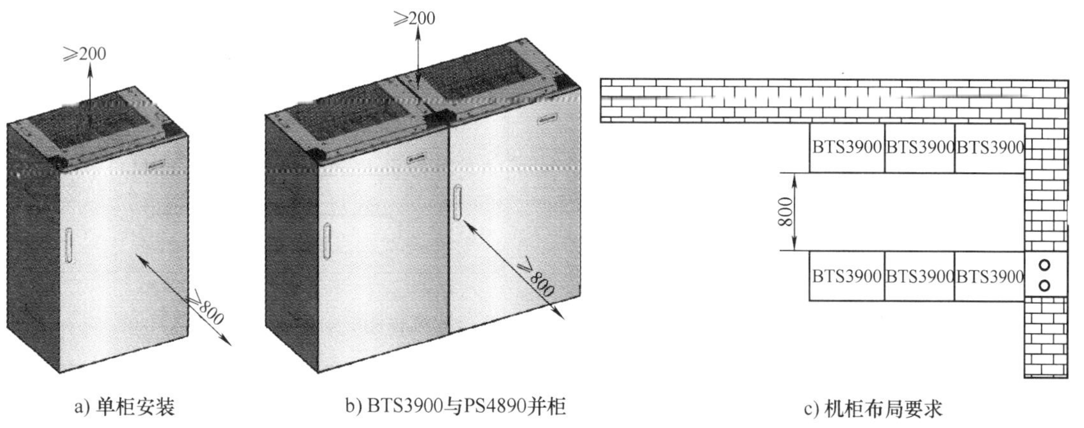

图 2-53　BTS3900 机柜的安装空间和布局要求

（2）BTS3900 机柜安装流程（见图 2-54）

（3）底座的安装　根据机房的条件和用户需求，可选择在水泥地面或防静电地板上安装底座。下面以在水泥地面安装底座为例介绍安装步骤。

1）确定机柜安装位置。根据施工平面设计图，确定机柜在水泥地面上的安装位置。将底座放置于地面，利用标识板辅助确定安装底座的位置，单位为 mm。按照底座的 4 个孔位进行画线，用长卷尺校正孔位，确保孔位的中心距离一致。确定底座安装孔位如图 2-55 所示。

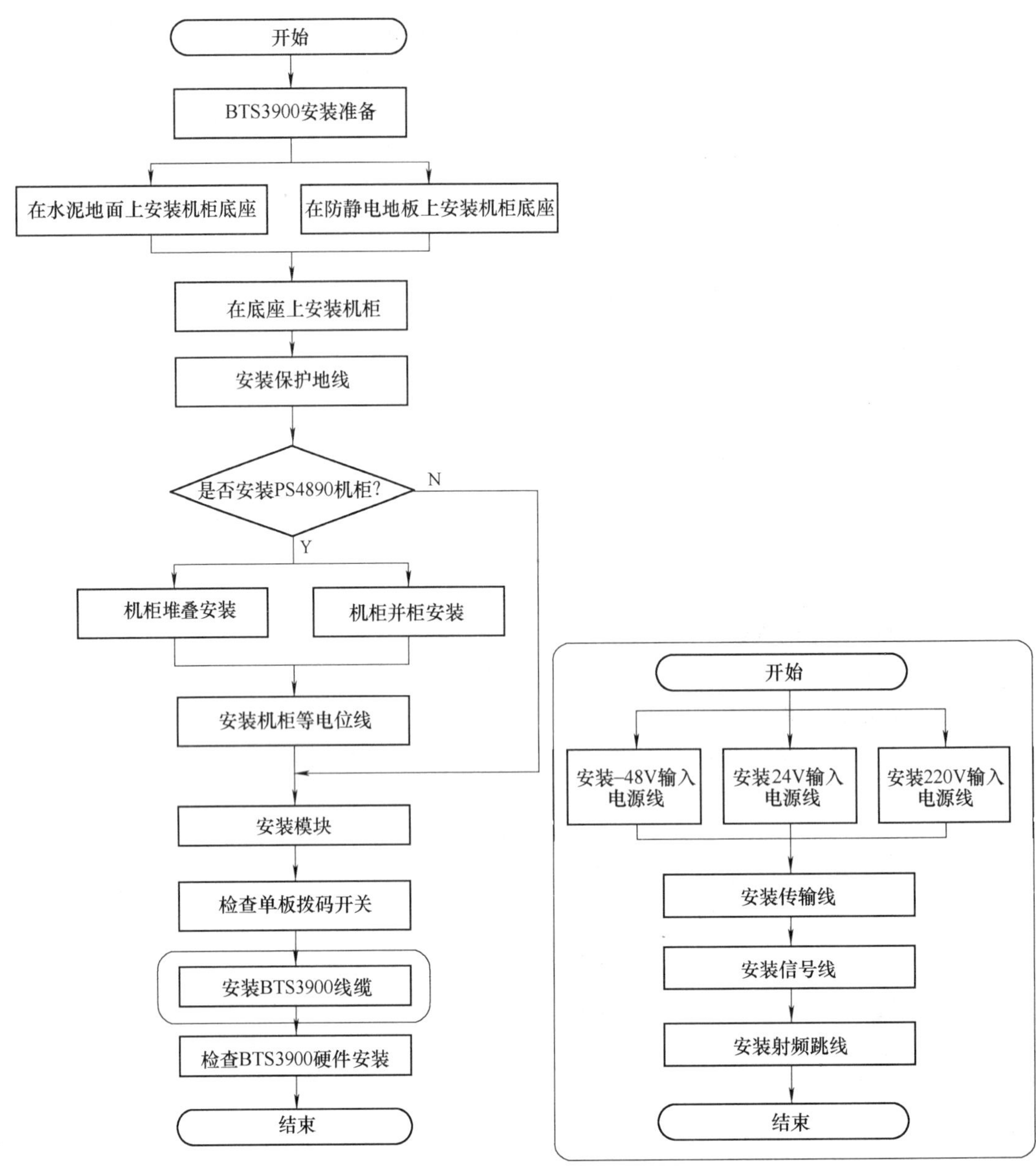

图 2-54　BTS3900 机柜安装流程图

2）在定位点处打孔并安装膨胀螺栓。选择钻头 ϕ16mm，用冲击钻在定位点处钻孔，钻孔深度为 52 ~ 60mm。使用吸尘器将所有孔位内部、外部的灰尘清除干净，再对孔距进行测量。对于误差较大的孔，需重新定位、打孔。将膨胀螺栓略微拧紧，然后垂直放入孔中。用小锤敲击膨胀螺栓，直至膨胀管全部进入孔内。依次取出 M12 × 60 螺栓、弹簧垫圈和平垫圈，如图 2-56 所示。为防止钻孔时粉尘进入人体呼吸道和眼睛，操作人员应采取适当的防护措施。分解膨胀螺栓后，膨胀管的上端面必须与水泥地面相平，不能凸出水泥地面，否则会使底座在地面上摆放不平。

3）安装底座并调节水平度。将绝缘板和底座依次放置于地面，使底座上的孔与绝缘板上的孔以及地面的膨胀螺栓孔对准，使用 4 个 M12 × 60 螺栓固定底座。测量并调整底座水

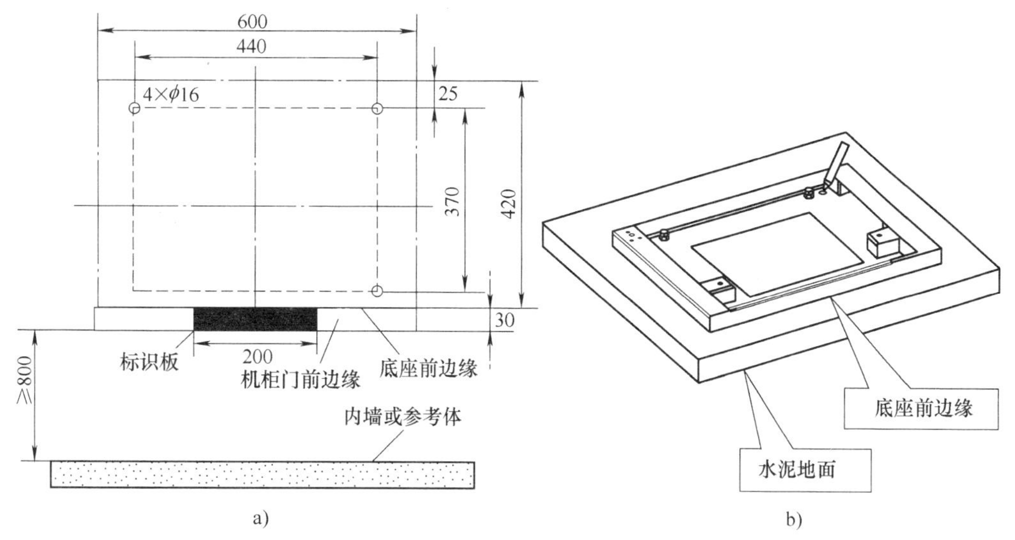

图2-55　确定底座安装孔位

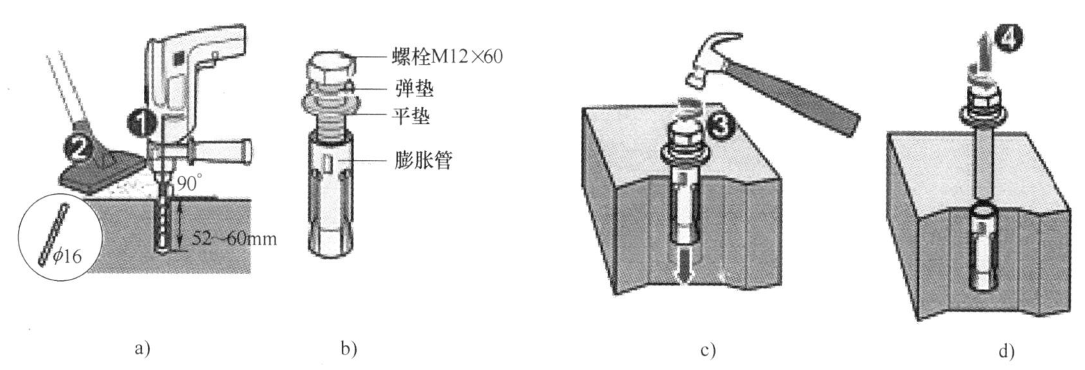

图2-56　钻孔并安装膨胀螺栓

1—钻孔　2—吸尘　3—敲击膨胀螺栓　4—取出螺栓、弹簧垫圈和平垫圈

平度。在底座顶部平面放置水平尺，检查底座的水平度。如果不水平，可通过调平螺栓调整底座至水平状态。确保底座水平后，在螺栓M12×60上依次套入弹簧垫圈、平垫圈和绝缘垫片，再穿过底座和绝缘板插入地面的膨胀螺母中，如图2-57所示。注意膨胀螺栓上要套上绝缘垫片。使用力矩扳手拧紧螺栓，力矩为45N·m。

4）检测底座和膨胀螺栓间的绝缘度。将万用表调至兆欧姆档（MΩ），测量底座和膨胀螺栓间阻值，如图2-58所示。若阻值大于等于5MΩ，说明底座与大地已绝缘，结束测量。若阻值小于5MΩ，说明底座与大地没有绝缘。拆卸膨胀螺栓，检查是否漏装绝缘垫片，或绝缘垫片是否有损坏。若是，则重新安装并调平底座；若否，则检查万用表是否故障，设置是否正确。

5）安装底座安装块。使用M12×35的螺栓固定底座与底座安装块，如图2-59所示。

（4）BTS3900机柜的安装　为了便于操作，可以先拆卸机柜门，再进行安装。拆卸机柜门时，先拆卸机柜门下方的等电位线，然后逆时针旋转弹簧插销90°并且向下按压，取下机柜门，如图2-60a所示。安装机柜门时，将弹簧插销对准安装孔，然后顺时针旋转至紧贴机柜门，最后安装机柜门等电位线，如图2-60b所示。

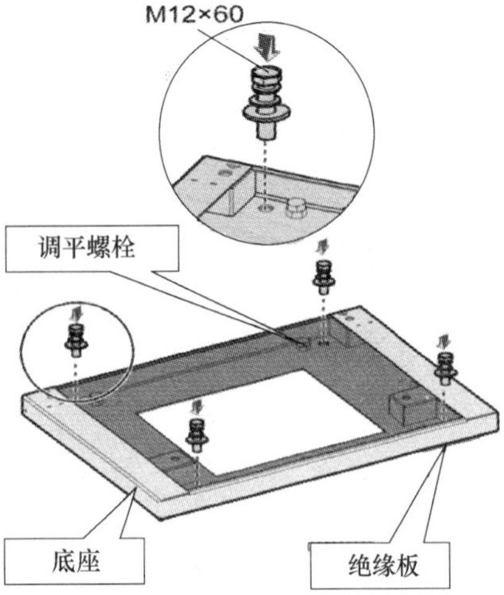

M12×60

调平螺栓

底座

绝缘板

a) 安装底座

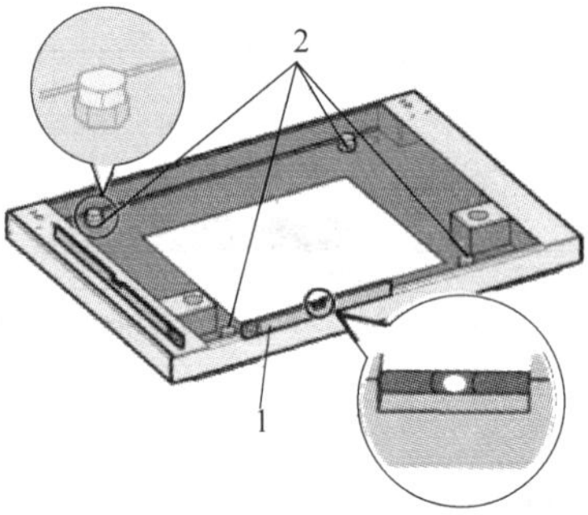

b) 调节底座水平度

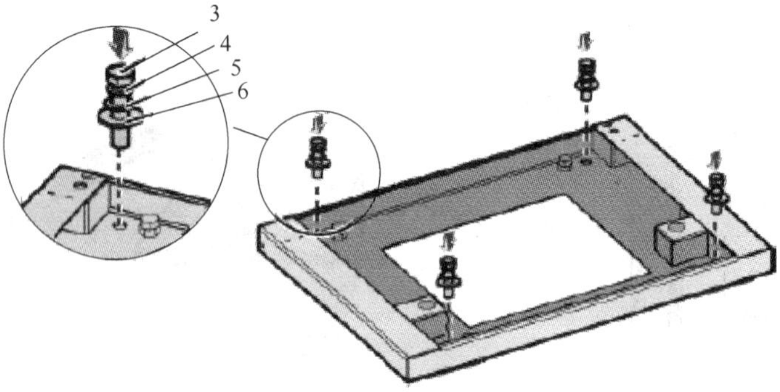

c) 固定底座

图 2-57　安装底座并调节水平度

1—水平尺　2—调平螺栓　3—螺栓 M12×60　4—弹簧垫圈　5—平垫圈　6—绝缘垫片

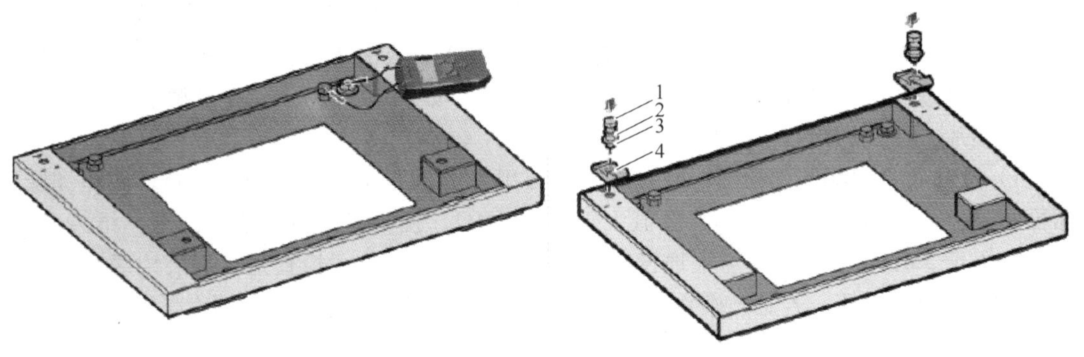

图 2-58　测量底座和膨胀螺栓间阻值

图 2-59　安装底座安装块

1—螺栓 M12×35　2—弹簧垫圈　3—平垫圈　4—底座安装块

BTS3900 机柜安装的具体步骤如下：

1）将机柜抬到底座上。

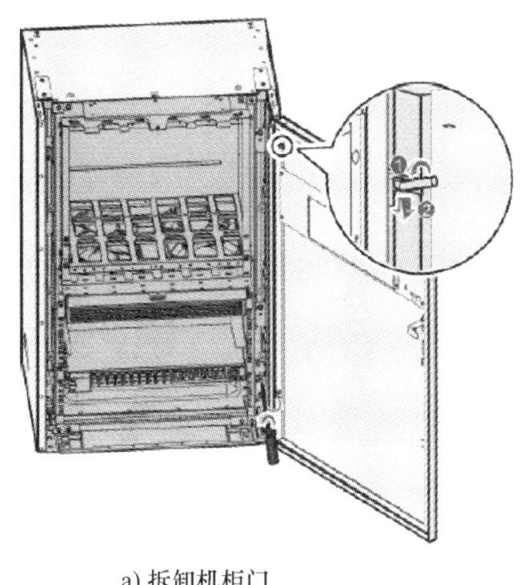

a) 拆卸机柜门

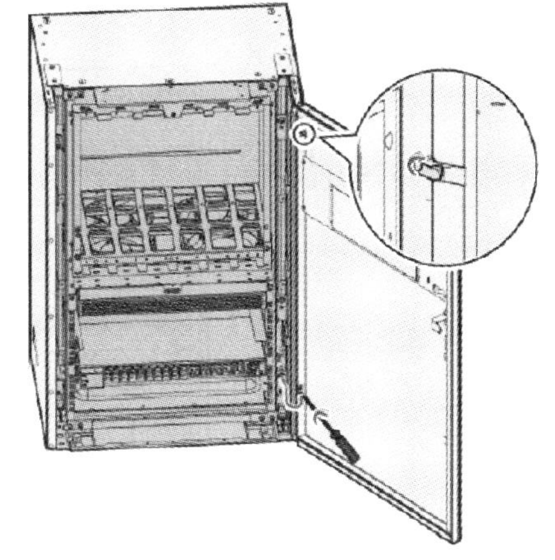

b) 安装机柜门

图 2-60　拆卸与安装机柜门

2）如果机柜内部没有安装电源系统则转步骤 4）；如果机柜内部有电源系统则转步骤 3）。

3）拆卸电源插框。紧固螺栓前需要把机柜的电源插框拆除，并且拆掉电源插框接地线、电源插框至 DCDU－01 电源线。安装机柜后，再安装电源插框以及附带的电缆。拆卸电源插框如图 2-61 所示。

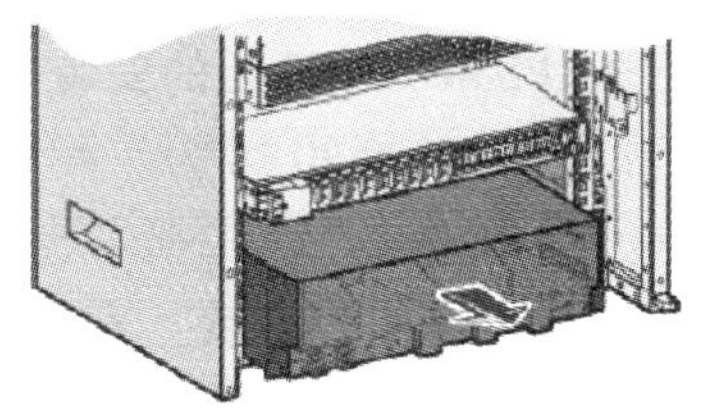

图 2-61　拆卸电源插框

4）安装机柜。沿底座推动机柜，保证机柜后方与底座后方对齐。再使用力矩扳手紧固机柜前方的两个 M12×25 螺栓，力矩大小为 45N·m。安装机柜如图 2-62 所示。

5）安装 -48V 机柜保护地线。使用直径为 25mm 的保护地线连接 -48V 机柜接地点和外部接地排，如图 2-63 所示。

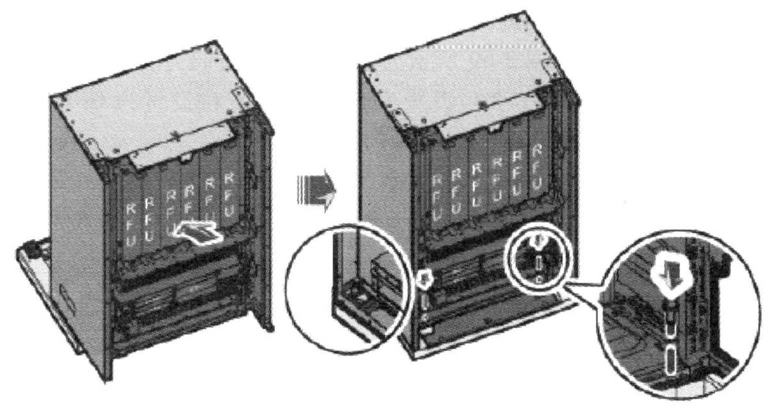

图 2-62　安装机柜

（5）BTS3900 主要模块的安装　图 2-64 所示为 BBU3900 在 -48V 机柜中安装的位置。WRFU 的安装位置由 BTS3900 的配置情形决定，如图 2-65 所示。注意，拆卸和安装单板前，佩戴防静电腕带。

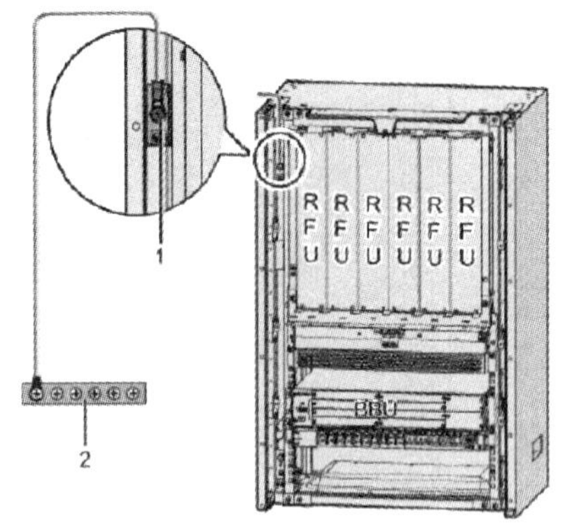

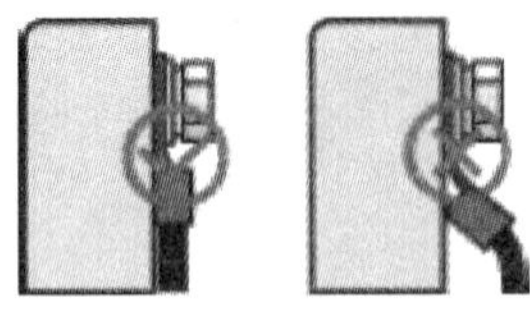

a) 安装机柜保护地线　　b) 正确安装OT端子

图 2-63　安装 -48V 机柜保护地线

1—M8 OT 端子　2—外部接地排

(6) 检查拨码开关　按照传输要求将各单板设置成不同的工作模式，如图 2-66 所示。

2. PS4890 电源柜的安装

电源柜 PS4890 可为 -48V BTS3900 机柜供电，可采用并柜安装和堆叠安装。根据安装流程可知，PS4890 机柜的安装可在“BTS3900 机柜安装”完毕后进行。

(1) 安装底座　此项步骤与 BTS3900 机柜的底座安装相同，这里不再赘述。

(2) 安装机柜　将机柜抬到底座上，顺槽位推动机柜，使用力矩扳手将机柜紧固于底座，如图 2-67 所示。

(3) 安装机柜保护地线　图 2-68 所示为机柜保护地线的安装。注意，保护地线的横截面积为 $25mm^2$，使用 M8 OT 端子，保护地线的另一端须安装至外部接地排之后才能继续进行后续安装操作。为了便于操作，可以先拆卸机柜门，再进行安装。

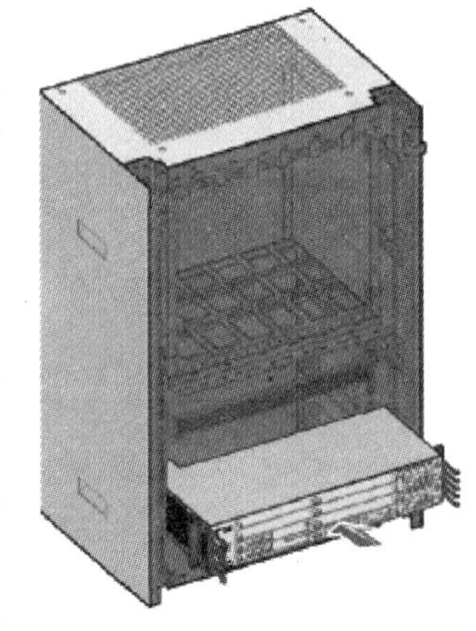

图 2-64　BBU3900 的安装

(4) 检查设备及拨码开关　图 2-69 所示为检查设备及拨码开关。注意选配 1 块 PMU 模块，且将该模块的拨码开关的第 1、2 位设置为 ON，其余 6 位设置为 OFF。

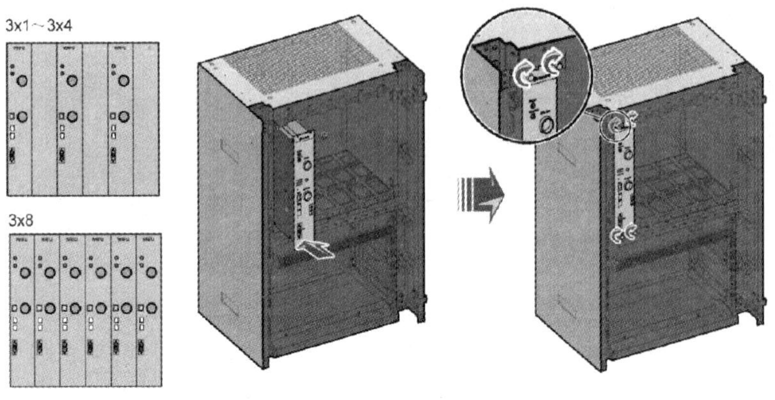

图 2-65　WRFU 的安装

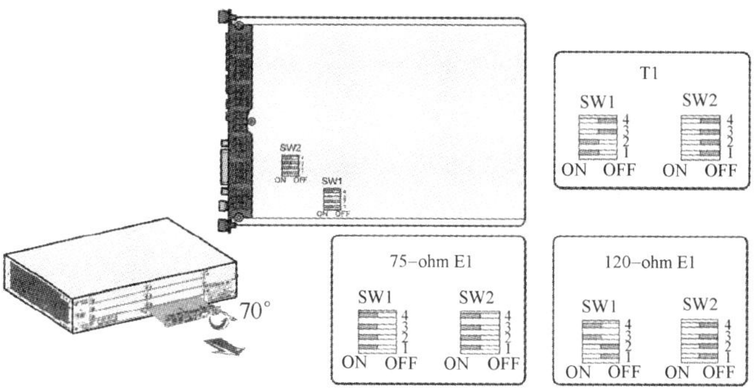

a) WMPT拨码开关

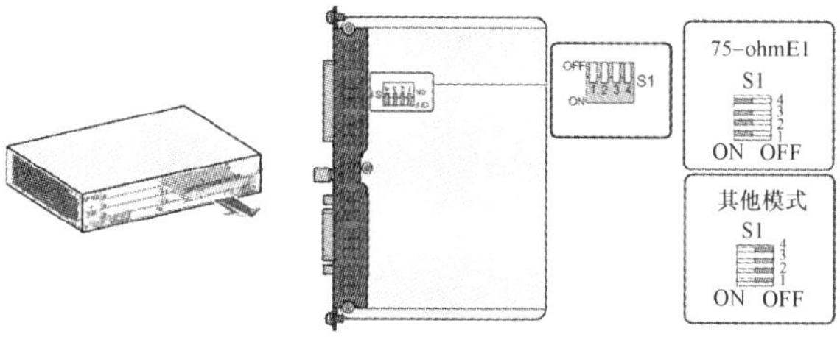

b) UELP拨码开关

图 2-66　检查 WMPT 拨码开关

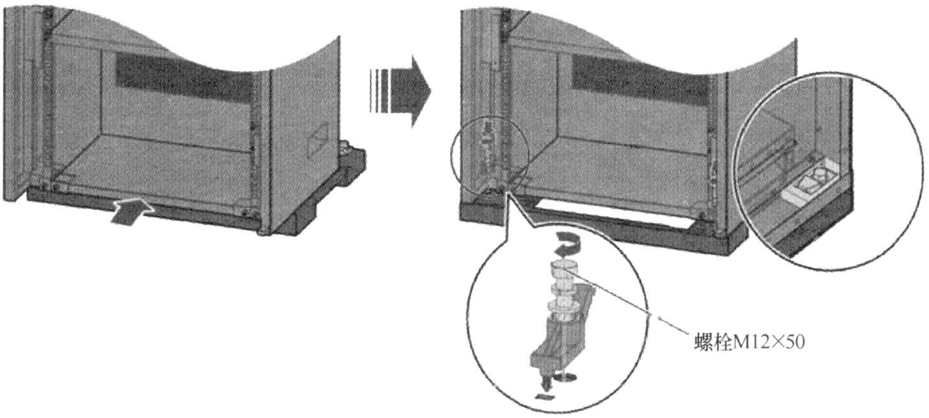

图 2-67　PS4890 机柜的安装

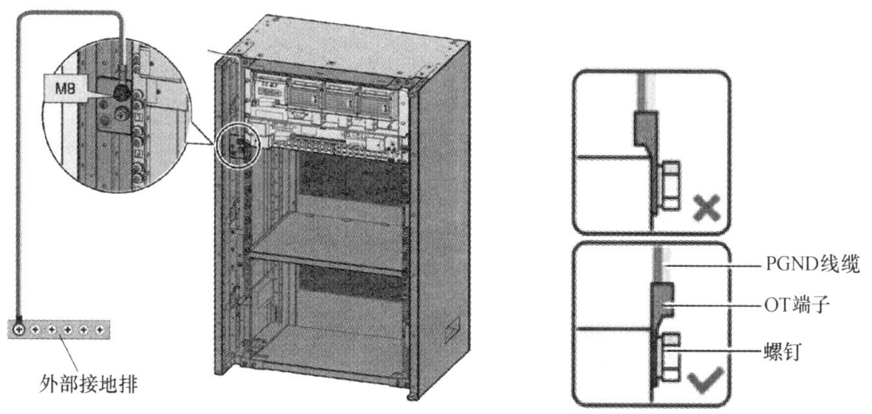

图 2-68　机柜保护地线的安装

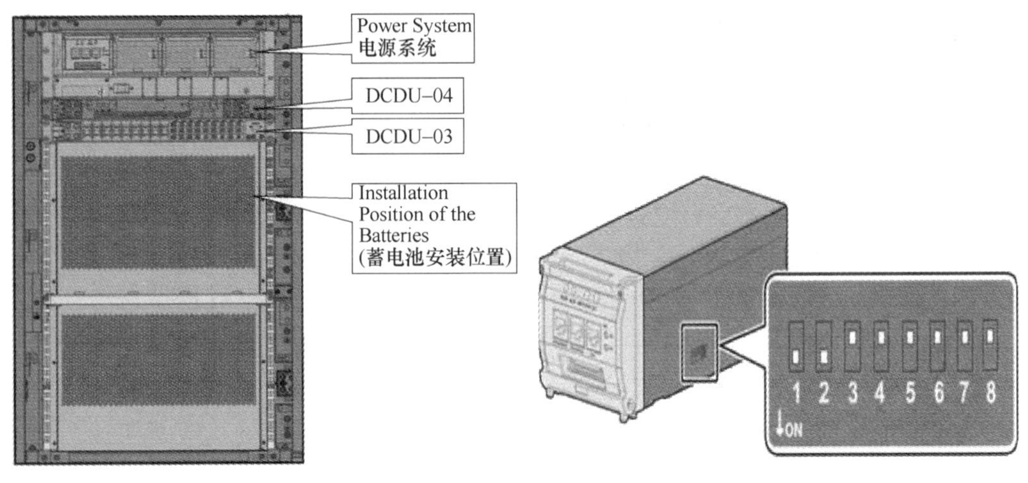

a) 检查设备　　b) 检查拨码开关

图 2-69　检查设备及拨码开关

（5）安装蓄电池　图 2-70 所示为安装蓄电池。注意，安装蓄电池的数量需根据现场配置情况决定。此处以满配置情况为例进行说明。

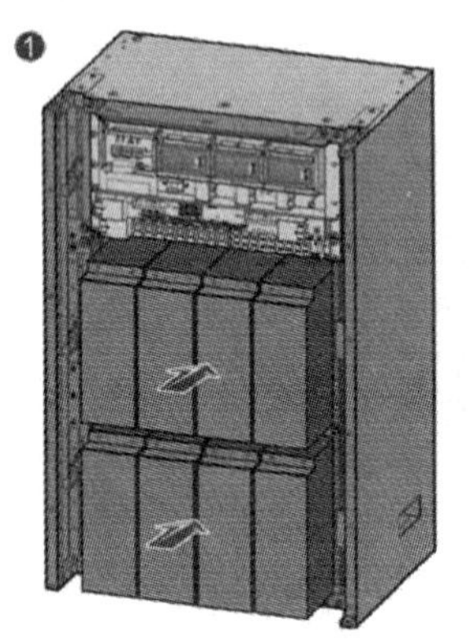

a) 安装顺序：从下到上，从左到右

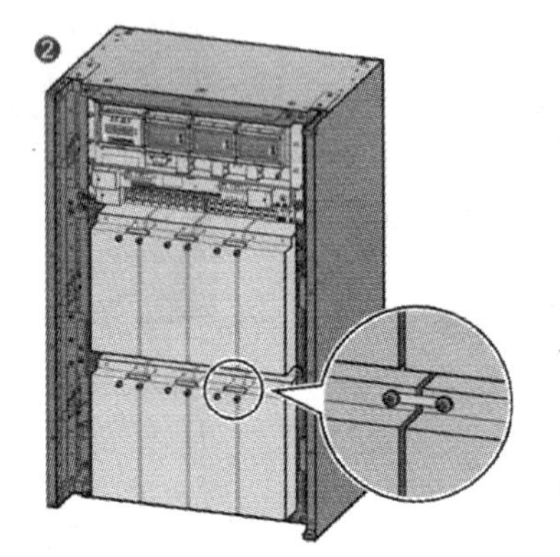

b) 蓄电池串联成蓄电池组

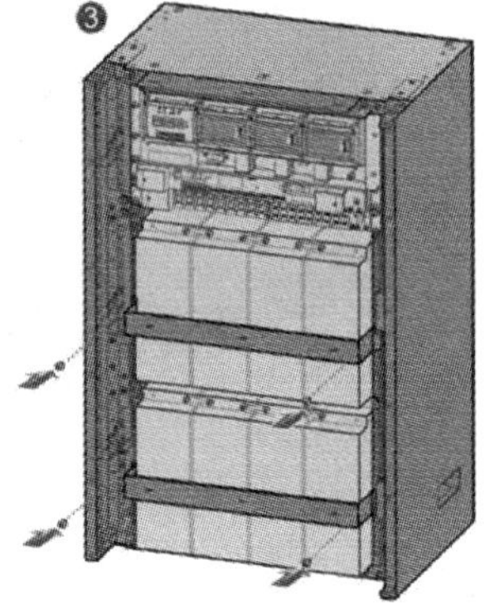

c) 安装蓄电池挡板

图 2-70　安装蓄电池

3. BTS3900 线缆的安装

（1）线缆的布放要求　布放线缆需要满足规定的布放要求，以防信号间干扰。

1）通用线缆的布放要求　见表 2-12。

表 2-12　通用线缆的布放要求

	线缆类型	折弯半径 （D 为线缆直径）/mm	线缆类型	折弯半径 （D 为线缆直径）
线缆的折弯半径要求	7/8in 馈线	>250	电源线/保护地线	≥5D
	5/4in 馈线	>380	光纤	≥20D
	1/4in 跳线	>35	E1/T1 线	≥5D
	1/2in 跳线	超柔 >50；普通 >127	信号线	≥5D

（续）

线缆的绑扎要求	不同类型的线缆分开布放，禁止相互缠绕
	绑扎后的线缆应相互紧密靠拢，外观平直整齐，无外皮损伤
	绑扎线扣时，线扣头朝同一方向，修剪平整，处于相同位置的线扣应在同一水平线上
	线缆安装完成后，必须粘贴标签或绑扎标牌
分类布放要求	不同类型的线缆至少分开30mm布放
	不同类型的线缆不得交叉布放
	不同类型的线缆平行走线，或使用专门的隔离物分开

2）特定线缆的布放要求 见表2-13。

表2-13 特定线缆的布放要求

电源线的布放要求	电源线的布放位置应符合工程设计图样的要求
	电源线应与传输线、信号线分开布放
	-48V电源线和-48V RTN线应绑在一起；多根电源线布放时，必须绑扎
	在布放过程中，若电源线长度不够时，须重新更换电源线，不要在电源线中做接头或焊点
保护地线的布放要求	基站的保护地线和-48V RTN线应接至一组接地排
	设备机壳内所有可触及的导电金属件必须与保护接地端子可靠相连
	接地引线与信号线不要捆扎在一起或互相缠绕，应保持距离，以减少相互的干扰
	接地线严禁从户外架空引入，必须全程埋地或室内走线
	严禁在保护地线上加装开关或熔断器
	严禁利用其他设备作为接地线电气连通的组成部分
E1线缆的布放要求	E1线缆不能与电源线、保护地线或射频线缆交叉布线
	若传输线缆与电源线、保护地线和射频线缆平行布线，则其间距应大于30mm
	E1线缆布放应整齐、美观，并用线扣绑扎牢固，在转弯处应留有少许余量
光纤的布放要求	不要用力拉扯光纤，或用脚及其他重物踩压光纤，不要让光纤触碰尖锐物体，以免损坏光纤
	光纤走线时，多余的光纤要卷绕在专用的设备上，如光纤卷绕盘；卷绕光纤时，用力应均匀，切勿对光纤进行硬性弯折，以免损坏光纤
	光纤连接器在未使用时必须盖上防尘帽

（2）线缆走线路径 BTS3900机柜中的线缆要按照布放要求走线并用绑线扣固定。图2-71所示为单机柜线缆的布放。要求沿机柜左侧内部布放机柜保护地线，沿机柜左侧内部靠外的位置布放左边6根跳线，沿机柜左侧内部布放外部输入电源线，沿机柜右侧内部靠外的位置布放右边6根跳线，沿机柜右侧内部布放传输线，紧靠CPRI电缆布放监控信号线。

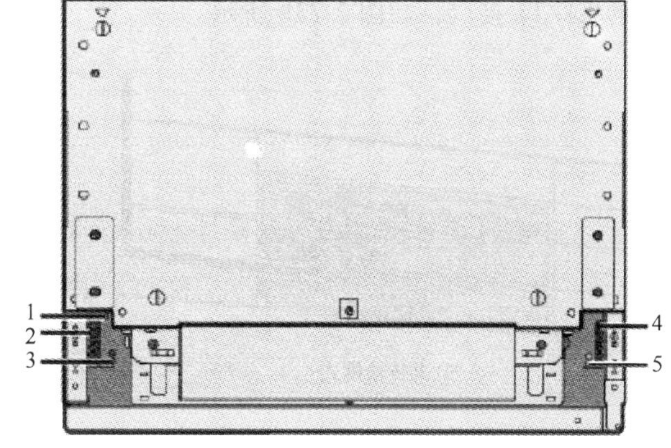

图2-71 单机柜线缆的布放
1—保护地线 2—左侧跳线 3—输入电源线
4—右侧跳线 5—传输线

（3）安装电源线 -48V机柜输入电源线用来连接外部电源设备和DCDU-01上的电源输入接线端子，为

BTS3900 机柜引入外部的 DC -48V 电源。图 2-72 所示为 -48V 电源线的安装。安装步骤如下：

1）截取适当长度的电源线。根据电源线的实际走线路径，测量 DCDU-01 模块与外部电源输入设备之间的距离，截取长度适宜的电源线。截取时应留有 300mm 的余量，以便后续扩容叠加安装时电源线从上机柜通过线槽走线。

2）给电源线两端制作 OT 端子。

3）拆卸 DCDU-01 电源外部接线端子座上的防护罩。

4）蓝色电缆接入标识为“NEG(-)”的端子，黑色电缆接入标识为“RTN(+)”的端子；拧紧接线孔的螺钉。

5）安装电源防护罩，用螺钉旋具拧紧螺钉。

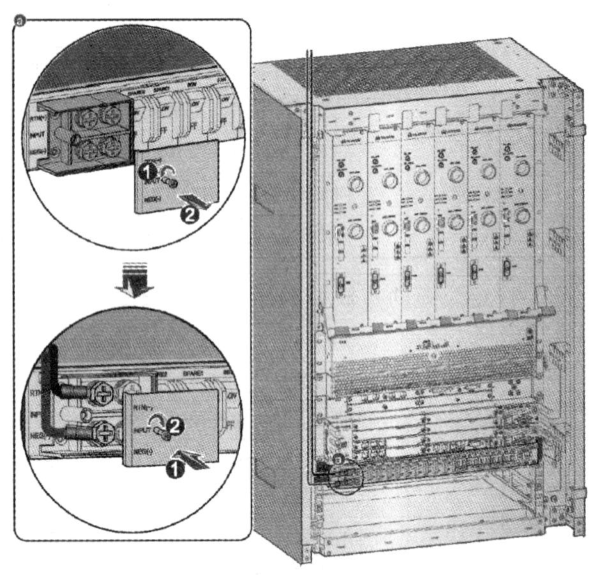

图 2-72 -48V 电源线的安装

6）布放线缆，粘贴标签。

（4）安装传输线 根据站点采用的传输方式，可选 E1/T1 方式或 FE/GE 方式传输数据。UMTS 制式支持两种传输方式。

1）安装 E1/T1 信号线。机柜通过 E1/T1 信号线与传输设备通信时，有共传输和不共传输两种模式。

图 2-73 所示为 E1/T1 信号线的安装。安装步骤如下：

① 将 E1/T1 信号线连接到相应单板的接口上。如果采用共传输模式，则将 E1/T1 信号线的 DB26 公型连接器连接到 GTMU 单板的 E1/T1 接口，如图 2-73a 所示。如果采用不共传输模式，则将 E1/T1 信号线的 DB26 公型连接器连接到 GTMU 单板的 E1/T1 接口和 WMPT 单板的 E1/T1 接口，如图 2-73b 所示。

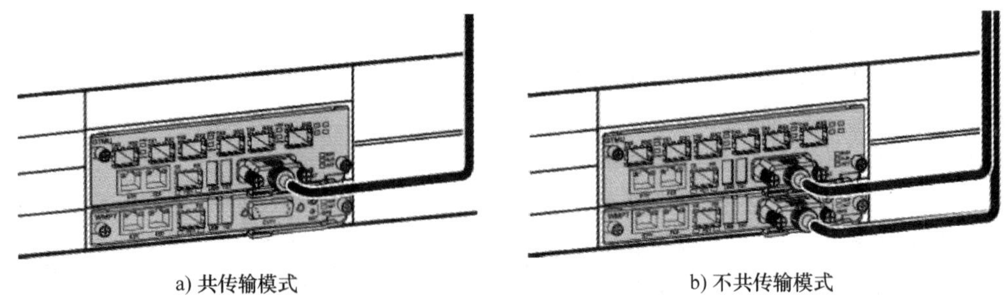

a) 共传输模式　　b) 不共传输模式

图 2-73 E1/T1 信号线的安装

② 沿机柜右侧的走线空间布放 E1/T1 信号线，用线扣绑扎固定。

③ 布放线缆，粘贴标签。

焊接 E1 线的连接器时，需要一次性将所有连接器都做好，并且保证焊接时 E1 线的两端均已断开物理连接。

2）安装 FE/GE 信号线。机柜通过 FE/GE 信号线与传输设备通信时，有共传输和不共传输两种模式。图 2-74 所示为 FE/GE 信号线的安装。安装步骤如下：

① 将 FE/GE 信号线连接到相应单板的接口上。如果采用电口共传输模式，则将 FE/GE 信号线连接到 WMPT 单板的 FE0 接口，FE 光口互连线连接到 GTMU 单板的 FE1 接口和 WMPT 单板的 FE1 接口，如图 2-74a 所示。如果采用光口共传输模式，则将 FE/GE 光纤连接到 WMPT 单板的 FE1 接口，FE 电口互连线连接到 GTMU 单板的 FE0 接口和 WMPT 单板的 FE0 接口，如图 2-74b 所示。如果采用不共传输模式，则将一根 FE/GE 网线连接到 WMPT 单板的 FE0 接口，另一根 FE/GE 网线连接到 GTMU 单板的 FE0 接口，如图 2-74c 所示。

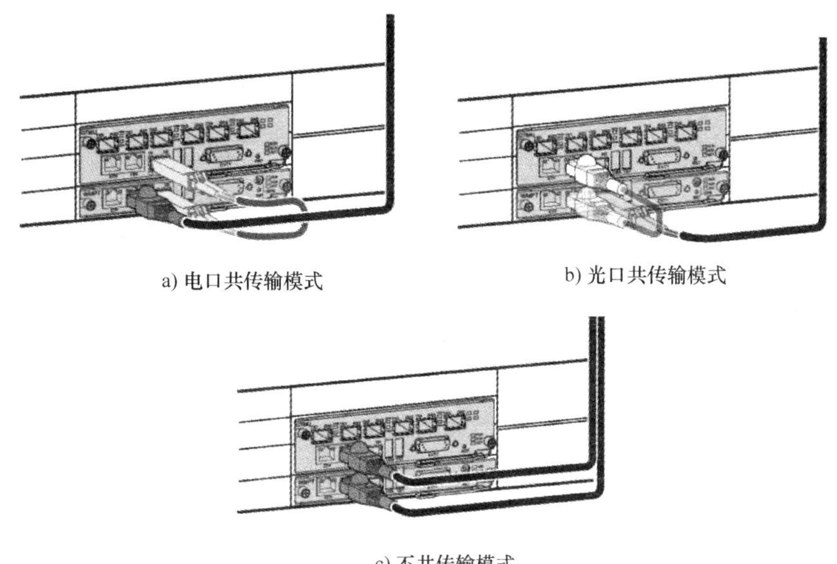

a) 电口共传输模式　　b) 光口共传输模式

c) 不共传输模式

图 2-74　FE/GE 信号线的安装

② 沿机柜右侧的走线空间布放 FE/GE 信号线，用线扣绑扎固定。

③ 布放线缆，粘贴标签。

（5）安装射频跳线，如图 2-75a 所示。具体步骤如下：

1）根据跳线的实际走线路径截取合适的长度。

2）制作射频跳线的 DIN 型连接器。参考装配直式公型 7/16DIN 型同轴连接器与 1/2in 馈线。

3）粘贴色环标签。

4）布放跳线。将跳线从机柜的走线口引入机柜，参照“线缆走线路径”布放跳线。

5）将跳线的 DIN 型连接器连接至 RFU 模块面板上的“ANT”接口。

6）使用力矩扳手拧紧 DIN 型连接器，紧固力矩为 25～35N·m。

7）粘贴色环标签。

当 RFU 模块通过 RFU 互连射频信号线实现互连时，射频跳线连接到 RFU 模块的“ANT_TX/RXA”接口，如图 2-75b 所示。

（6）安装 EMU 监控信号线（选配）

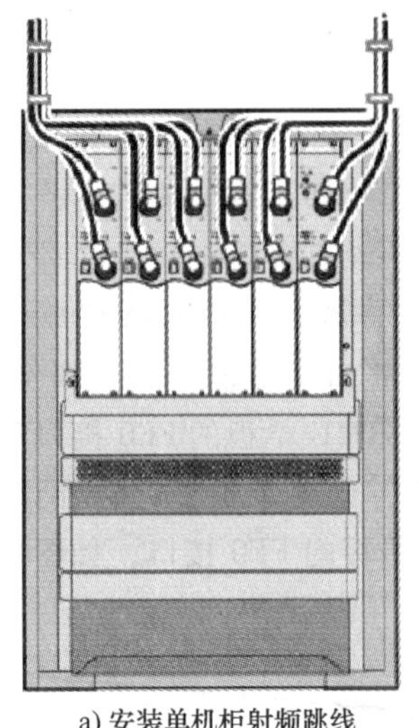

a) 安装单机柜射频跳线

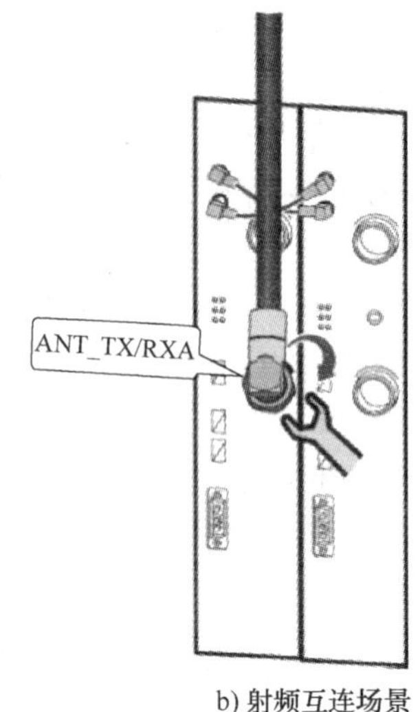

b) 射频互连场景

图 2-75　射频跳线的安装

1）EMU 监控信号线一端的 RJ45 连接器连接到 BBU3900 的 UPEU 模块上的“MON1”。

2）EMU 监控信号线另一端的 DB9 公型连接器连接到 EMU 的“RS485”接口，拧紧螺钉。

3）布放线缆，粘贴标签。

4. PS4890 线缆的安装

（1）安装输入电源线　图 2-76 所示为输入电源线的安装示意图。具体步骤如下：

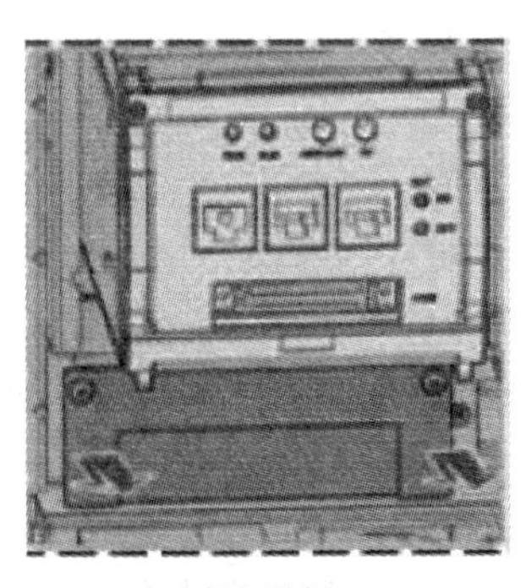

a) 拆卸挡板

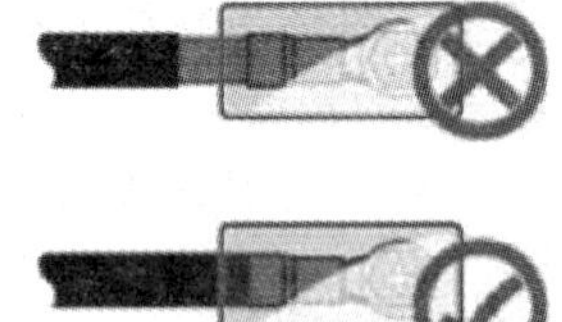

b) 制作OT端子

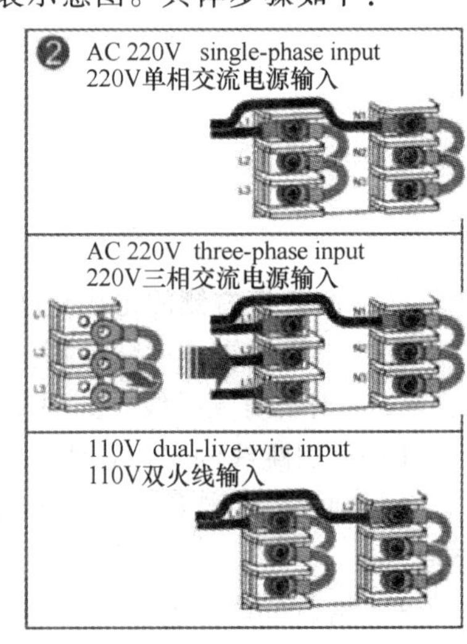

c) 连接电源线

图 2-76　输入电源线的安装示意图

1）拆卸挡板。

2）制作电源线的 OT 端子。现场制作电源线时，金属线不能外露。

3）连接电源线。电源线的一端接外部电源设备，另一端接电源框接线单元的 L 和 N 接线端子。

（2）安装蓄电池电源线　蓄电池电源线的安装与连接如图 2-77 所示。

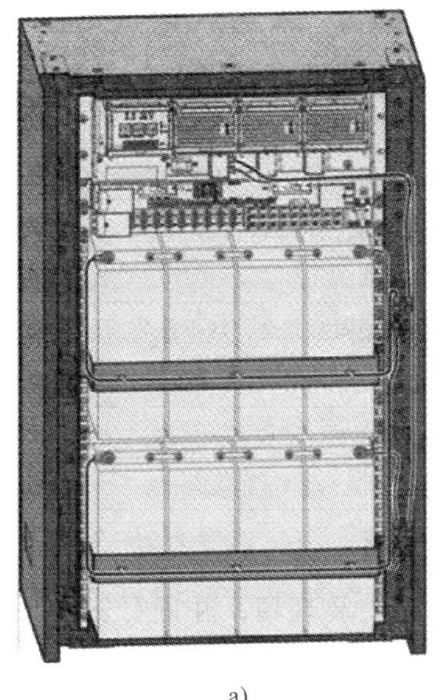

a)

电源线的连接说明

线缆名称	颜色	安装位置	
		(从)一端	(到)另一端
电源插框至蓄电池转接铜排线缆	黑色	电源插框的负极BAT(−)	蓄电池负极转接铜排线缆
	红色	电源插框的正极BAT(+)	蓄电池正极转接铜排线缆
蓄电池组至蓄电池转接铜排线缆	黑色	蓄电池组负极	蓄电池负极转接铜排线缆
	红色	蓄电池组正极	蓄电池正极转接铜排线缆

b)

图 2-77　蓄电池电源线的安装与连接

（3）PS4890 与 BTS3900 并柜安装线缆　PS4890 与 BTS3900 并柜安装线缆如图 2-78 所示。

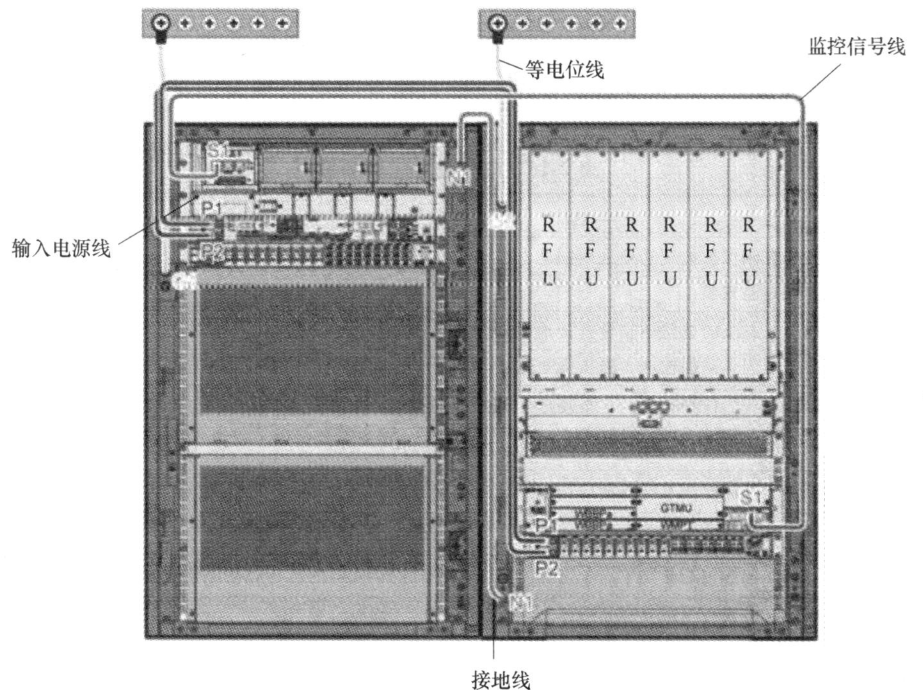

图 2-78　PS4890 与 BTS3900 并柜安装线缆

5. 安装检查

在机柜安装完成之后需要进行安装检查。接通输入电源之前还应该进行上电检查。

（1）机柜安装检查　安装机柜后，需要对安装项目进行检查。机柜安装检查项目见表 2-14。

表 2-14　机柜安装检查项目

序　　号	检 查 项 目
1	机柜放置位置应严格与设计图样相符
2	底座要安装稳固
3	机柜水平度误差应小于 3mm，垂直度误差应不大于 3mm
4	所有螺栓都要拧紧（尤其要注意电气连接部分），平垫圈、弹簧垫圈要齐全，且不能装反
5	机柜清洁干净、满足防尘要求，及时清理灰尘、污物
6	外部漆饰应完好，如有掉漆，掉漆部分须立即补漆，以防止腐蚀
7	机柜门开闭灵活，门锁正常
8	各种标识正确、清晰、齐全

（2）安装环境检查　设备全部安装完成后，打扫、清理安装现场，并进行安装环境检查。安装环境检查项见表 2-15。

表 2-15　安装环境检查项

序　　号	检 查 项 目
1	机柜外表应干净，不得有污损、手印等
2	线缆上无多余胶带，绑扎带等遗留
3	机柜周围不得有胶带、扎带线头、纸屑和包装带等施工遗留物
4	所有周围的物品应整齐、干净，并保持原貌

（3）电气连接检查　机柜安装完成后，需要检查与电缆相关的项目是否正确。电气连接检查项目见表 2-16。

表 2-16　电气连接检查项目

序　　号	检 查 项 目
1	所有的自制保护地线必须采用铜芯电缆，线径符合要求，中间不得设置开关、熔丝等可断开元件，也不能出现短路现象
2	对照电源系统的电路图，检查接地线是否已连接牢靠，输入电源线、机柜内配线是否已连接正确、螺钉是否已紧固，确保输入、输出无短路
3	剪除电源线、保护地线的多余长度，不能盘绕
4	给电源线和保护地线制作线鼻时，线鼻应焊接或压接牢固
5	接线端子处的裸线及线鼻柄应用绝缘胶带缠紧，或套热缩套管，不得外露
6	各接线端子处都应安装有平垫圈和弹簧垫圈，确保安装牢固，接触良好
7	所有线缆的连接处必须牢固、可靠，尤其须注意机箱底部的所有线缆接头的连接情况
8	电缆绑扎应整齐美观，线扣间距均匀，松紧适度，朝向一致
9	电源线、地线、馈线、光缆、E1/T1/FE 信号线等不同类别的线缆布线时应分开绑扎，要求距离间隔在 30mm 以上
10	电缆布放应便于维护和扩容
11	各种电缆两端的标志应清晰可见（粘贴标签）
12	线扣的余长应被剪除，所有的线扣必须齐根剪平，不拉尖

（续）

序　　号	检 查 项 目
13	未连接线缆的接口有保护措施
14	射频电缆接头要安装到位，以避免虚连接而导致驻波比异常
15	如电缆需使用烙铁焊接时，须将电缆与设备断开，一次性将所有线缆焊接完成，禁止带电焊接，以防损坏设备

（4）机柜上电检查　在通电工作之前需要检查上电状态是否正常。

1）PS4890 机柜上电检查。图 2-79 所示为 PS4890 机柜上电检查操作流程。

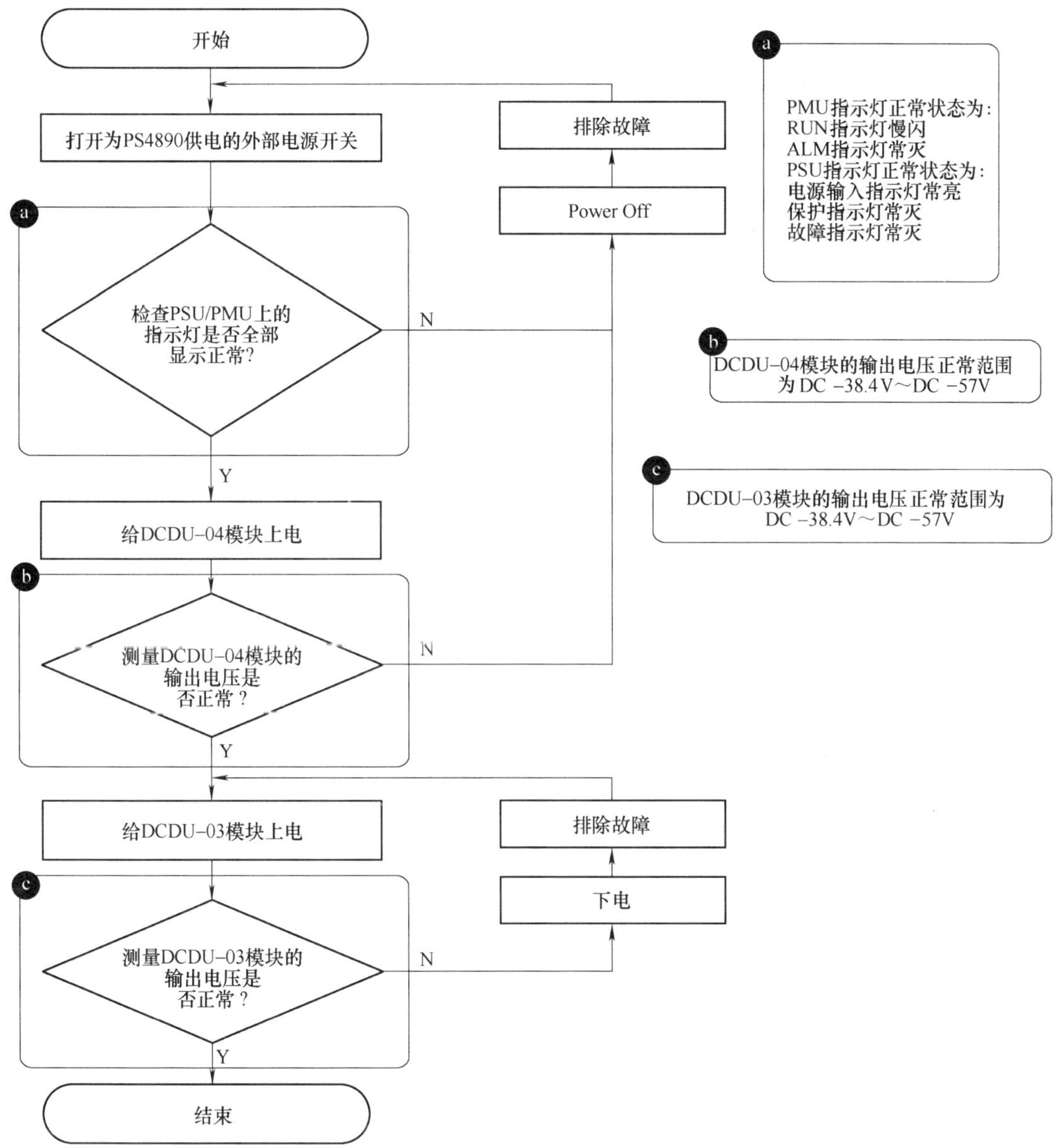

图 2-79　PS4890 机柜上电检查操作流程

2）BTS3900 机柜上电检查。图 2-80 所示为 BTS3900 机柜上电检查操作流程。

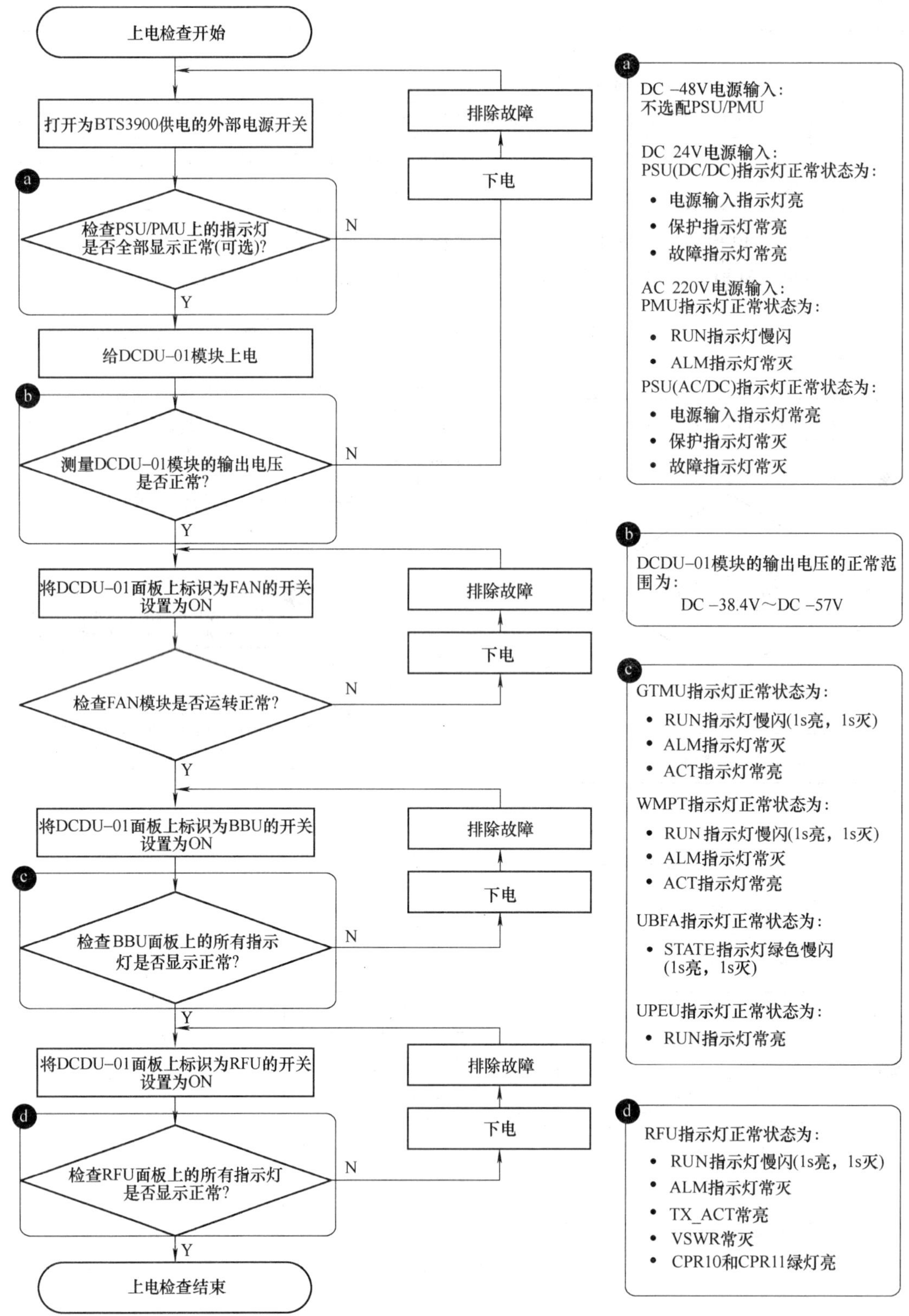

图 2-80　BTS3900 机柜上电检查操作流程

2.2.6　任务单

任　务　单

<table>
<tr><td>任务名称</td><td>室内设备的安装</td><td>学时</td><td></td><td>班级</td><td></td></tr>
<tr><td>学生姓名</td><td></td><td>学生学号</td><td></td><td>任务成绩</td><td></td></tr>
<tr><td>实训材料与仪表</td><td>参阅 2.2.4 节</td><td>实训场地</td><td></td><td>日期</td><td></td></tr>
<tr><td>工作任务</td><td colspan="5">掌握基站的室内主要设备，完成机柜的安装和线缆的连接</td></tr>
<tr><td>任务目的</td><td colspan="5">1）掌握基站室内主要设备的安装。
2）掌握线缆的连接。
3）掌握相关工具和仪器的使用和保养方法。
4）培养学生团队合作、爱护工具、爱岗敬业、吃苦耐劳的精神，加强安全意识。</td></tr>
<tr><td colspan="6">（一）资讯</td></tr>
<tr><td colspan="6">资讯引导：
1）BTS3900、PS4890 机柜的功能。
2）线缆的功能和识别。
3）机柜的安装，线缆的连接。
4）演示相关操作，分析重点和难点。
5）下发任务单，安排各组具体工作任务，并对工作任务作简要说明。
6）与学生讨论，并答疑。</td></tr>
<tr><td colspan="6">（二）决策与计划</td></tr>
<tr><td colspan="6"></td></tr>
<tr><td colspan="6">（三）实施</td></tr>
<tr><td colspan="6"></td></tr>
<tr><td colspan="6">（四）检查（评价）</td></tr>
<tr><td colspan="6"></td></tr>
</table>

2.2.7　考核标准

考 核 标 准

序号	工作过程	主要内容	评分标准	配分	学生（自评）		教师	
					扣分	得分	扣分	得分
1	资讯（10 分）	任务相关知识查找	查找相关知识，该任务知识掌握度达到 60%，扣 5 分	10				
			查找相关知识，该任务知识掌握度达到 80%，扣 2 分					
			查找相关知识，该任务知识掌握度达到 90%，扣 1 分					
2	决策、计划（10 分）	确定方案编写计划	制订整体设计方案，在实施过程中修改一次，扣 2 分	10				
			制订实施方法，在实施过程中修改一次，扣 2 分					
3	实施（10 分）	记录实施过程步骤	实施过程中，步骤记录不完整度达到 10%，扣 2 分	10				
			实施过程中，步骤记录不完整度达到 20%，扣 3 分					
			实施过程中，步骤记录不完整度达到 40%，扣 5 分					
4	检查、评价（60 分）	BTS3900 机柜的安装	机柜的安装空间和布局不合理，扣 5 分	20				
			底座不平，扣 5 分					
			底座和膨胀螺栓间不绝缘，扣 5 分					
			机柜没固定好，扣 5 分					
		PS4890 机柜的安装	机柜的布局不合理，扣 5 分	20				
			机柜没固定好，扣 5 分					
			没安装保护地线，扣 5 分					
			蓄电池安装不正确，扣 5 分					
		线缆连接	布线太乱，扣 5 分	20				
			同种线没绑扎，扣 3 分					
			标签粘贴不正确，扣 3 分					
			线缆连接不正确，一处扣 2 分					

（续）

<table>
<tr><td rowspan="2">序号</td><td rowspan="2">工作过程</td><td rowspan="2">主要内容</td><td rowspan="2">评分标准</td><td rowspan="2">配分</td><td colspan="2">学生（自评）</td><td colspan="2">教师</td></tr>
<tr><td>扣分</td><td>得分</td><td>扣分</td><td>得分</td></tr>
<tr><td rowspan="3">5</td><td rowspan="3">职业规范、团队合作（10 分）</td><td>安全文明生产</td><td>违反安全文明操作规程，扣 3 分</td><td>3</td><td></td><td></td><td></td><td></td></tr>
<tr><td>组织协调与合作</td><td>团队合作较差，小组不能配合完成任务，扣 3 分</td><td>3</td><td></td><td></td><td></td><td></td></tr>
<tr><td>交流与表达能力</td><td>不能用专业语言正确流利地简述任务成果，扣 4 分</td><td>4</td><td></td><td></td><td></td><td></td></tr>
<tr><td colspan="4">合计</td><td>100</td><td colspan="2"></td><td colspan="2"></td></tr>
<tr><td colspan="2">学生自评总结</td><td colspan="7"></td></tr>
<tr><td colspan="2">教师评语</td><td colspan="7"></td></tr>
<tr><td colspan="2">学　生
签　字</td><td colspan="2">年　　月　　日</td><td>教　师
签　字</td><td colspan="4">年　　月　　日</td></tr>
</table>

2.2.8　知识能力测试

1）根据实际的安装情况，简述机柜安装过程的要点。

2）根据实际的安装情况，简述机柜线缆连接的要点。

3）简述设备安装过程中的注意事项。

任务 2.3　基础设施的安装

教 学 目 的

知识能力：熟悉基站室内的基础设施。

技能能力：掌握交流配电箱、环境监测仪、DDF、接地排和走线架基础设施的安装。

社会能力：培养学生分析问题、解决问题的能力。培养学生的沟通能力及团队协作精神。

2.3.1　APD100-1-10 交流配电箱

APD100-1-10 交流配电箱是针对一体化机房的通信电源设备等交流用电设备开发设计的

交流配电产品。能够完成电力多路分配的电气设备，通过分配实现输出路数的增加，具有过载和短路保护的功能。

图 2-81 所示为交流配电箱的外观图和型号说明图。

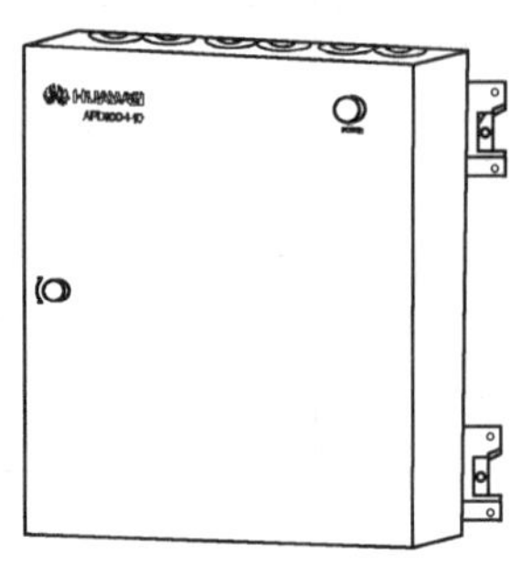

a) 交流配电箱的外观图

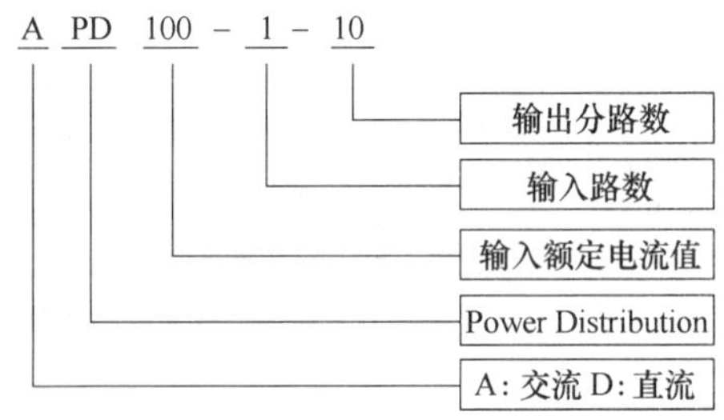

b) 交流配电箱的型号说明图

图 2-81 交流配电箱的外观图和型号说明图

APD100-1-10 交流配电箱主要由箱体、主输入断路器、输出分断路器、防雷空开、C 级防雷器、航灯输出断路器、输出分断路器和安装板等组成，如图 2-82 所示。

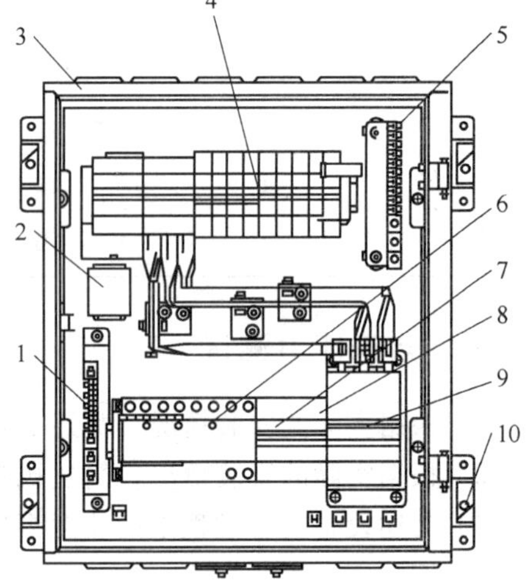

图 2-82 交流配电箱的硬件组成

1—PE 排 2—告警二次接线端子 3—箱体 4—输出分断路器 5—N 排 6—C 级防雷器 7—防雷空开 8—航灯输出断路器 9—主输入断路器 10—安装板

2.3.2 环境监测仪

EMU 提供丰富的监控信号输入接口，具有实时监控功能、远程监控功能、配置灵活、可靠性高、温度检测范围大等特点。EMU 目前有 A 型和 B 型两款外观，如图 2-83 所示。

两种型号的面板接口相同，图 2-84 所示为 A 型 EMU 面板接口。

1. 单板布局

EMU 内部单板布局图如图 2-85 所示。

2. 拨码开关

EMU 单板上的拨码开关功能见表 2-17。其中拨码开关设置为 ON 表示数字 0，设置为 OFF 表示数

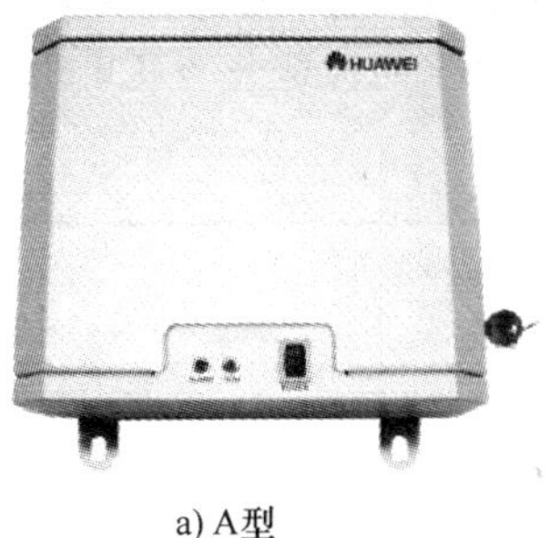

a) A型

b) B型

图 2-83 EMU 外观图

字 1。

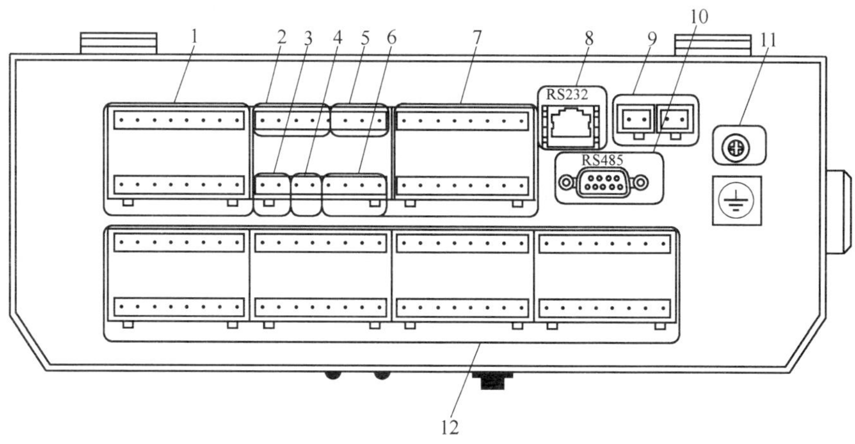

图 2-84　A 型 EMU 面板接口

1—6 路开关量输出接口　2—水浸传感器接口　3—门磁传感器接口　4—烟感传感器接口　5—温/湿度传感器接口　6—红外传感器接口　7—4 路模拟量传感器接口　8—RS-232 接口　9—主备电源接口　10—双路 RS-484 接口　11—接地螺栓　12—32 路开关量传感器接口

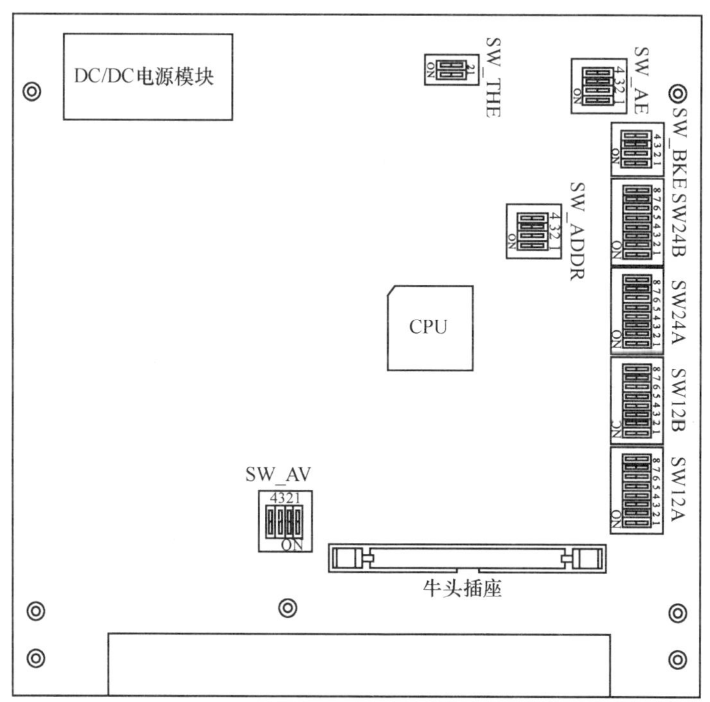

图 2-85　EMU 内部单板布局图

表 2-17　EMU 单板上的拨码开关功能

丝　　印	功　　能	操　　作
SW_ADDR	EMU 通信协议选择	SW_ADDR（1234）设置如下：CDMA 基站，GSM 非双密度基站：0001GSM 双密度基站，WCDMA 基站：0010

（续）

丝　　印	功　　能	操　　作
SW_BKE	位 1：水浸传感器设置	ON：不使用，OFF：使用
	位 2：烟雾传感器设置	使用、不使用都设置为 ON
	位 3：红外传感器设置	ON：不使用，OFF：使用
	位 4：门磁传感器设置	ON：使用，OFF：不使用
SW_THE	位 1：温度传感器设置	ON：使用，OFF：不使用
	位 2：湿度传感器设置	ON：使用，OFF：不使用
SW_AE	4 路模拟量传感器设置（电流输出型）	每位对应 1 路模拟量传感器，ON：使用，OFF：不使用
SW_AV	4 路模拟量传感器设置（电压输出型）	每位对应 1 路模拟量传感器，ON：使用，OFF：不使用
SW12A SW12B SW24A SW24B	32 路开关量信号输入	SW12A 第 1～8 位对应输入信号 1～8；SW12B 第 1～8 位对应输入信号 9～16；SW24A 第 1～8 位对应输入信号 17～24；SW24B 第 1～8 位对应输入信号 25～32；ON：高电平告警，OFF：低电平告警或不使用

3. EMU 的接口

（1）EMU 通信接口　EMU 提供 RS485 和 RS232 两类通信接口与基站连接，如图 2-86 所示。RS485 串口支持双路（主备方式）与基站通信，适于安装带 DB-9 公座的专用串口电缆。RS232 串口为 RJ-45 插座，适于安装带 RJ-45 插头的专用串口电缆。

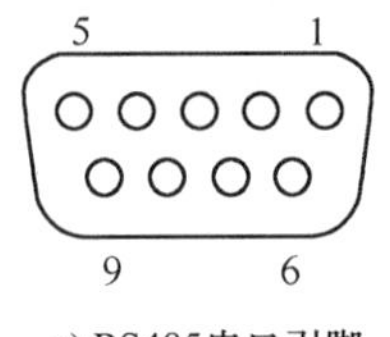

a) RS485串口引脚

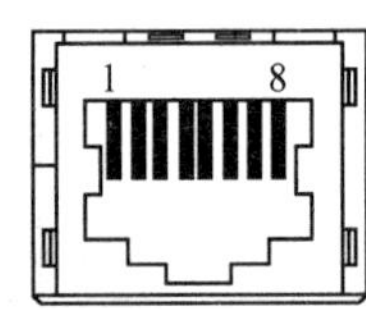

b) RS232串口引脚

图 2-86　RS485 与 RS232 串口

（2）EMU 检测接口　EMU 提供温/湿度、烟雾、水浸、红外、门磁传感器检测接口，

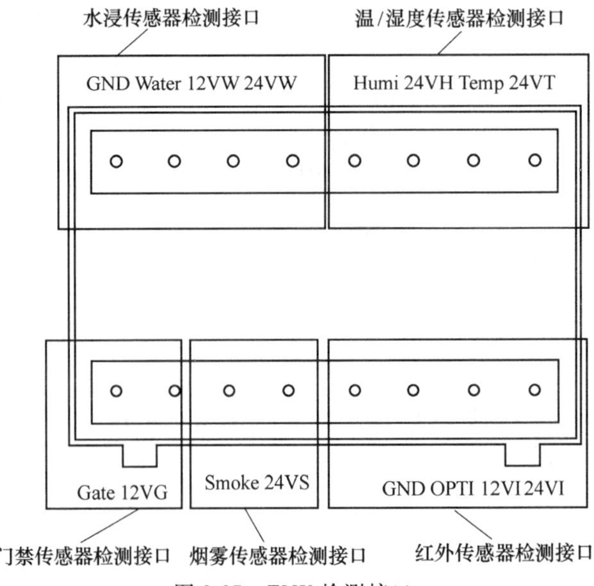

图 2-87　EMU 检测接口

也提供扩展的开关量、模拟量、输出控制检测接口，如图 2-87 所示。水浸传感器检测接口为电压型开关量信号检测接口。烟雾传感器检测接口为电流型开关量信号检测接口。红外传感器检测接口为电压型开关量信号检测接口。门禁传感器检测接口是干节点型开关量信号检测接口。温/湿度传感器检测接口是电流型模拟量信号检测接口。EMU 检测接口端子定义见表 2-18。

表 2-18　EMU 检测接口端子定义

检测接口	面板丝印标示	定　义	检测接口	面板丝印标示	定　义
水浸传感器检测接口	24VW	DC 24V 电源输出	烟雾传感器检测接口	24VS	DC 24V 电源输出
	12VW	DC 12V 电源输出		Smoke	烟感检测信号输入
	Water	水浸检测信号输入	门禁传感器检测接口	24VG	门磁检测输入信号正
	GND	信号地		Gate	门磁检测输入信号负
红外传感器检测接口	24VI	DC 24V 电源输出	温/湿度传感器检测接口	24VT	DC 24V 电源输出
	12VI	DC 12V 电源输出		Temp	温度检测信号输入
	OPTI	红外线检测信号输入		24VH	DC 24V 电源输出
	GND	信号地		Humi	湿度检测信号输入

2.3.3　DDF

DDF（Digital Distribution Frame）称为数字配线架或高频配线架，是 BTS 和 BSC 之间的中继电缆对接设备，分为 75Ω 和 120Ω 两种规格，如图 2-88 所示。它能使数字通信设备的数字码流的连接成为一个整体，从速率 2～155Mbit/s 信号的输入、输出都可终接在 DDF 架上，这为配线、调线、转接、扩容都带来很大的灵活性和方便性。

a) 75Ω DDF

b) 120Ω DDF

图 2-88　数字配线架

2.3.4　接地排

接地排用于连接机柜保护地和工作地，如图 2-89 所示。在安装接地排时应注意室内接地排应安装在离基站机柜较近的，且与走线架同高的墙上；接地排应水平地固定在墙上；在安装膨胀螺栓时，应使用绝缘垫，确保接地排和墙绝缘。

2.3.5　走线架

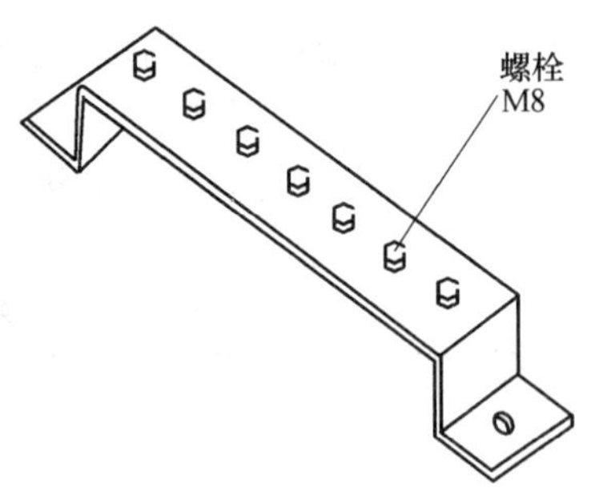

图 2-89　接地排

走线架用于设备的各种线缆走线。线槽和线梯是走线架的组成部分，线槽安装在线梯上，其中线槽为选配件。在机柜上走线时，机房要安装走线架，走线架上可以铺设机房内的各种电缆。走线架以线梯形式为主，辅以线槽形式（即线槽作为选配件）。走线架的规格有 200mm 宽线梯（200mm 宽线槽），400mm 宽线梯（400mm 宽线槽）和 600mm 宽线梯（400mm 宽线槽 + 200mm 宽线槽）。图 2-90 所示为走线架零件图。

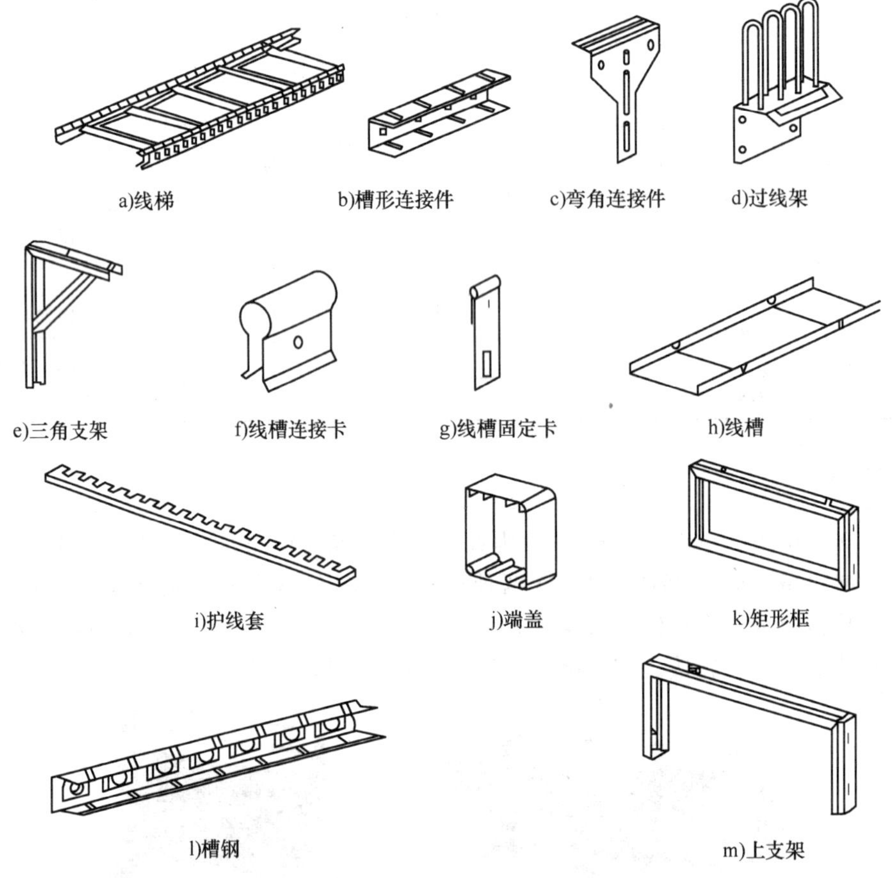

图 2-90　走线架零件图

> 技能能力

2.3.6　工作任务描述

1）画出在给定的机房中交流配电箱、环境监测仪、DDF、接地排和走线架安装的位置图。

2）完成交流配电箱、环境监测仪、DDF、接地排和走线架的安装。

2.3.7　工具、仪器及材料

电钻、线钳、螺钉旋具、电工刀、ϕ12mm 钻头、万用表、交流电线、接地电线、告警信号线和膨胀螺栓等。

2.3.8　操作步骤

1. APD100-1-10 交流配电箱的安装

（1）安装前的准备　安装 APD100-1-10 交流配电箱时需要满足以下的环境要求、供电要求、工具材料准备和开箱验货。

1）环境要求。环境温度为 -40 ~ +70℃；湿度≤95% RH，不结露；防雨；震动≤1.5m/s^2；无污染物，如盐、酸和烟等；无昆虫、有害生物、害虫、白蚁和霉菌等。

2）供电要求。供电方式为三相五线制（3P + N + PE）。

3）工具材料准备。交流配电箱的安装工具有电钻、线钳、螺钉旋具和电工刀等；安装用电力电缆包括交流电线、接地电线和告警信号线等；施工所需的辅料包括线扎带、绝缘胶布和热缩导管等。

4）开箱验货。首先拆开贴有装箱单存放箱的包装箱，取出装箱单；拆开包装箱后，按照装箱标签上的装箱货物清单对包装箱内的货物逐项清点；观察检验物品的完好性，如机箱有无变形，机箱有无严重回潮等。

（2）安装交流配电箱

1）安装箱体。交流配电箱支持挂墙安装和上 19in 开放式机架安装。在安装前要按照机房布局图样，确定交流配电箱的安装方式和安装位置，如图 2-91 所示。步骤如下：

①　开箱找到固定板及安装板。

②　连接固定板和安装板 1，将固定板与安装板 1 用 4 个 M4 ×10 的螺钉联接。

③　标记连接件及安装板的具体安装位置。从包装箱附件中找到安装的画线板，将画线板固定在墙上，用铅笔或圆珠笔做好安装孔的位置标记。如果为土建机房，则标记 8 个 F10 的膨胀螺栓安装孔；如果为夹芯板材机房，则标记 20 个 F6 的铆钉安装孔。画线板中的膨胀螺栓安装孔及铆钉安装孔的位置如图 2-91 所示。

④　固定安装板与固定板的连接件。用 4 个 M8 ×80 的膨胀螺栓或 10 个 F4 ×10 的铆钉固定连接件 4。

⑤　固定安装板 2。用 4 个 M8 ×80 的膨胀螺栓或 10 个 F4 ×10 的铆钉固定另一块安装板（安装板带挂孔的方向朝上）。

⑥　安装箱体。将带有两个绝缘挂耳的配电箱体挂到安装板 2 的两个挂孔上。

⑦　连接固定板与箱体。用 2 个 M6 ×20 的螺钉将固定板与箱体的下表面固定。

⑧　安装完成。配电箱安装完毕后，从不同的方向摇动箱体，不应感觉到有明显的松动和摇晃。

2）连接电力线。在电气连接前，应首先检查配电箱各部分是否完好，有无损坏现象。将电力线连接至断路器端，需要将电力线去皮后压接一个 H 端子，再插入空开的接线孔，然后拧紧其上方的螺钉。注意，在电气连接前须将所有开关、熔断器等置于断开位置；电力

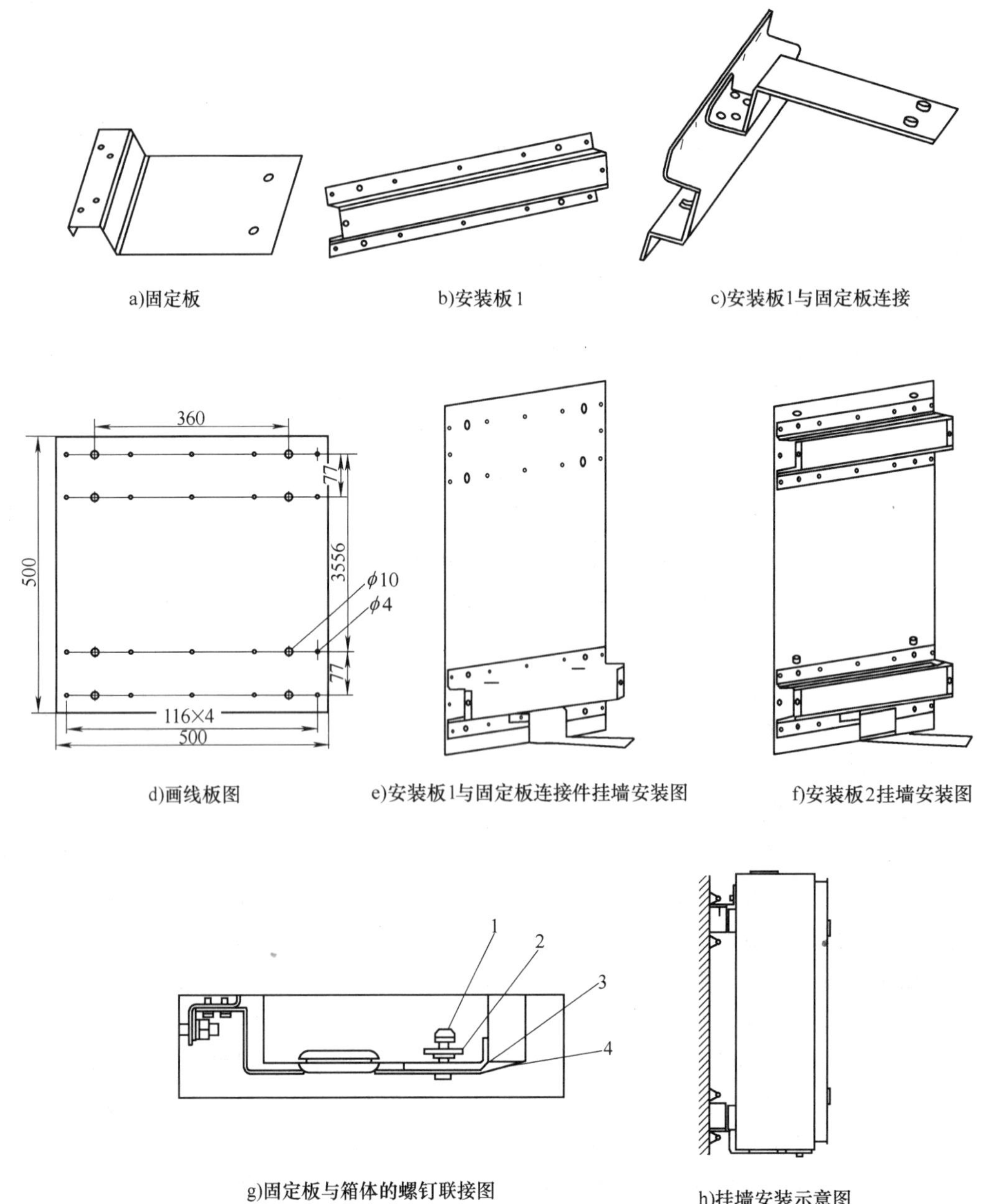

a)固定板　b)安装板1　c)安装板1与固定板连接

d)画线板图　e)安装板1与固定板连接件挂墙安装图　f)安装板2挂墙安装图

g)固定板与箱体的螺钉联接图　h)挂墙安装示意图

图 2-91　安装箱体

1—螺钉　2—绝缘套　3—绝缘垫　4—固定板

线的安装工作仅能由具有任职资格的人员执行。图 2-92 所示为电力线连接方式。图 2-93 所示为接线位置明细。

① 按实际需求将箱体的进线和出线的护线套打开；打开配电箱的门及装饰面板。

② 连接保护地线。将保护地线从配电箱的 PE 排连接至机房的室内接地排，如图 2-93 所示的位置“1”。

③ 连接交流输入线。将交流电的地线连接至配电箱的 PE 排，如图 2-93 所示的位置“2”。将交流电的零线连接至配电箱的 N 排，如图 2-93 所示的位置“3”。将交流电的 3 根

相线连接至配电箱主输入断路器 1QF 的 L1、L2、L3 进线端，如图 2-93 所示的位置“4”。

④　连接负载电线。负载零线接到配电箱 N 排；特别要求通信电源负载 N 线接线位置如图 2-93 所示的位置“5”。负载相线接入到对应分路断路器的出线端，如图 2-93 所示的位置“6”。

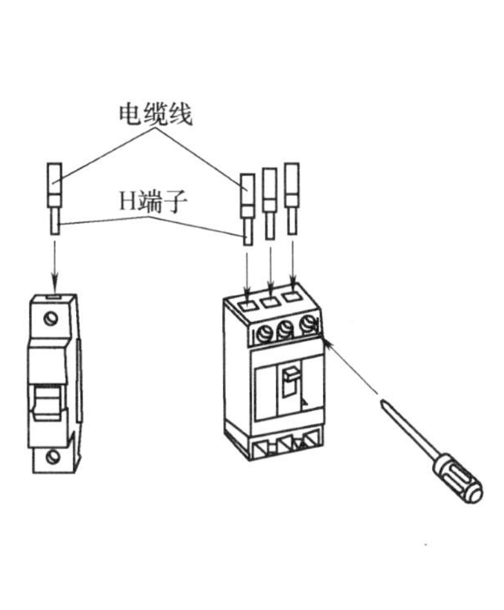

图 2-92　电力线连接方式

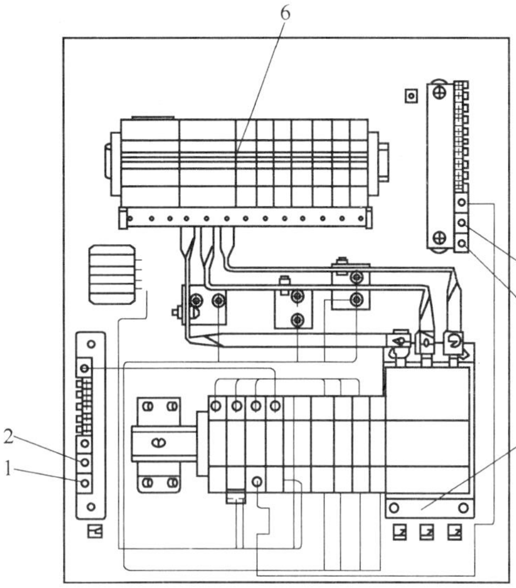

图 2-93　接线位置明细

在接线过程中要注意以下几点：

- 箱顶或箱底要用电缆固定支架，箱内接线端子不能作为电缆连接受力件。
- 连线的顺序一般为先保护地线，再 N 线，最后交流相线。
- 交流输入电线下进线方式，负载电线上出线方式，所有进出线必须从护线套穿过。
- 输出断路器分路的用途一般都有丝印注明，特殊情况下没有注明要选择合适的断路器接线。

3）连接信号线。连接信号线包括防雷器故障告警和防雷空开告警信号线的二次接线。

①　拧松如图 2-94 所示标记的信号输出接线端子螺钉“1”、“2”、“3”、“4”，将外接告警信号电缆线头去皮后，直接插入输出接线端子“1”、“2”、“3”、“4”，拧紧螺钉。

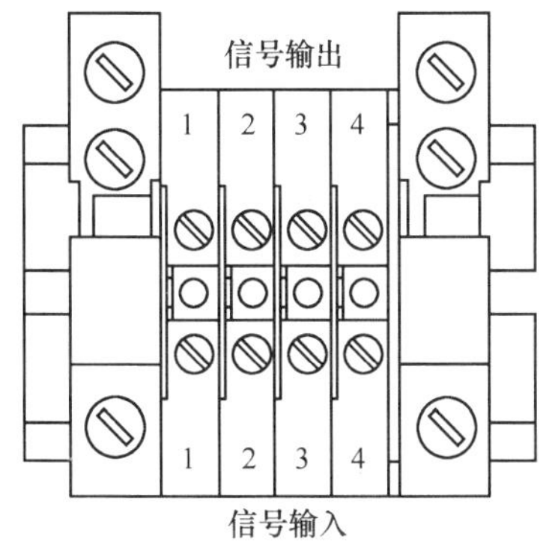

图 2-94　防雷告警接线端子图

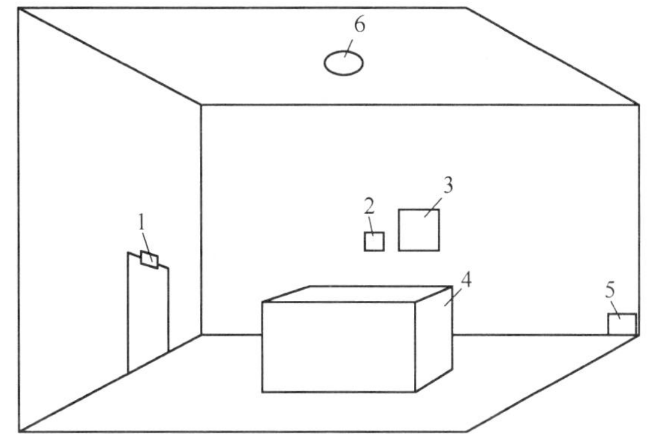

图 2-95　EMU 和传感器安装的参考位置

1—门磁传感器　2—温/湿度传感器　3—EMU　4—基站设备　5—水浸传感器　6—烟雾传感器

② 接线端子提供为常闭输出信号，防雷器故障告警输出信号连接接线端子“1”和“2”，防雷空开告警连接接线端子“3”和“4”。

2. 环境监测仪的安装

（1）安装的位置要求 安装 EMU 时请预留足够的空间，避免日后拆卸面板时不能顺利拆除侧面螺钉。安装时不要靠近如 DDF 架、走线架之类的障碍物。图 2-95 所示为 EMU 和传感器安装的参考位置。

（2）安装前的检查 安装前应检查环境是否符合技术要求，具体指标请参见 EMU 技术指标。包装完好后，检查内部物料是否与表 2-19 一致。

表 2-19 EMU 物料清单表

名 称	说 明	名 称	说 明
EMU	1 个	2pin 冷压端子	2 个
门磁传感器	1 个（选配）	塑料膨胀管	6 个（选配烟雾传感器时有此配件）
烟雾传感器	1 个（选配）	传感器安装螺钉	6 个（选配烟雾传感器时有此配件）
水浸传感器	1 个（选配）	线扣	50 个
温/湿度传感器	1 个（选配）	电源线	1 根，10m
红外传感器	1 个（选配）	外部环境告警箱电缆	1 根，RS 485 通信电缆
告警箱安装螺栓	膨胀螺栓 M8，4 个	接地电缆	1 根，5m
8pin 冷压端子	14 个	对称双绞线	选配

（3）安装 EMU 本任务主要介绍 A 型 EMU 挂墙安装的步骤，B 型 EMU 挂墙安装的步骤与之类似。安装前需准备好安装 EMU 所需的工具和物料。工具有螺钉旋具、冲击钻和 ϕ12mm 钻头。物料有 EMU 和膨胀螺栓。

1）将 EMU 水平地贴在墙面上，标记 4 个安装孔的位置，如图 2-96 所示。

2）选择 ϕ12mm 钻头在标记的孔位处钻孔。

3）用 4 个 M8 ×60 膨胀螺栓将 EMU 紧固在墙面上。

4）安装 EMU 保护底线，并可连接至机房接地排。

5）安装 RS485 串口电缆和 EMU 电源电缆。将 RS485 串口电缆一端连接至 EMU 面板的 RS485 接口，另一端连接至基站。将电源电缆 A 端连接至 EMU 面板的 PWR +/- 接口，另一端连接至配电设备。图 2-97 所示为 RS485 串口电缆与 EMU 电源电缆。

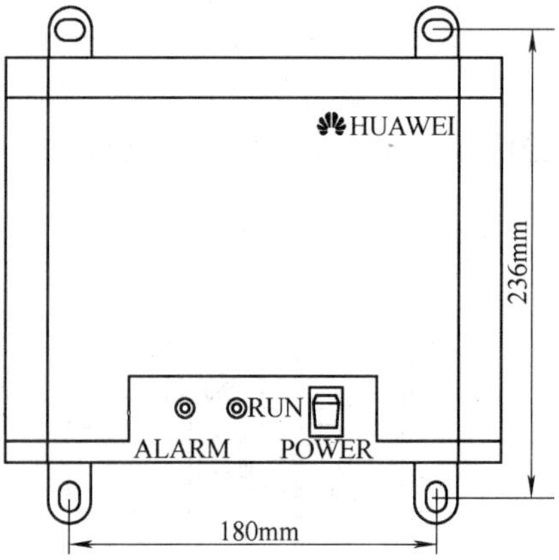

图 2-96 标记 EMU 的 4 个安装孔

6）根据传感器的配置情况连接传感器电缆。

3. 75ΩDDF 的安装

75Ω 数字配线架（以下简称为 DDF）的标配器件是 75Ω 单元体，选配器件是 24 路扩展告警连接件，如图 2-98 所示。

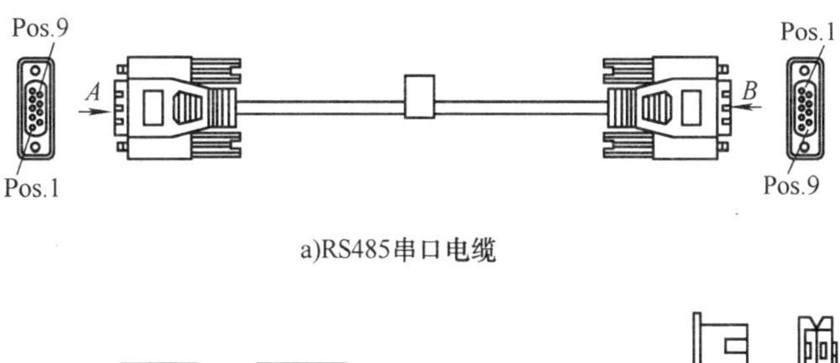

a)RS485串口电缆

b)EMU电源电缆

图 2-97　RS485 串口电缆和 EMU 电源电缆

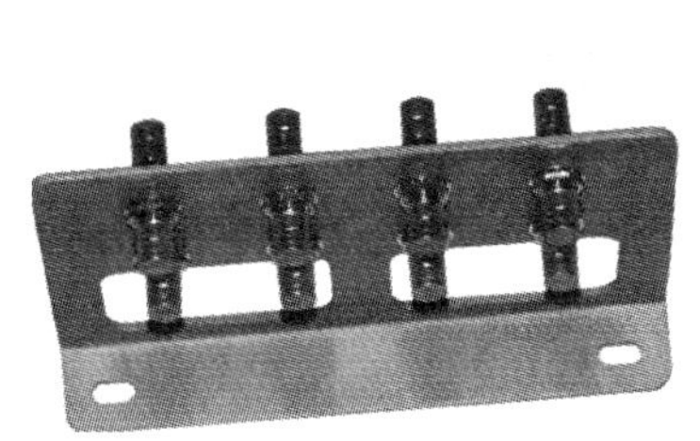
a)75ΩDDF

b)24路扩展告警连接件

图 2-98　75Ω 数字配线架及选配器件

（1）安装 DDF 和选配器件（见图 2-99）

1）使用冲击钻和 ϕ6mm 钻头在墙面上钻两个深度为 30mm 左右的安装孔，其中 L 的长度为 100mm（75Ω 单元体）；131. 5mm（24 路扩展告警连接件）。

2）将 ϕ6mm × 30mm 的膨胀胶塞打入安装孔中。

3）使用 ST3. 5 × 20mm 自攻螺钉将 DDF 固定在墙面上。

4）采用同样的方法安装 24 路扩展告警连接件。

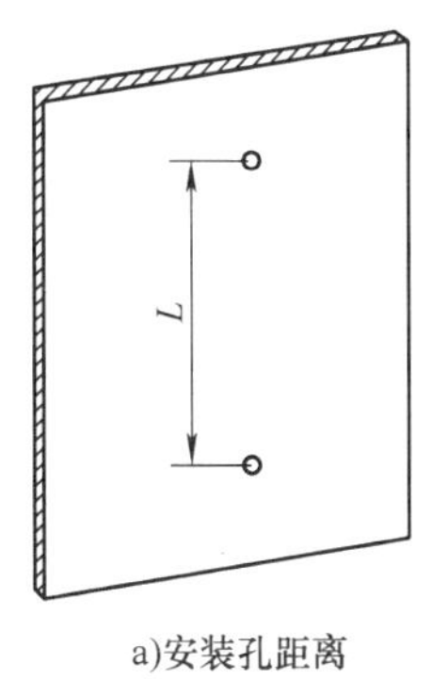

a)安装孔距离

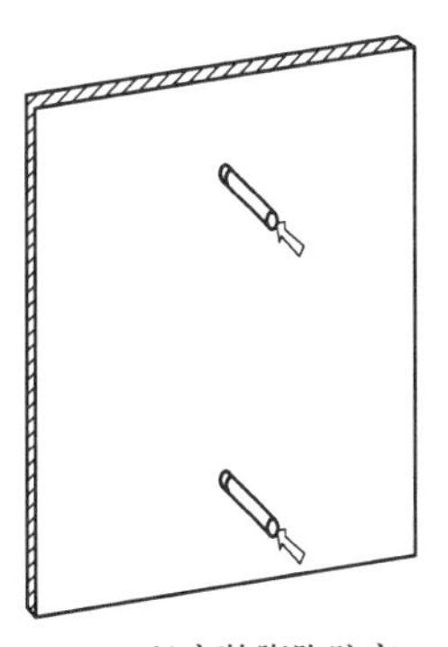
b)安装膨胀胶塞

c)固定DDF

图 2-99　安装 DDF 和选配器件

（2）连接 75Ω 同轴电缆

1）制作 SMB 连接器，如图 2-100 所示。

① 用专用剥线工具去除合适的电缆外护套。

② 用斜口钳剪齐电缆外导体并露出内导体，检查内导体的露出长度。

③ 首先将压接套筒套入同轴电缆，然后将完成剥线操作的同轴电缆和同轴电缆连接器组合到一起，此时电缆的外导体应成“喇叭状”。

④ 用电烙铁对同轴连接器的内导体焊接区进行焊接，清除连接器内导体焊接区域内的铜屑和其他杂物，将压接套筒推回同轴连接器，完全覆盖外导体。

⑤ 用专用压接工具压接套筒一次压接成形，完成压接后的套筒形状应是尾部有 1～2mm 的喇叭口的正六方柱体，压接套筒和同轴电缆之间相对不能转动。

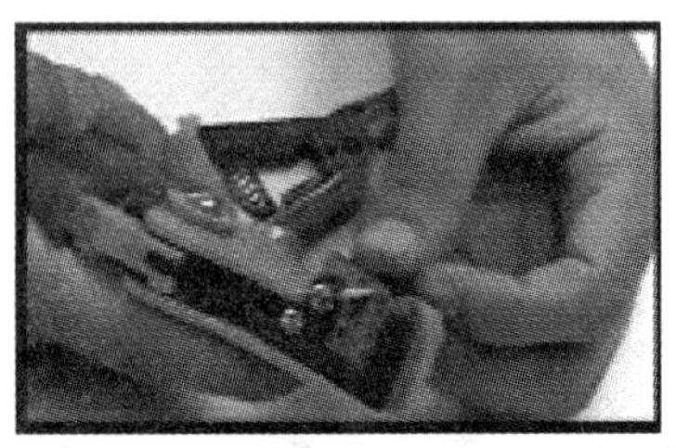

a)剥线

b)露出内导体

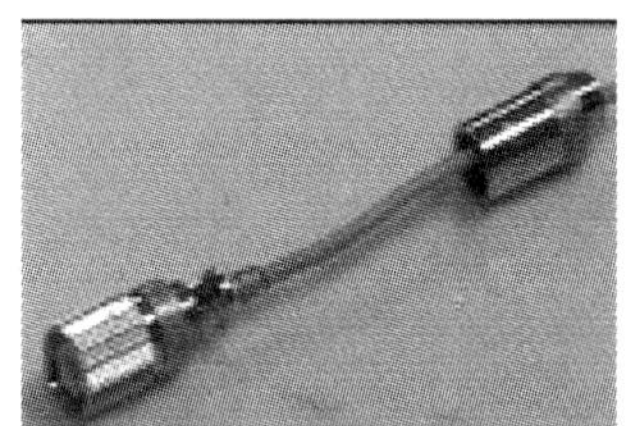

c)压保护套筒和压接套筒

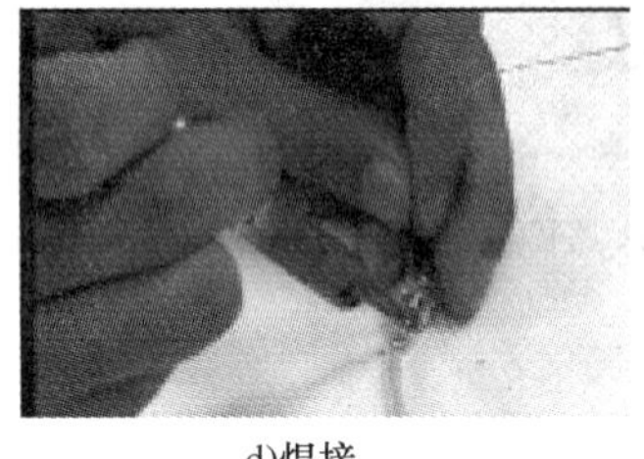

d)焊接

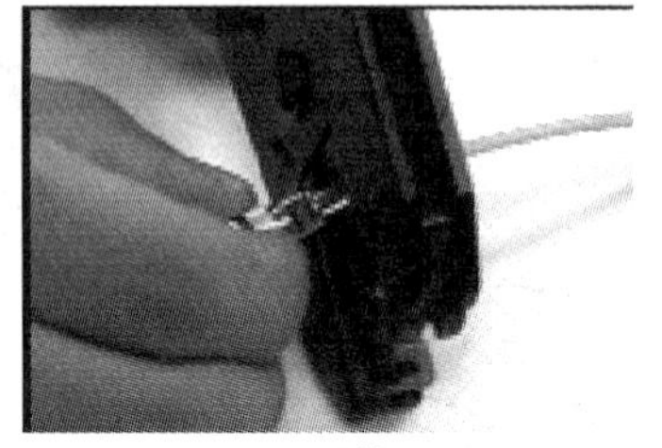

e)压接

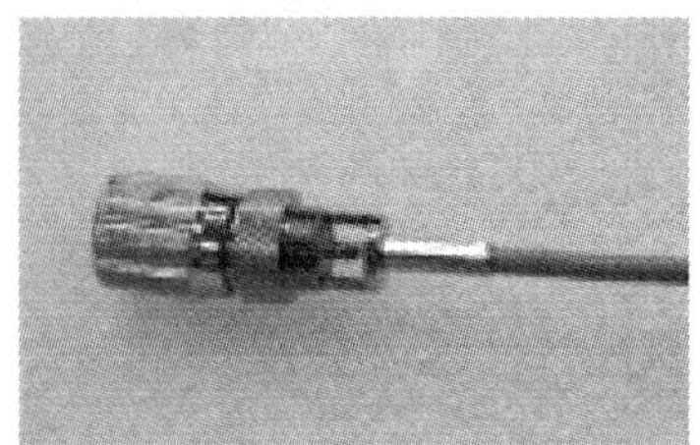

f)SMB连接器

图 2-100　制作 SMB 连接器

2）将 75Ω 同轴电缆的 SMB 连接器连接至 DDF，如图 2-101 所示。

3）连接告警线。

① 将告警线通过模块两侧的导线槽孔进入各自对应的卡线槽。

② 使用打线刀将告警线卡入卡线槽。

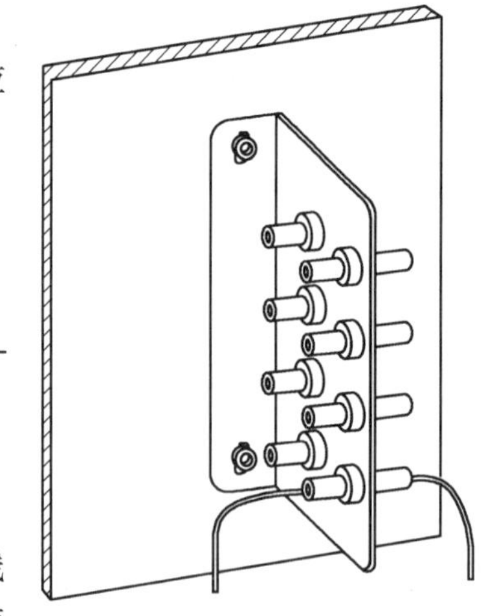

图 2-101　连接 75Ω 同轴电缆

4. 接地排的安装

1）根据工程设计图，确定安装位置。

2）用膨胀螺栓将接地排水平地固定在墙上，如图 2-102 和图 2-103 所示。

3）通过保护地线连接接地排和机房总地排。

5. 走线架的安装

走线架分为室内型走线架和室外型走线架。安装走线架时要按照安装过程的要求进行操作。操作步骤是：安装室内型走线架（或室外型走线架）→连接线梯→安装线槽→安装附件。这里主要介绍室内型走线架的安装。

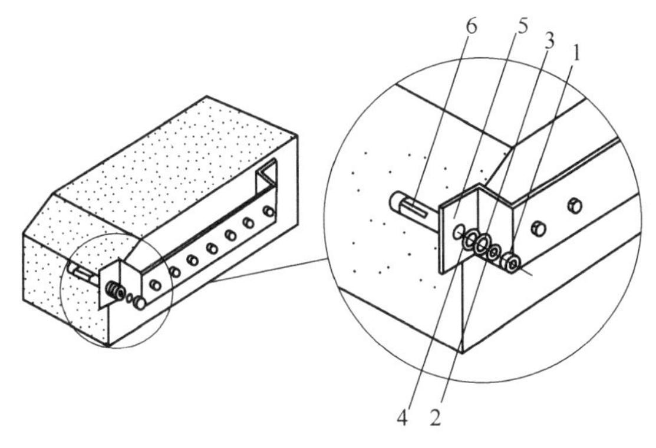

图 2-102　接地排安装示意图

1—螺栓 M12　2—弹簧垫圈　3—平垫圈

4—绝缘垫 a　5—接地排

6—膨胀管及膨胀螺母

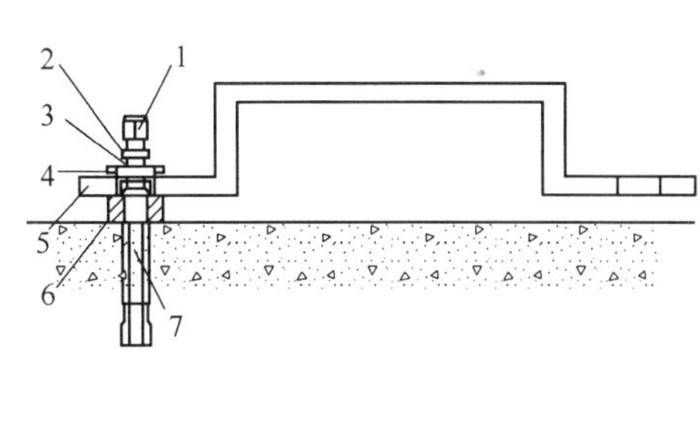

图 2-103　接地排安装剖面图

1—螺栓 M12　2—弹簧垫圈　3—平垫圈

4—绝缘垫 a　5—接地排　6—绝缘垫 b

7—膨胀管及膨胀螺母

根据走线架固定位置的不同，室内型走线架的安装可以分为吊装方式安装、地支方式安装、靠墙方式安装以及在机柜顶部安装 4 种方式。当走线架不靠墙放置时，可采用吊装方式或地支方式安装室内型走线架。采用吊装方式安装时，吊杆与屋顶连接。采用地支方式安装时，支撑杆与地面连接。地支方式安装与吊装方式安装类似。下面以吊装方式安装为例介绍安装步骤。

（1）安装前的注意事项

1）吊杆或支撑杆的间距必须为 50mm 的整数倍（推荐吊杆或支撑杆间的间距为 1250mm，即每段线梯由两付吊杆或支撑杆承重）。

2）采用吊装或地支方式时，吊杆或支撑杆须安装在线梯外侧以利于线槽的放置，同时必须考虑吊装与屋顶的绝缘，地支与地面的绝缘，安装时应注意增加绝缘板和绝缘垫。

3）使用膨胀螺栓将弯角连接件固定在天花板或地面时，需用 8mm 平垫圈替换膨胀螺栓所带的平垫圈。

（2）安装步骤

1）根据工程设计文件确定走线架的安装位置。

2）根据走线架的安装位置确定吊杆的安装位置，并做出孔位标记。

3）钻孔。在孔位标记处选择 ϕ10mm 的钻头打孔，钻孔深度为 60～65mm。

4）打膨胀螺栓。将膨胀螺栓 M8×80 螺母逆时针旋至膨胀螺栓顶部，然后将膨胀螺栓垂直放入孔中，用羊角锤敲打膨胀螺栓，直至将膨胀螺栓的套管全部敲入屋顶，然后拧下弹簧垫圈、平垫圈和螺母。

5）制作吊杆。根据走线架与机房高度的不同，截取适当长度的槽形钢作为吊杆。当需要长度大于 2500mm 时，可采用两根槽形钢相连，连接方式同线梯的连接，同时在截断面处注意补漆。

6）安装连接件。使用螺栓 M6×20 和螺母 M6 将弯角连接件安装在吊杆两端。

7）安装绝缘板。在膨胀螺栓上套上绝缘板，然后将弯角连接件的安装孔穿过膨胀螺栓，依次加装绝缘垫、大平垫 8、弹垫 8 和螺母 M8，紧固螺母 M8 以固定吊杆。

8）将线梯和吊杆连接。用螺栓 M8×20 和螺母 M8 将线梯和吊杆连接起来。吊装固定示意图如图 2-104 所示。

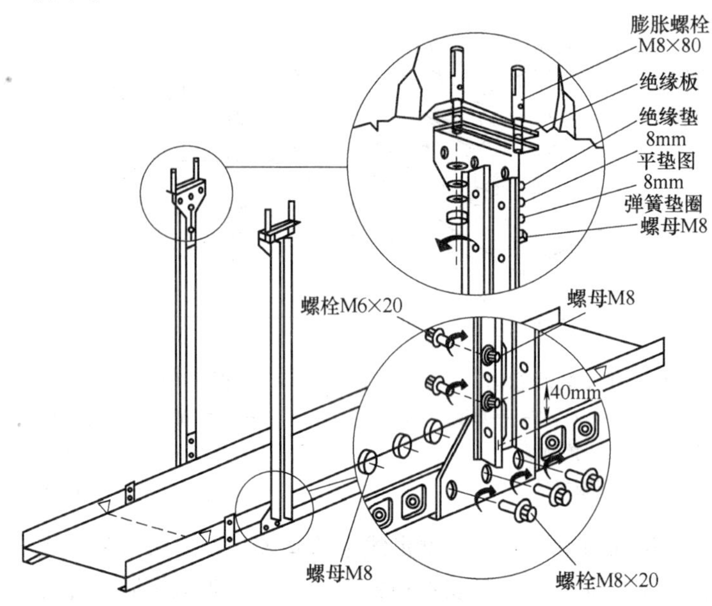

图 2-104　吊装固定示意图

2.3.9　任务单

任　务　单

任务名称	基础设施的安装	学时		班级	
学生姓名		学生学号		任务成绩	
实训材料与仪表	参阅 2.3.7 节	实训场地		日期	
工作任务	掌握基站的主要基础设施类型，完成交流配电箱、环境监测仪等基础设施的安装				
任务目的	1）能够对基站的主要基础设施进行安装。 2）掌握相关工具和仪器的使用和保养方法。 3）培养学生团队合作、爱护工具、爱岗敬业、吃苦耐劳的精神，加强安全意识。				
（一）资讯					
资讯引导： 1）基站主要基础设施的功能与安装要点。 2）演示相关操作，分析重点和难点。 3）下发任务单，安排各组的具体工作任务，并对工作任务作简要说明。 4）与学生开展讨论，并答疑。					
（二）决策与计划					
（三）实施					
（四）检查（评价）					

2.3.10　考核标准

考核标准

序号	工作过程	主要内容	评分标准	配分	学生（自评）		教师	
					扣分	得分	扣分	得分
1	资讯（10 分）	任务相关知识查找	查找相关知识，该任务知识掌握度达到 60%，扣 5 分	10				
			查找相关知识，该任务知识掌握度达到 80%，扣 2 分					
			查找相关知识，该任务知识掌握度达到 90%，扣 1 分					
2	决策、计划（10 分）	确定方案编写计划	制订整体设计方案，在实施过程中修改一次，扣 2 分	10				
			制订实施方法，在实施过程中修改一次，扣 2 分					
3	实施（10 分）	记录实施过程步骤	实施过程中，步骤记录不完整度达到 10%，扣 2 分	10				
			实施过程中，步骤记录不完整度达到 20%，扣 3 分					
			实施过程中，步骤记录不完整度达到 40%，扣 5 分					
4	检查、评价（60 分）	交流配电箱的安装	交流配电箱安装位置不合适，扣 4 分	20				
			箱体安装不牢固，扣 4 分					
			电力线连接不正确，扣 6 分					
			信号线连接不正确，扣 6 分					
		环境监测仪的安装	环境监测仪安装位置不合适，扣 4 分	20				
			箱体安装不牢固，扣 4 分					
			电源线连接不正确，扣 6 分					
			信号线连接不正确，扣 6 分					
		DDF、走线架与接地排的安装	DDF 线缆连接不通，扣 5 分	20				
			DDF 线缆连接器不合格，扣 5 分					
			走线架安装方式不正确，扣 5 分					
			走线架安装不牢固，扣 5 分					

（续）

<table>
<tr><th rowspan="2">序号</th><th rowspan="2">工作过程</th><th rowspan="2">主要内容</th><th rowspan="2">评分标准</th><th rowspan="2">配分</th><th colspan="2">学生（自评）</th><th colspan="2">教师</th></tr>
<tr><th>扣分</th><th>得分</th><th>扣分</th><th>得分</th></tr>
<tr><td rowspan="3">5</td><td rowspan="3">职业规范、团队合作（10 分）</td><td>安全文明生产</td><td>违反安全文明操作规程，扣 3 分</td><td>3</td><td></td><td></td><td></td><td></td></tr>
<tr><td>组织协调与合作</td><td>团队合作较差，小组不能配合完成任务，扣 3 分</td><td>3</td><td></td><td></td><td></td><td></td></tr>
<tr><td>交流与表达能力</td><td>不能用专业语言正确流利地简述任务成果，扣 4 分</td><td>4</td><td></td><td></td><td></td><td></td></tr>
<tr><td colspan="4">合计</td><td>100</td><td colspan="2"></td><td colspan="2"></td></tr>
<tr><td colspan="2">学生自评总结</td><td colspan="7"></td></tr>
<tr><td colspan="2">教师评语</td><td colspan="7"></td></tr>
<tr><td colspan="2">学 生
签 字</td><td colspan="2">年 月 日</td><td>教 师
签 字</td><td colspan="4">年 月 日</td></tr>
</table>

2.3.11 知识能力测试

1）查找相关资料，简述环境监测仪的原理。

2）查找相关资料，简述 DDF 与选配器件的连接及测试。

3）根据某个机房的特点，简述走线架安装的过程。

模块 3　基站系统的调测

任务 3.1　RNC 的调测

教学目的

知识能力：熟悉 RNC 的物理结构和操作维护原理。
技能能力：掌握 RNC 的数据配置方法。
社会能力：培养学生分析问题、解决问题的能力。培养学生的沟通能力及团队协作精神。

➢ 知识能力

3.1.1　RNC 的物理结构

RNC 主要由机柜、线缆、GPS 天馈系统、LMT 和告警箱等组成。图 3-1 所示为 RNC 的物理结构。

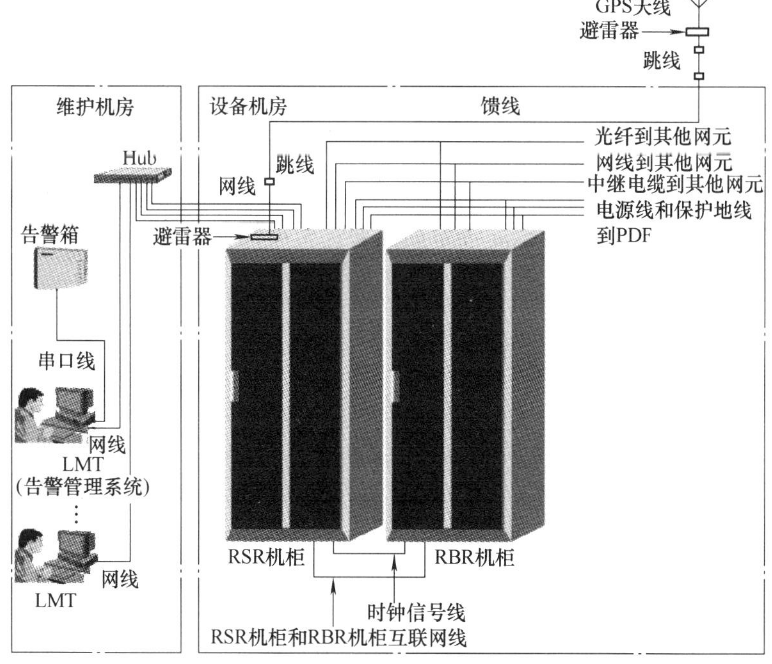

图 3-1　RNC 的物理结构

注：GPS 为全球定位系统，PDF 为直流配电柜，LMT 为本地维护终端。

RNC 机柜由空机柜和内部配置的部件组成，配置上不同的内部部件，从功能上可分为

RSR 机柜和 RBR 机柜。线缆包括 RNC 机柜内部线缆和外部线缆，如电源线、地线、传输线、网线及各种信号控制线。GPS 天馈系统包括天线、馈线、跳线和避雷器等单元。该系统主要用于接收 GPS 卫星信号，在 RNC 中选配。LMT 是安装有本地维护终端软件的计算机，可完成对 RNC 的操作和维护。

1. RNC 的硬件配置

RNC 硬件配置类型包括最小配置、最大配置和其他配置，用户可以根据实际需要灵活选择。最小配置方案中，RNC 只需要 1 个 RSR 机柜和 1 个 RSS 插框。最大配置方案中，RNC 共需要 2 个机柜（1RSR + 1RBR）和 6 个插框（1RSS + 5RBS），如图 3-2 所示。RNC 其他配置方案见表 3-1，表中的数据可根据实际话务量的模型计算。

a)最小配置

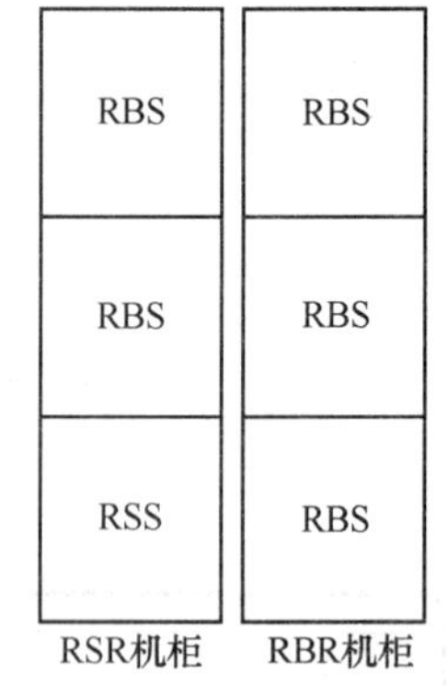

b)最大配置

图 3-2　RNC 的配置

表 3-1　RNC 其他配置方案

插框配置	机柜配置	话务量/erl	Node B 数目/个	PS 域（UL + DL）数据流量/$Mbit \cdot s^{-1}$	小区数目/个
1RSS + 1RBS	1RSR	15000	500	960	1500
1RSS + 2RBS	1RSR	24000	800	1536	2400
1RSS + 3RBS	1RSR + 1RBR	33000	1100	2112	3300
1RSS + 4RBS	1RSR + 1RBR	42000	1400	2688	4200

2. RNC 机柜

RNC 机柜主要由配电盒、插框、围风框、走线架、机架和后走线槽等组成，如图 3-3 所示。根据机柜内部部件的不同，RNC 机柜可分为 RSR 机柜和 RBR 机柜。其中，RSR 机柜在 RNC 中必须配置一个，实现 RNC 的交换与业务功能，该机柜的内部组成见表 3-2。RBR 机柜负责处理 RNC 的各项业务。根据业务量的需要，RNC 可选配一个 RBR 机柜。

表 3-2　RSR 机柜的内部组成

部　　件	配置说明
配电盒	固定配置 1 个
RSS 插框	固定配置 1 个
RBS 插框	根据业务量配置 0 ~ 2 个
围风框	固定配置 2 个
后走线槽	固定配置 3 个

3. RNC 的插框

RNC 使用的有 RSS 插框和 RBS 插框，两者实现不同的功能，但外观相同，都是由风扇盒、单板插框和前走线槽等部件组成的。其外观如图 3-4 所示。

（1）RSS 插框　每套 RNC 中，固定在 RSR 机柜中配置 1 个 RSS 插框，该插框提供系统数据交换和业务处理功能，并提供系统时钟信号，如图 3-5 所示。

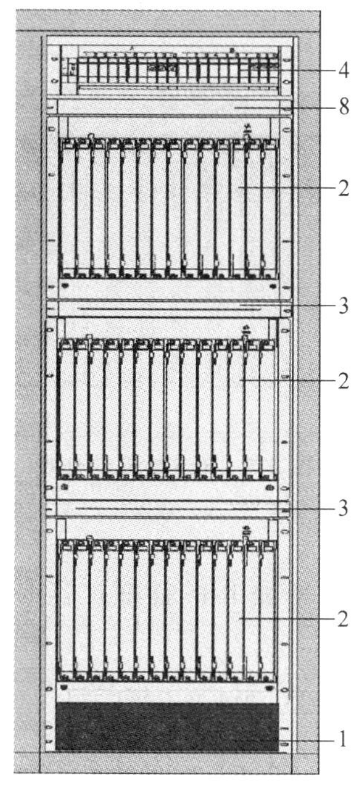

a) 前视图

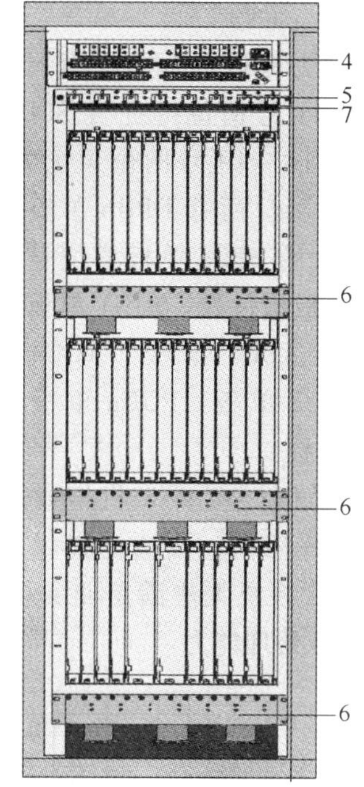

b) 后视图

图 3-3　RNC 机柜的配置

1—进风口　2—插框　3—围风框　4—配电盒　5—机柜内走线架

6—后走线槽　7—出风口　8—假面板

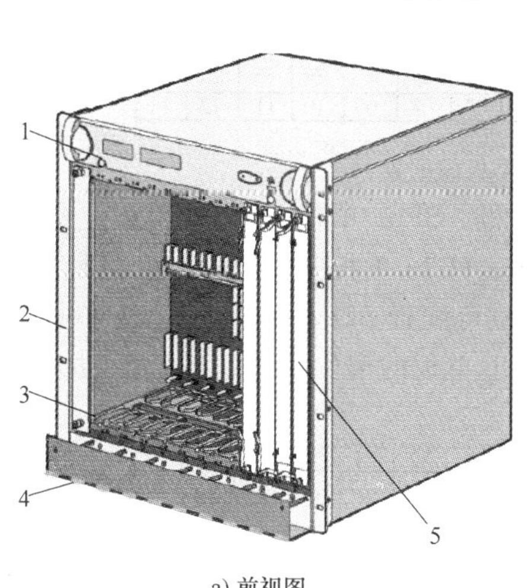

a) 前视图

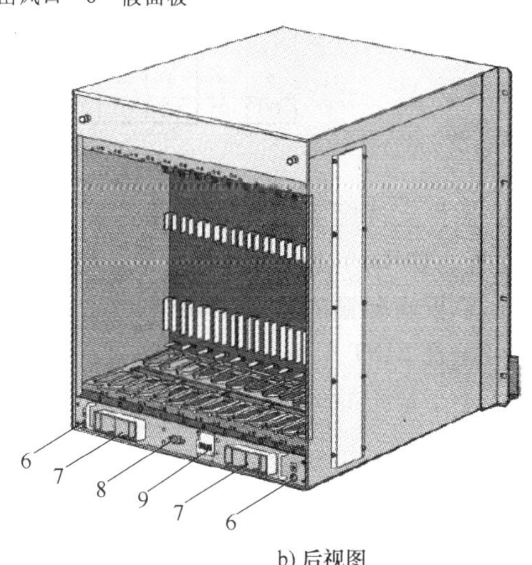

b) 后视图

图 3-4　RNC 的插框

1—风扇盒　2—安装挂耳　3—单板滑道　4—前走线槽　5—单板　6—接地螺钉

7—直流电源输入接口　8—配电盒监控信号输入接口　9—拨码开关

RSS 插框支持配置的单板类型包括 OMUa 单板、SCUa 单板、SPUa 单板、GCUa 单板、GCGa 单板、DPUb 单板、AEUa 单板、AOUa 单板、UOIa 单板、PEUa 单板、POUa 单板、FG2a 单板和 GOUa 单板。RSS 插框在配置单板时，同一侧的相邻两个偶奇槽位互为主备关系，如 0 号和 1 号槽位互为主备槽位，2 号和 3 号槽位互为主备槽位。主备模式工作的单板需占用主备槽位。

图 3-6 所示为 RSS 插框单板满配置的情况，其中，8～11 号槽位可配置 SPUa 单板或 DPUb 单板；14～19 号槽位可配置 RINT 单板或 DPUb 单板。所有 DPUb 单板的槽位号都应大于最大的 SPUa 单板槽位号，小于最小的 RINT 单板槽位号。RINT 单板（接口单板）指的是 AEUa 单板、AOUa 单板、UOIa 单板、PEUa 单板、POUa 单板、FG2a 单板和 GOUa 单板。

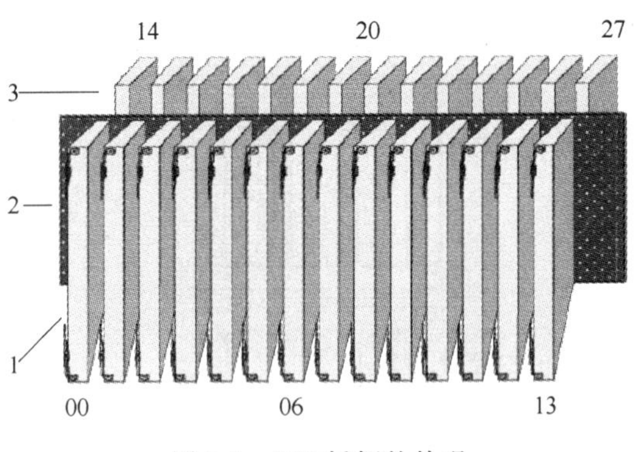

图 3-5　RSS 插框的外观

1—前插单板　2—背板　3—后插单板

（2）RBS 插框　在 RSR 机柜或者 RBR 机柜中选配 RBS 插框，该插框提供业务处理功能。当 RNC 系统无法满足业务增长的需求时，需要增加 RBS 插框扩容 RNC，以增加 RNC 系统的业务处理能力。

	14	15	16	17	18	19	20	21	22	23	24	25	26	27
后插单板	RINT/DPUb	RINT/DPUb	RINT/DPUb	RINT/DPUb	RINT/DPUb	RINT/DPUb	OMUa		OMUa		RINT	RINT	RINT	RINT
背板														
前插单板	SPUa	SPUa	SPUa	SPUa	SPUa	SPUa	SCUa	SCUa	SPUa/DPUb	SPUa/DPUb	SPUa/DPUb	SPUa/DPUb	SPUa/GCGa	SPUa/GCGa
	00	01	02	03	04	05	06	07	08	09	10	11	12	13

图 3-6　RSS 插框单板满配置

RBS 插框支持配置的单板类型包括 SCUa 单板、SPUa 单板、DPUb 单板、AEUa 单板、AOUa 单板、UOIa 单板、PEUa 单板、POUa 单板、FG2a 单板和 GOUa 单板。图 3-7 所示为 RBS 插框单板满配置的情况，其中，8～11 号槽位可配置 SPUa 单板或 DPUb 单板；14～19 号槽位可配置 RINT 单板或 DPUb 单板。所有 DPUb 单板的槽位号都应大于最大的 SPUa 单板槽位号，小于最小的 RINT 单板槽位号。

	14	15	16	17	18	19	20	21	22	23	24	25	26	27
后插单板	RINT/DPUb	RINT/DPUb	RINT/DPUb	RINT/DPUb	RINT/DPUb	RINT/DPUb	RINT	RINT	RINT	RINT	RINT	RINT	RINT	RINT
背板														
前插单板	SPUa	SPUa	SPUa	SPUa	SPUa	SPUa	SCUa	SCUa	SPUa/DPUb	SPUa/DPUb	SPUa/DPUb	SPUa/DPUb	DPUb	DPUb
	00	01	02	03	04	05	06	07	08	09	10	11	12	13

图 3-7　RBS 插框单板满配置

4. RNC 支持的单板

RNC 支持的单板包括 OMUa 单板、SCUa 单板、SPUa 单板、GCUa 单板、GCGa 单板、DPUb 单板、UOIa 单板、PEUa 单板、POUa 单板、FG2a 单板、GOUa 单板、PFCU 单板和 PAMU 单板。其中，PFCU 单板位于风扇盒中；PAMU 单板位于配电盒中；其他单板位于 RNC 插框中。同一插框中的所有单板相互兼容。下面简单介绍一下 RNC 各单板的配置原则和功能。

（1）GCUa/GCGa 单板　GCUa 为通用时钟单板 a 版本，GCGa 为通用时钟单板带星卡 a 版本。GCUa/GCGa 单板必配 2 块，固定配置在 RSS 插框中的 12、13 号槽位。该单板主要完成时钟功能，从外同步定时接口和线路同步信号中提取定时信号并进行处理，为整个系统提供定时信号并输出参考时钟。

（2）OMUa 单板　OMUa 为操作维护管理单板 a 版本。该单板可以配置 1 块或 2 块，固定配置在 RSS 插框中的 20、21 号或 22、23 号槽位。OMUa 单板宽度为其他单板的两倍，故每一块 OMUa 单板需要占用两个单板槽位。OMUa 单板作为 RNC 的后台处理模块（BAM），在 RNC 操作维护子系统中起着操作维护终端和 RNC 其他单板之间通信桥梁的作用。该单板主要为 RNC 提供了配置管理、性能管理、故障管理、安全管理和加载管理等功能，且为 LMT/M2000 用户提供了 RNC 的操作维护接口，实现 LMT/M2000 和 RNC 主机之间的通信控制。

（3）SPUa 单板　SPUa 为信令处理单板 a 版本，每个 RSS/RBS 插框必配 2 ~ 10 块，可以配置在 0 ~ 5，8 ~ 11 号槽位。通过加载不同的软件，SPUa 单板可分为主控 SPUa 单板和非主控 SPUa 单板。主控 SPUa 单板用于管理本框用户面和信令面的资源，完成信令处理功能；非主控 SPUa 单板只用于完成信令处理功能。

1）主控 SPUa 单板在每个 RSS/RBS 插框中必须且只能配置一块，一般配置在偶数槽位上。单板设置成功后，与所设置单板构成主备关系的 SPUa 单板将自动转为主控 SPUa 备用单板。主控 SPUa 单板内含 4 个逻辑子系统，其中 0 号子系统为 MPU 子系统，用于管理本框用户面资源、信令面资源和 DSP 状态管理；1、2、3 号子系统为 SPU 子系统，用于完成信令处理功能的功能分工，如图 3-8a 所示。

2）非主控 SPUa 单板内含 4 个逻辑子系统，均为 SPU 子系统，只完成信令处理功能，如图 3-8b 所示。

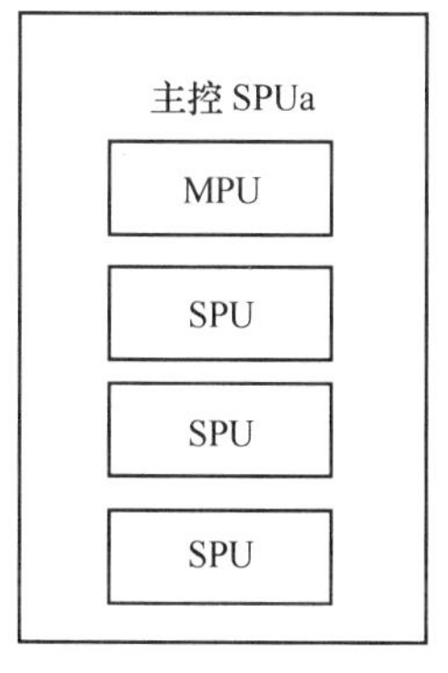

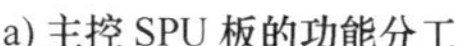

a) 主控 SPU 板的功能分工

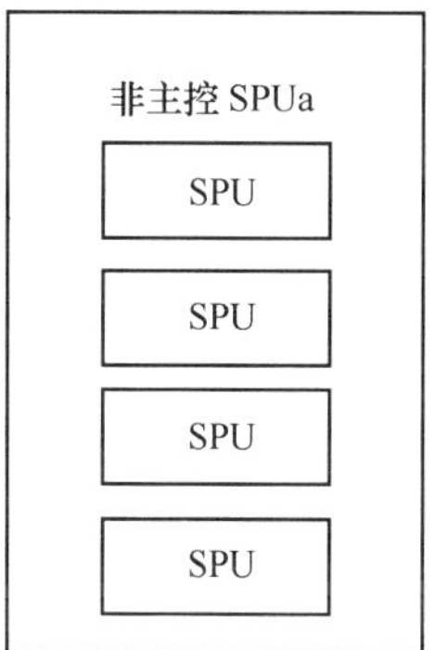

b) 非主控 SPU 板的功能分工

图 3-8　SPUa 板的功能分工

（4） SCUa 单板　SCUa 为 GE 交换和控制单板 a 版本，每个 RSS/RBS 插框固定配置 2 块，配置在 6、7 号槽位。该单板用于实现 RNC 内部交换，其中 RSS 插框的 SCUa 单板完成中心交换，RBS 插框的 SCUa 单板完成二级交换，从而实现 RNC 内部两级的 MAC 交换以及 RNC 内部各模块的全互联。

（5） DPUb 单板　DPUb 为数据处理单板 b 版本，RSS 插框必配 2 ~ 10 块，配置在 8 ~ 11 号、14 ~ 19 号槽位；RBS 插框必配 2 ~ 12 块，配置在 8 ~ 19 号槽位，槽位号都应大于 SPUa 单板的最大槽位号，小于 RINT 单板的最小槽位号。该单板用于完成用户面业务数据流的处理和分发。

（6） FG2a 单板　FG2a 为 8 路 FE 或 2 路 GE 自适应电接口板 a 版本，选配在 RSS 和 RBS 插框中，配置数目根据需要确定。在 RSS 插框中配置在 14 ~ 19 号、24 ~ 27 号槽位，在 RBS 插框中配置在 14 ~ 27 号槽位，槽位号都应大于最大的 DPUb 单板槽位号。该单板作为接口单板，可实现 IP over Ethernet 承载，提供 8 路 FE 端口或 2 路 GE 电接口、IP over FE/GE，支持 Iu-CS、Iu-PS、Iu-BC、Iur 和 Iub 接口。

（7） GOUa 单板　GOUa 为 2 路 Packet over GE 光接口板 a 版本，选配在 RSS 和 RBS 插框中，配置数目根据需要确定。在 RSS 插框中配置在 14 ~ 19、24 ~ 27 号槽位，在 RBS 插框中配置在 14 ~ 27 号槽位，槽位号都应大于最大的 DPUb 单板槽位号。该单板作为光接口单板，可实现 IP over Ethernet 传输方式，提供 2 路 GE 光接口、IP over GE，支持 Iu-CS、Iu-PS、Iu-BC、Iur 和 Iub 接口。

（8） PEUa 单板　PEUa 为 32 路 Packet over E1/T1/J1 接口板 a 版本，选配在 RSS 和 RBS 插框中，配置数目根据需要确定。在 RSS 插框中配置在 14 ~ 19 号、24 ~ 27 号槽位，在 RBS 插框中配置在 14 ~ 27 号槽位，槽位号都应大于最大的 DPUb 单板槽位号。该单板作为接口板，支持 IP over E1/T1/J1 传输方式。

（9） UOIa 单板　UOIa 为 4 路 ATM/IP over 非通道化 STM-1/OC-3c 接口板 a 版本，选配在 RSS 和 RBS 插框中，配置数目根据需要确定。在 RSS 插框中配置在 14 ~ 19 号、24 ~ 27 号槽位，在 RBS 插框中配置在 14 ~ 27 号槽位，槽位号应大于最大的 DPUb 单板槽位号。该单板作为光接口单板，通过加载不同的软件可分别支持 ATM 或 IP over 非通道化 STM-1/OC-3c 传输方式。

（10） POUa 单板　POUa 为 2 路 IP over 通道化 STM-1/OC-3 接口板 a 版本，选配在 RSS 和 RBS 插框中，配置数目根据需要确定。在 RSS 插框中配置在 14 ~ 19 号、24 ~ 27 号槽位，在 RBS 插框中配置在 14 ~ 27 号槽位，槽位号都应大于最大的 DPUb 单板槽位号。该单板作为接口板，支持 IP over 通道化 STM-1/OC-3 传输方式。

（11） PFCU 单板　PFCU 为风扇监控板，固定配置在风扇盒前部，每个风扇盒固定配置 1 块。该单板用于检测、报警与调节风扇盒的运行状态。

（12） PAMU 单板　PAMU 为配电监控板，配置在 RNC 配电盒内部，每个配电盒固定配置 1 块。该单板用于对配电盒运行状态以及外接开关量进行检测报警，并实现与 SCUa 单板通信。

3.1.2　操作维护子系统

操作维护子系统负责处理 RNC 的操作维护工作，为用户提供了对 RNC 进行日常和应急维护的相关操作。RNC 具有强大的操作维护功能，包括安全管理、日志管理、配置管理、性能管理、告警管理、消息跟踪、加载管理和升级管理等。通过 RNC 的操作维护软件，可以对 RNC 进行全方位的管理和维护。

1. RNC 操作维护子系统的组成

RNC 操作维护子系统由 LMT、OMUa 单板、SCUa 单板以及其他单板上的操作维护模块组成，如图 3-9 所示。

1）LMT 是带 Windows XP Professional 操作系统且安装有华为本地维护终端软件的计算机。该设备可通过 Hub 或直接与 RSS 插框内的 OMUa 单板连接，也可通过串口线和告警箱连接。

2）OMUa 单板是 RNC 操作维护系统的后台管理模块 BAM，通过网线与外部设备连接。RNC 通过 OMUa 单板将操作维护网络分为内网和外网，如图 3-9 所示。

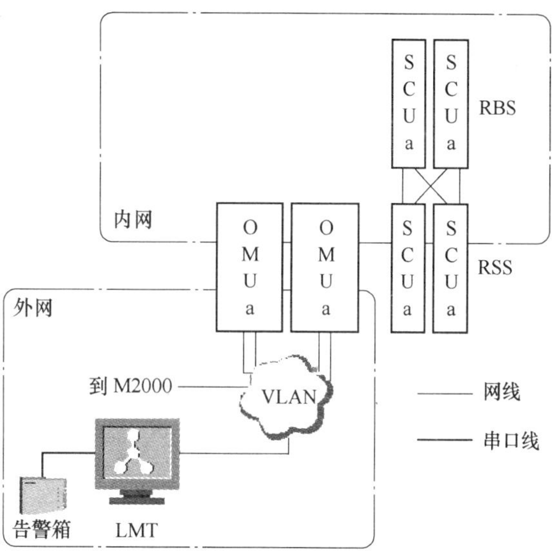

图 3-9　RNC 操作维护子系统的组成结构和物理连线

3）SCUa 单板是 RNC 的交换和控制单板，负责其所在的 RSS 插框或 RBS 插框的操作维护任务，可配置两块构成主备。该单板通过插框内的背板通道，实现对框内其他单板的操作维护。RSS 插框的 SCUa 单板通过网线与 RBS 插框的 SCUa 单板连接，如图 3-9 所示。

RNC 操作维护子系统通过 RNC 的操作维护网络进行工作，并以双平面方式工作，如图 3-10 所示。该网络划分为外网、内网、RSS 网络、RSS-RBS 网络和 RBS 网络。各网络的功能都不相同。

1）外网是 OMUa 单板和操作维护台（包括 LMT 或 M2000）所构成的网络。该网络提供了操作维护台接入操作维护子系统的接口。

2）内网是 OMUa 单板和 RSS 插框内的 SCUa 单板之间所构成的网络。该网络提供了 OMUa 单板和 RNC 主机通信的桥梁。

3）RSS 网络是 RSS 插框内的 SCUa 单板和框内其他单板之间所组成的操作维护网络。该网络使用 RSS 插框背板作为操作维护通道。

4）RSS-RBS 网络是 RSS 插框的 SCUa 单板和各个 RBS 插框的 SCUa 单板之间所组成的网络。该网络通过 RSS 插框 SCUa 单板与 RBS 插框 SCUa 单板的网线互联来构建。通过该网络，RNC 可以将操作维护信息通过 RSS 插框的 SCUa 单板发送到各 RBS 插框的 SCUa 单板上。

5）RBS 网络是 RBS 插框内的 SCUa 单板和框内其他单板之间所组成的操作维护网络。该网络使用 RBS 插框背板作为操作维护通道。

2. 操作维护子系统的工作原理

RNC 采用操作维护双平面的工作方式，可以防止由于单点故障而导致无法进行正常的

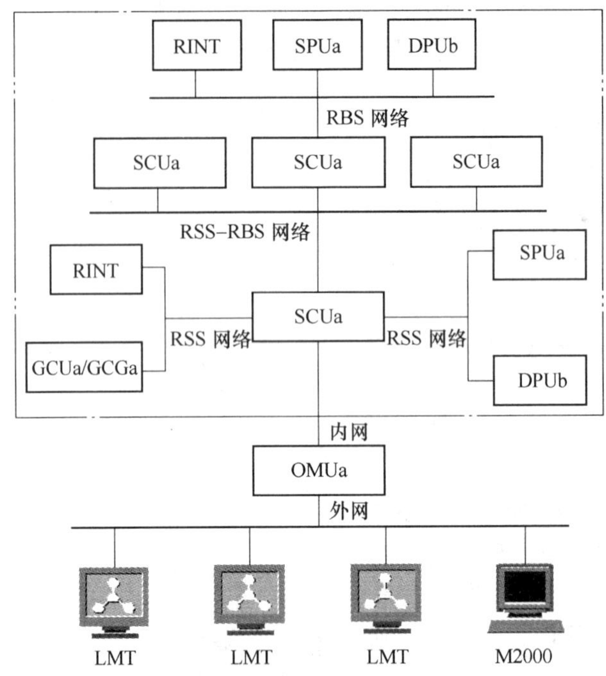

图 3-10　操作维护网络的结构

操作维护工作。RNC 的操作维护子系统采用双平面可靠性设计，如图 3-11 所示。

该设计通过使用主备硬件来实现，当主用部件故障，而备用部件工作正常的情况下，主备部件可以实现自动倒换，从而保证操作维护通道的正常工作。这些硬件包括主备 OMUa 单板（配置 2 块 OMUa 单板时）、RSS 插框主备 SCUa 单板和 RBS 插框主备 SCUa 单板。

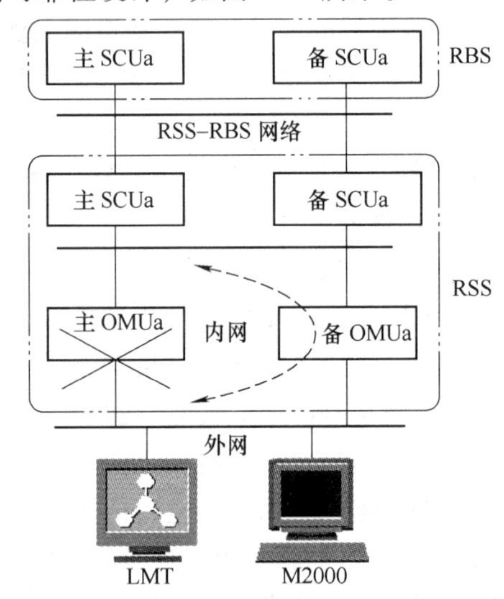

图 3-11　操作维护双平面

主备 OMUa 单板对外与 LMT/M2000 通信时，使用同一个虚拟外网 IP 地址；对内与 SCUa 单板通信时，使用同一个虚拟内网 IP 地址。当主用 OMUa 单板出现故障，而备用 OMUa 单板工作正常时，主备 OMUa 单板会发生自动倒换，备用 OMUa 单板接替故障的主用 OMUa 单板承担操作维护任务，进行内网和外网通信的 IP 地址保持不变，保证了 RNC 内网和外网之间的正常通信。

3. RNC 操作维护组网

RNC 操作维护组网可以为 RNC 和 Node B 提供操作维护服务，如图 3-12 所示。RNC 和 Node B 可以使用 LMT 进行近端维护，也可以通过操作维护网络进行远程维护。RNC 与 Node B 之间可以配置操作维护通道。通过此操作维护通道，用户可以在 NMS（Network Management System）、M2000　或 Node B LMT 上对 Node B 进行远程维护。

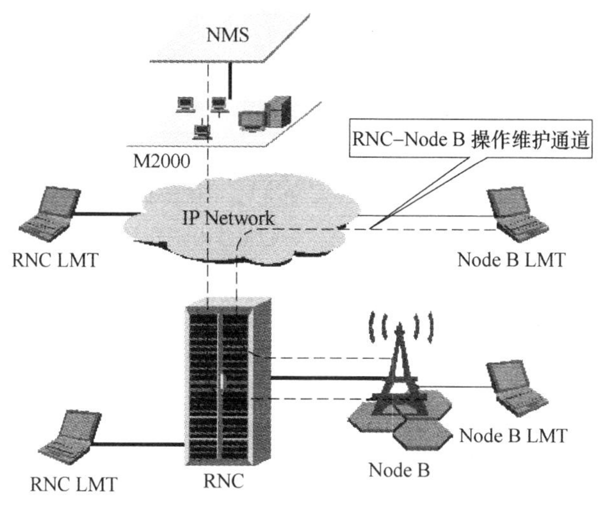

图 3-12 RNC 操作维护组网

➢ 技能能力

3.1.3 工作任务描述

1）学习使用讯方 e-Bridge 通信实验平台仿真软件。

2）利用仿真软件，以 O1 站型为例完成 RNC 侧数据配置。

3.1.4 工具、仪器及软件

所需工具、仪器及软件有计算机、讯方 e-Bridge 通信实验平台仿真软件等。

3.1.5 操作步骤

1. RNC 侧数据配置

RNC 初始安装后，根据自身硬件设备、网络规划以及与其他设备协商等方面进行数据配置，将配置完成后生成的数据文件加载到 RNC 前台，从而可以使系统正常工作。这里使用由深圳讯方电子有限公司开发的“讯方 e-Bridge 通信实验平台仿真软件”来模拟系统的调测。图 3-13 所示为该软件中 RNC 侧数据配置的流程图。

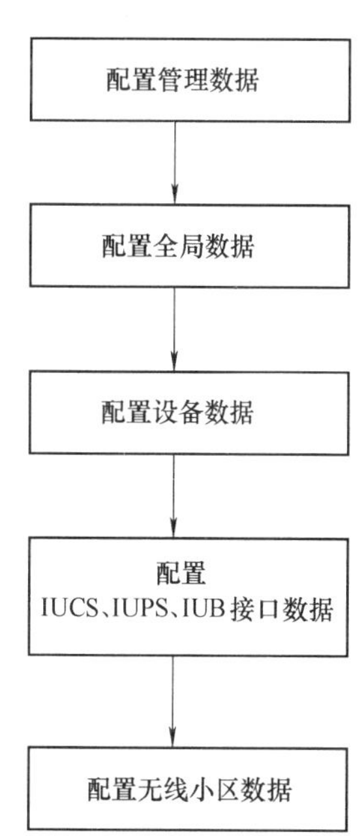

图 3-13 RNC 侧数据配置的流程图

（1）配置管理数据　管理数据中包括清空数据、离线控制命令、格式化数据以及复位 RNC 系统 4 项。其中，清空数据是将以前的配置数据清除掉；离线控制命令是将 RNC 所有插框的数据配置状态切换到离线状态，因此该命令中的“框号”选择“ALL”；格式化数据是在数据配置完成后将配置的数据脚本转换成机器语言；复位 RNC 系统是将配置好的数据脚本进行加载。

（2）配置全局数据　RNC 全局数据脚本包括 RNC 运

营商标识、本局基本信息、RNC 源信令点数据、全局位置信息和时钟信息。RNC 全局数据配置见表 3-3。

表 3-3　RNC 全局数据配置

配　置　项	配 置 参 数	配 置 说 明
增加 RNC 运营商标识	运营商索引	在 0 ~ 3 中任意选择，但此数据是全局统一的，如“0”
	运营商名称	可根据具体情况选择，如“联通”
	主运营商标识	选择“YES”
	移动国家码（MCC）	查协商数据表 MCC
	移动网络码（MNC）	查协商数据表 MNC
增加本局基本信息	RNC 标识	查协商数据表 RNC ID
	是否支持网络共享	选择“NO”
	是否支持跨运营商切换	选择“NO”
增加源信令点	网络标识	查协商数据表，如选择“NATB”（国内备用网编码）
	源信令点编码位数	查协商数据表，如选择“BIT14”（表示 14 位）
	源信令点编码（SPC）	查协商数据表 SPC
	源 ATM 地址	查协商数据表 ATM
	源信令点名称	1 ~ 31 个字符，可随意命名，如“RNC15”
增加位置区（LAC）	运营商索引	全局统一编号，根据前面可知为“0”
	位置区码	查协商数据表 LAC
	PLMN 标签最小值	参数取值范围为 1 ~ 256，可由运营商来定义，如“1”
	PLMN 标签最大值	参数取值范围为 1 ~ 256，可由运营商来定义，如“10”
增加路由区（RAC）	运营商索引	全局统一编号，根据前面可知为“0”
	位置区码	查协商数据表 LAC
	路由区码	查协商数据表 RAC
	PLMN 标签最小值	参数取值范围为 1 ~ 256，可由运营商来定义，如“11”
	PLMN 标签最大值	参数取值范围为 1 ~ 256，可由运营商来定义，如“20”
增加服务区（SAC）	运营商索引	全局统一编号，根据前面可知为“0”
	位置区码	查协商数据表 LAC
	服务区码	查协商数据表 SAC
增加 UTRA 注册区	URA 标识	查协商数据表 URA ID
	运营商索引	全局统一编号，根据前面可知为“0”
增加 M3UA 本地实体	本地实体号	在 0、1 中任意选择，但此数据是全局统一的，如“0”
	本地实体类型	本实验系统中是基于 IP 传输的，所以选择“M3UA_IPSP”
	本地实体名称	可随意命名，如“huawei”
增加时钟源	时钟源等级	参数取值范围为 1 ~ 4，选择“3”（较低优先级）
	时钟源类型	选择“8kHz”
设置时钟工作模式	系统时钟工作模式	选择“AUTO”（自动）
设置时钟板类型	时钟板类型	选择“GCU”
设置时区和夏令时的信息	时区	选择中国的时区“GMT +08：00”
	是否有夏令时	选择“NO”

（3）配置设备数据　RNC 设备数据包括设置 RNC 系统信息和单板。其中，RNC 系统信息中设置的是 RNC 基本设备属性，主要包括系统描述、系统标识、系统的位置和系统业务，这里可根据实际情况对这些参数进行设置；单板的增加也可根据实际需要来设置。例如，将 RNC 面板上的 14～17 槽换成接口板 FG2 板。

（4）配置 IUCS 接口数据　IUCS 接口数据包括以太网端口属性和 IP 地址的设置、SCTP 信令链路的设置、目的信令点的增加、M3UA 目的实体的增加、M3UA 链路/链路集的增加、M3UA 路由的增加、传输邻节点的增加、CN 域的增加、CN 节点的增加、传输资源的映射、激活因子表、邻节点的映射、端口控制器的增加和 IP Path 的增加。IUCS 接口数据配置见表 3-4。

表 3-4　IUCS 接口数据配置

配　置　项	配 置 参 数	配 置 说 明
设置以太网端口属性	框号	只配置了 1 个 RSS 框，所以选择“0”
	槽位号	该端口位于接口板上，这里选择 14 槽
	单板类型	根据 14 槽设置的单板可知为 FG2 板
	端口类型	选择 FE 端口
	端口号	选择 0 号端口
添加以太网端口 IP 地址	框号	同前项，选择“0”
	槽位号	同前项，选择“14”
	端口号	同前项，选择“0”
	IP 地址类型	选择“PRIMARY”
	本段 IP 地址	查协商数据表 Local IP Address
	子网掩码	查协商数据表 Subnetwork Mask
增加 SCTP 信令链路	框号	选择“0”
	SPU 槽号	根据 RNC 面板可知 SPU 板位于 0 槽
	SPU 子系统号	此值不能与 SPU 槽号相同，选择“1”
	SCTP 链路号	第一条链路设为“0”
	工作模式	选择“CLIENT”
	应用类型	选择“M3UA”
	本端第一个 IP 地址	查协商数据表 Primary Local IP（SCTP）
	本端 SCTP 端口号	查协商数据表 Local SCTP Port N
	对端第一个 IP 地址	查协商数据表 Primary Destination IP（SCTP）
	对端 SCTP 端口号	查协商数据表 Destination SCTP Port N
增加目的信令点	目的信令点名称	参数取值范围为 1～31 个字符，可自定义
	目的信令点类型	选择“IUCS”
	目的信令点承载类型	选择“M3UA”
增加 M3UA 目的实体	目的实体号	取值范围为 0～118，可以从头设置为 0
	本地实体号	与全局数据中的一致，为 0
	目的信令点索引	取值范围为 0～118，可以从头设置为 0
	目的实体类型	选择 M3UA_IPSP
	目的实体名称	取值范围为 1～31 个字符，可自定义

（续）

配　置　项	配置参数	配置说明
增加 M3UA 链路集	信令链路集索引	取值范围为 0～118，可以从头设置为 0
	目的实体号	与前面设置的一致，为 0
	信令链路掩码	选择“B0000”
	链路集的工作模式	选择“M3UA_IPSP”
	M3UA 链路集名称	取值范围为 1～31 个字符，可自定义
增加 M3UA 链路	信令链路集索引	与前面一致，为 0
	信令链路标识	取值范围为 0～63，可以从头设置为 0
	控制 SPU 框号	与前面一致，为 0
	控制 SPU 槽号	与前面一致，为 0
	控制 SPU 子系统号	与前面一致，为 1
	SCTP 链路号	与前面一致，为 0
	M3UA 链路名称	取值范围为 1～31 个字符，可自定义
增加 M3UA 路由	目的实体号	与前面一致，为 0
	M3UA 链路集索引	与前面一致，为 0
	M3UA 路由名称	取值范围为 1～31 个字符，可自定义
增加传输邻节点	邻节点标识	取值范围为 0～1999，可以从头设置为 0
	邻节点名称	取值范围为 1～31 个字符，可自定义
	节点类型	选择“IUCS”
	目的信令点索引	与前面一致，为 0
	传输类型	选择“IP”
增加 CN 域	CN 域标识	选择“CS_DOMAIN”（CS 域）
增加 CN 节点	运营商索引	与全局数据中一致，为 0
	CN 节点标识	参数取值范围为 0～4095，可以从头设置为 0
	CN 域标识	CS_DOMAIN（CS 域）
	目的信令点索引	与前面一致，为 0
	CN 协议版本	选择“R6”
	CN 节点的状态	设置为“NORMAL”
	CN 节点的容量	参数取值范围为 0～65535，设为 65535
	IU 接口传输类型	选择“IP_TRANS”（IP 传输）
	RTCP 开关	选择“OFF”
增加传输资源的映射	TRMMAP ID	全局参数，取值范围为 0～63，可以从头设置为 0
	接口类型	选择“IUB_IUR_IUCS”
	传输类型	选择“IP”
增加激活因子表	激活因子表索引	取值范围为 0～31，可以从头设置为 0，后面网元中的不能重复设置
	用途描述	取值范围为 1～31 个字符，可自定义

（续）

配 置 项	配 置 参 数	配 置 说 明
增加邻节点的映射	邻节点标识	与前面一致，为0
	资源管理模式	选择“SHARE”
	金（银、铜）牌用户 TRM-MAP索引	均设为0
	激活因子表索引	与前面一致，为0
增加端口控制器	框号	与前面一致，为0
	槽号	与前面一致，为14
	控制器端口类型	选择“ETHER”
	以太网端口号	与前面一致，为0
	控制SPU槽位号	与前面一致，为0
	控制SPU子系统	与前面一致，为1
增加IP Path	邻节点标识	与前面一致，为0
	IP PATH标识	取值范围为0～65535，可设置为0，若建立多条，则IP PATH标识不能重复
	PATH类型	CS域中主要是实时业务，选择“RT”
	本端IP地址	查协商数据表应用层的Local IP Address
	对端IP地址	查协商数据表应用层的Peer IP Address
	发送/接收带宽/kbit·s^{-1}	查协商数据表的Forward/Backward Bandwidth
	承载类型	选择“NULL”

（5）配置IUPS接口数据 IUPS接口数据包括以太网端口属性和IP地址的设置、SCTP信令链路的设置、目的信令点的增加、M3UA目的实体的增加、M3UA链路/链路集的增加、M3UA路由的增加、传输邻节点的增加、CN域的增加、CN节点的增加、传输资源的映射、激活因子表、邻节点的映射、端口控制器的增加、IP Path的增加和IP路由的增加。IUPS接口数据配置见表3-5。

表3-5 IUPS接口数据配置

配 置 项	配 置 参 数	配 置 说 明
设置以太网端口属性	框号	与前面一致，为0
	槽位号	该端口位于接口板上，这里选择14槽
	单板类型	根据14槽设置的单板可知为FG2板
	端口类型	选择FE端口
	端口号	不能与CS域使用同一个端口，可在1～7中任意选择，如选择4端口
添加以太网端口IP地址	框号	同前项，选择“0”
	槽位号	同前项，选择“14”
	端口号	同前项，选择“4”
	IP地址类型	选择“PRIMARY”

（续）

配　置　项	配 置 参 数	配 置 说 明
添加以太网端口 IP 地址	本段 IP 地址	查协商数据表 Local IP Address
	子网掩码	查协商数据表 Subnetwork Mask
增加 SCTP 信令链路	框号	选择“0”
	SPU 槽号	根据 RNC 面板可知 SPU 板位于 0 槽
	SPU 子系统号	此值不能与 CS 域的相同，选择 2
	SCTP 链路号	第一条链路设为 0
	工作模式	选择“CLIENT”
	应用类型	选择“M3UA”
	本端第一个 IP 地址	查协商数据表 Primary Local IP（SCTP）
	本端 SCTP 端口号	查协商数据表 Local SCTP Port N
	对端第一个 IP 地址	查协商数据表 Primary Destination IP（SCTP）
	对端 SCTP 端口号	查协商数据表 Destination SCTP Port N
增加目的信令点	目的信令点名称	参数取值范围为 1 ~ 31 个字符，可自定义
	目的信令点类型	选择“IUPS”
	目的信令点承载类型	选择“M3UA”
增加 M3UA 目的实体	目的实体号	取值范围为 0 ~ 118，不能与 CS 域相同，设为 1
	本地实体号	与全局数据中的一致，为 0
	目的信令点索引	取值范围为 0 ~ 118，不能与 CS 域相同，设为 1
	目的实体类型	选择“M3UA_IPSP”
	目的实体名称	取值范围为 1 ~ 31 个字符，可自定义
增加 M3UA 链路集	信令链路集索引	取值范围为 0 ~ 118，不能与 CS 域相同，设为 1
	目的实体号	与前面设置的一致，为 1
	信令链路掩码	选择“B0000”
	链路集的工作模式	选择“M3UA_IPSP”
	M3UA 链路集名称	取值范围为 1 ~ 31 个字符，可自定义
增加 M3UA 链路	信令链路集索引	与前面一致，为 1
	信令链路标识	取值范围为 0 ~ 63，可以从头设置为 0
	控制 SPU 框号	与前面一致，为 0
	控制 SPU 槽号	与前面一致，为 0
	控制 SPU 子系统号	与前面一致，为 2
	SCTP 链路号	与前面一致，为 0
	M3UA 链路名称	取值范围为 1 ~ 31 个字符，可自定义
增加 M3UA 路由	目的实体号	与前面一致，为 1
	M3UA 链路集索引	与前面一致，为 1
	M3UA 路由名称	取值范围为 1 ~ 31 个字符，可自定义

（续）

配　置　项	配置参数	配置说明
增加传输邻节点	邻节点标识	取值范围为0～1999，不能与CS域相同，设为1
	邻节点名称	取值范围为1～31个字符，可自定义
	节点类型	选择“IUPS”
	目的信令点索引	与前面一致，为1
	传输类型	选择“IP”
增加CN域	CN域标识	选择“PS_DOMAIN”（PS域）
增加CN节点	运营商索引	与全局数据中一致，为0
	CN节点标识	参数取值范围为0～4095，不能与CS域相同，设为1
	CN域标识	PS_DOMAIN（CS域）
	目的信令点索引	与前面一致，为1
	CN协议版本	选择“R6”
	CN节点的状态	设置为“NORMAL”
	CN节点的容量	参数取值范围为0～65535，设为65535
	IU接口传输类型	IP_TRANS（IP传输）
	RTCP开关	选择“OFF”
增加传输资源的映射	TRMMAP ID	取值范围为0～63，不能与CS域相同，设为1
	接口类型	选择“IUPS”
	传输类型	选择“IP”
增加激活因子表	激活因子表索引	取值范围为0～31，不能与CS域相同，设为1
	用途描述	取值范围为1～31个字符，可自定义
增加邻节点的映射	邻节点标识	与前面一致，为1
	资源管理模式	选择“SHARE”
	金（银、铜）牌用户TRMMAP索引	均设为1
	激活因子表索引	与前面一致，为1
增加端口控制器	框号	与前面一致，为0
	槽号	与前面一致，为14
	控制器端口类型	选择“ETHER”
	以太网端口号	与前面一致，为4
	控制SPU槽位号	与前面一致，为0
	控制SPU子系统	与前面一致，为2
增加IP Path	邻节点标识	与前面一致，为1
	IP PATH标识	取值范围为0～65535，可设置为0，若建立多条，则IP PATH标识不能重复
	PATH类型	PS域中有RT和NRT两种业务
	本端IP地址	查协商数据表应用层的Local IP Address
	对端IP地址	查协商数据表应用层的Peer IP Address

（续）

配置项	配置参数	配置说明
增加 IP Path	发送/接收带宽/kbit · s^{-1}	查协商数据表的 Forward/Backward Bandwidth
	承载类型	选择"NULL"
增加 IP 路由	框号	与前面一致，为 0
	槽号	与前面一致，为 14
	目的 IP 地址	查协商数据表
	下一跳	查协商数据表 Next Hop for Accessing RNC IP
	优先级	设为"HIGH"
	路由用途描述	取值范围为 1～31 个字符，可自定义

（6）配置 IUB 接口数据　IUB 接口数据包括以太网端口属性和 IP 地址的设置、SCTP 信令链路的设置、增加 Node B、增加 Node B 算法参数、增加 Node B 负载重整算法、增加 NCP、增加 CCP、传输邻节点的增加、增加激活因子表、邻节点的映射、端口控制器的增加、IP Path 的增加和增加 Node B IP 地址。IUB 接口数据配置见表 3-6。

表 3-6　IUB 接口数据配置

配置项	配置参数	配置说明
设置以太网端口属性	框号	与前面一致，为 0
	槽位号	该端口位于接口板上，这里选择 16 槽
	单板类型	根据 14 槽设置的单板可知为 FG2 板
	端口类型	选择 FE 端口
	端口号	不能与 CS 和 PS 域的使用同一块板子的同一个端口，这里选择了 16 槽板子的 0 号端口
添加以太网端口 IP 地址	框号	同前项，选择"0"
	槽位号	同前项，选择"16"
	端口号	同前项，选择"0"
	IP 地址类型	选择"PRIMARY"
	本段 IP 地址	查协商数据表 Local IP Address
	子网掩码	查协商数据表 Subnetwork Mask
增加 SCTP 信令链路	框号	选择"0"
	SPU 槽号	根据 RNC 面板可知 SPU 板位于 0 槽
	SPU 子系统号	此值不能与 CS 域和 PS 域的相同，选择 3
	SCTP 链路号	第一条链路设为 0，其他链路号不能相同
	工作模式	选择"SERVER"
	应用类型	选择"M3UA"
	本端第一个 IP 地址	查协商数据表 Primary Local IP（SCTP）
	本端 SCTP 端口号	查协商数据表 Local SCTP Port N
	对端第一个 IP 地址	查协商数据表 Primary Destination IP（SCTP）
	对端 SCTP 端口号	查协商数据表 Destination SCTP Port N

（续）

配　置　项	配 置 参 数	配 置 说 明
增加 Node B	Node B 名称	参数取值范围为 1～31 个字符，建议根据 Node B 的地理位置取名，如 DBS3900
	Node B 标识	参数取值范围为 0～65535，可以从 0 开始
	框号	同前项，为 0
	槽位号	同前项，为 0
	子系统号	同前项，为 3
	IUB 接口传输类型	选择“IP_TRANS”（IP 传输）
	分路传输提示	选择“NOT_SUPPORT”（不支持）
	共享与否	选择“NON_SHARED”（不共享）
	运营商索引	与全局数据一致，为 0
增加 Node B 算法参数	Node B 名称	与前面一致，为 DBS3900
增加 Node B 负载重整算法	Node B 名称	与前面一致，为 DBS3900
增加 NCP	Node B 名称	与前面一致，为 DBS3900
	承载链路类型	选择“SCTP”
	SCTP 链路号	与前面的第一条 SCTP 链路号对应，为 0
增加 CCP	Node B 名称	与前面一致，为 DBS3900
	端口号	选择“0”
	承载链路类型	选择“SCTP”
	SCTP 链路号	不能与 NCP 重复，因此选择 1
增加传输邻节点	邻节点标识	不能与 CS 和 PS 域相同，设为 2
	邻节点名称	取值范围为 1～31 个字符，可自定义
	节点类型	选择“IUB”
	Node B 标识	与前面一致，为 0
	传输类型	选择“IP”
增加激活因子表	激活因子表索引	取值范围为 0～31，不能与 CS 和 PS 域相同，设为 2
	用途描述	取值范围为 1～31 个字符，可自定义
增加邻节点的映射	邻节点标识	与前面一致，为 2
	资源管理模式	选择“SHARE”
	金（银、铜）牌用户 TRM-MAP 索引	均设为 0
	激活因子表索引	与前面一致，为 2
增加端口控制器	框号	与前面一致，为 0
	槽号	与前面一致，为 16
	控制器端口类型	选择“ETHER”
	以太网端口号	与前面一致，为 0

（续）

配　置　项	配置参数	配置说明
增加端口控制器	控制 SPU 槽位号	与前面一致，为 0
	控制 SPU 子系统	与前面一致，为 3
增加 IP Path	邻节点标识	与前面一致，为 2
	IP PATH 标识	取值范围为 0～65535，可设置为 0，若建立多条，则 IP PATH 标识不能重复
	PATH 类型	NCP 对应 HQ_RT；CCP 对应 HQ_NRT
	本端 IP 地址	查协商数据表应用层的 Local IP Address
	对端 IP 地址	查协商数据表应用层的 Peer IP Address
	发送/接收带宽/kbit · s^{-1}	查协商数据表的 Forward/Backward Bandwidth
	承载类型	选择“NULL”
增加 Node B IP 地址	Node B 标识	与前面一致，为 0
	Node B 传输类型	选择“IPTRANS_IP”
	IP 传输地址	查协商数据表 Node B OM IP Address
	IP 传输承载的框号	与前面一致，为 0
	IP 传输承载的槽号	与前面一致，为 16
	IP 下一跳地址	此地址为 RNC 的 IP 地址

（7）配置无线小区数据　无线小区数据包括增加本地小区、新增一个业务优先级映射、快速小区建立和激活小区。无线小区数据配置见表 3-7。

表 3-7　无线小区数据配置

配　置　项	配置参数	配置说明
增加本地小区	Node B 名称	与前面一致，为 DBS3900
	本地小区标识	查协商数据表 Local CELL ID
新增一个业务优先级映射	网络层次标识	选择“0”
快速小区建立	小区标识	参数取值范围为 0～65535，可从 0 开始设置
	小区名称	参数取值范围为 1～31 个字符，可自定义
	运营商索引	与前面一致，为 0
	频段指示	选择“Band1”（频段 1）
激活小区	上行频点号	Band1（频段 1）的范围是（9612，9888），如设为 9612
	下行频点号	Band1（频段 1）的范围是（10562，10838），如设为 10562
	主下行扰码	参数取值范围为 0～511，不同的小区选择不同的主扰码，如设为 0
	时间偏移参数［chip］	查协商数据表
	位置区码	查协商数据表 LAC
	服务区码	查协商数据表 SAC
	RAC 配置指示	选择“REQUIRE”（配置 RAC）

（续）

配 置 项	配 置 参 数	配 置 说 明
激活小区	路由区码	查协商数据表 RAC
	小区网络层次的序号	与前面一致，为 0
	URA 个数选择	选择 “D1”
	URA 标识	查协商数据表 URA
	Node B 名称	与前面一致，为 DBS3900
	本地小区标识	与前面一致
	PCPICH 发射功率	查协商数据表 Max Transmit Power of Cell

2. 配置要点

1）在增加全局位置信息时，位置区的 PLMN 标签值设置与路由区的标签值设置不能重叠，但两者的 “PLMN 标签最大值- PLMN 标签最小值” 要相等。

2）配置中选择的传输类型是 IP 传输。

3）在 IUPS 接口数据中的 “IP 路由配置” 项中需增加两条 IP 地址：一条用于 SCTP 链路；一条用于 IP Path。

4）IUB 接口数据中的 “增加 Node B IP 地址” 项中的 “Node B IP 地址” 指的是对 Node B 的操作维护 IP 地址的设置。这里使用的是在 RNC 侧对 Node B 进行维护，所以其中的 “IP 传输地址” 指的是 RNC 侧给 Node B 配的操作维护地址，“下一跳地址” 指的是 RNC 的 IP 地址。

5）在无线小区配置中的 “快速小区的建立” 项中，建立小区的数目应由选择的站型而定。如果是 O1 站型，只用配置一个小区；如果是 S1/1/1 站型，则需要配置 3 个同频小区；如果是 S2/2/2 站型，则需要配置 3 个扇区，每个扇区配置 2 个异频的小区，共配置 6 个小区。

3.1.6　任务单

任　务　单

任务名称	RNC 的调测	学时		班级	
学生姓名		学生学号		任务成绩	
实训材料与仪表	参阅 3.1.4 节	实训场地		日期	
工作任务	以 O1 站型为例，完成 RNC 侧数据配置				
任务目的	1）掌握 RNC 的物理结构和操作维护的原理。 2）了解调测中 RNC 的主要配置项。 3）会用仿真软件正确完成 RNC 的配置。				
（一）资讯					
资讯引导： 1）RNC 的物理结构和操作维护系统的组成与原理。 2）O1 站型 RNC 侧的数据配置要点。 3）演示相关操作，分析重点和难点。 4）下发任务单，安排各组具体工作任务，并对工作任务作简要说明。 5）与学生开展讨论，并答疑。					

（续）

（二）决策与计划
（三）实施
（四）检查（评价）

3.1.7　考核标准

考 核 标 准

序号	工作过程	主要内容	评分标准	配分	学生（自评）		教师	
					扣分	得分	扣分	得分
1	资讯（10 分）	任务相关知识查找	查找相关知识，该任务知识掌握度达到 60%，扣 5 分	10				
			查找相关知识，该任务知识掌握度达到 80%，扣 2 分					
			查找相关知识，该任务知识掌握度达到 90%，扣 1 分					
2	决策、计划（10 分）	确定方案编写计划	制订整体设计方案，在实施过程中修改一次，扣 2 分	10				
			制订实施方法，在实施过程中修改一次，扣 2 分					
3	实施（10 分）	记录实施过程步骤	实施过程中，步骤记录不完整度达到 10%，扣 2 分	10				
			实施过程中，步骤记录不完整度达到 20%，扣 3 分					
			实施过程中，步骤记录不完整度达到 40%，扣 5 分					
4	检查、评价（60 分）	全局数据配置	位置区与路由区的 PLMN 设置不正确，扣 5 分	10				
			时钟参数设置不正确，扣 5 分					
		设备数据配置	单板增加不正确，扣 5 分	5				

（续）

序号	工作过程	主要内容	评分标准	配分	学生（自评）		教师	
					扣分	得分	扣分	得分
4	检查、评价（60 分）	接口数据配置	IUCS 接口数据配置不正确，扣 10 分	30				
			IUPS 接口数据配置不正确，扣 10 分					
			IUB 接口数据配置不正确，扣 10 分					
		小区数据配置	小区建立数目不正确，扣 5 分	15				
			小区参数设置不正确，扣 5 分					
			小区没有全部激活，扣 5 分					
5	职业规范、团队合作（10 分）	安全文明生产	违反安全文明操作规程，扣 3 分	3				
		组织协调与合作	团队合作较差，小组不能配合完成任务，扣 3 分	3				
		交流与表达能力	不能用专业语言正确流利地简述任务成果，扣 4 分	4				
合计				100				
学生自评总结								
教师评语								
学生签字	年　月　日			教师签字	年　月　日			

3.1.8　知识能力测试

1）查阅相关资料，得出 O1、S1/1/1、S/2/2/2 站型的定义。

2）简述 RNC 对 Node B 操作维护的基本原理。

3）以 S2/2/2 站型为例，简述配置要点。

任务 3.2　Node B 的调测

教 学 目 的

知识能力：熟悉 DBS3900 的物理结构和逻辑结构。

技能能力：掌握 Node B 数据配置方法和系统调测方法。

社会能力：培养学生分析问题、解决问题的能力。培养学生的沟通能力及团队协作精神。

➢ 知识能力

DBS3900 是华为第 4 代 WCDMA 分布式基站，采用业界技术领先的多形态统一模块设计，具有体积小、容量大、功耗低、易于快速部署等特点。该系统主要包括 BBU3900、RRU3804 和天馈系统，如图 3-14 所示。各功能模块可灵活组合，以满足不同场景下的无线覆盖要求。

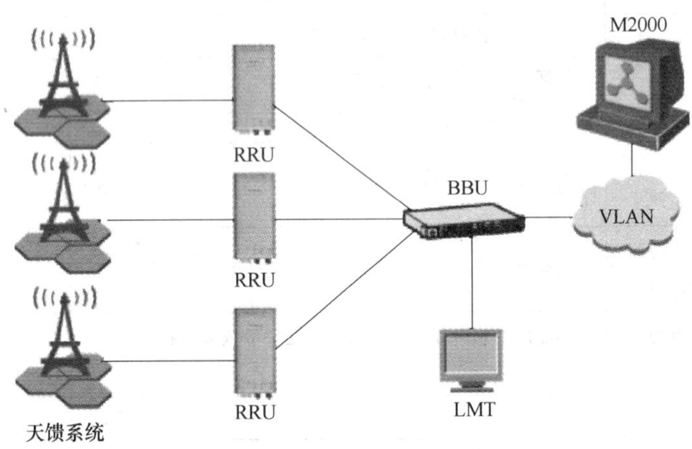

图 3-14　DBS3900 的系统组成

3.2.1　DBS3900 和 RRU3804 的硬件结构

1. BBU3900 的硬件结构

BBU3900 设备是基带处理单元，能够提供与 RNC 通信的物理接口，完成 Node B 与 RNC 之间的信息交互；提供与 RRU/RFU 通信的 CPRI 接口；提供 USB 接口，自动对 Node B 软件升级；提供与 LMT（或 M2000）连接的维护通道；提供系统时钟；完成上下行数据处理功能；集中管理整个 Node B 系统（包括操作维护和信令处理）。

（1）BBU3900 的外形　BBU3900 是一个约为 19in 宽、88.9mm 高的小型化盒式设备，如图 3-15 所示。该设备可安装在任何具有 19in 宽、88.9mm 高的室内环境或有防护功能的室外机柜中。

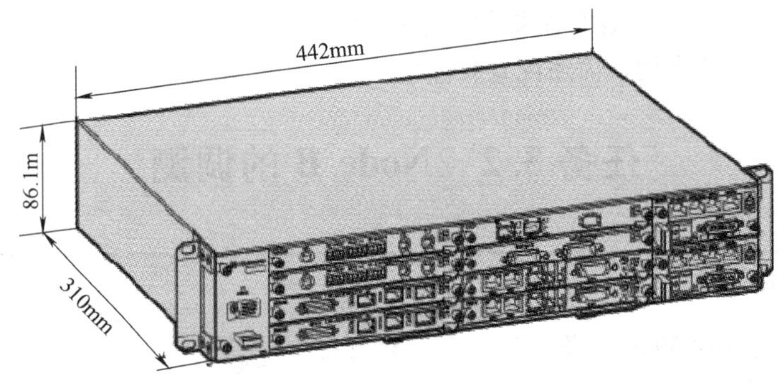

图 3-15　BBU3900 的外形

（2）BBU3900 单板的配置　BBU3900 中分为不同的槽位，如图 3-16 所示。不同的槽位中插入不同的单板，其中 BBU3900 单板的配置原则见表 3-8。图 3-17 所示为 BBU3900 典型配置。

<table>
<tr><td rowspan="4">FAN</td><td>Slot0</td><td>Slot4</td><td rowspan="2">PWR1</td></tr>
<tr><td>Slot1</td><td>Slot5</td></tr>
<tr><td>Slot2</td><td>Slot6</td><td rowspan="2">PWR2</td></tr>
<tr><td>Slot3</td><td>Slot7</td></tr>
</table>

图 3-16　BBU3900 槽位

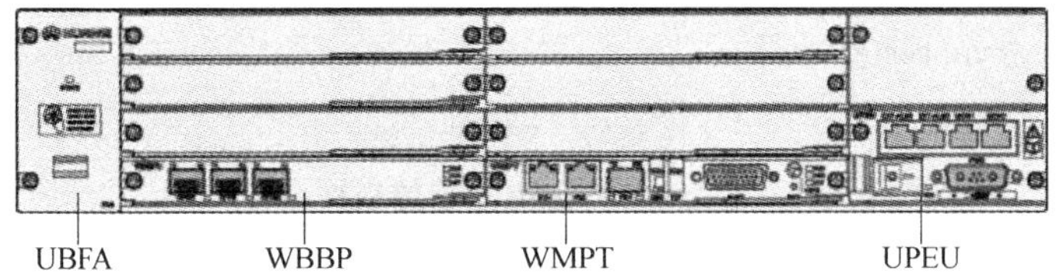

图 3-17　BBU3900 典型配置

表 3-8　BBU3900 单板的配置原则

单板名称	选配/必配	最大配置数	安装槽位	配置限制
WMPT	必配	2	Slot6 或 Slot7	优先配置 Slot7
WBBP	必配	6	Slot0 ~ Slot5	优先配置 Slot3、Slot0、Slot1，Slot2 预留
UBFA	必配	1	FAN	只能配置在 FAN 槽位
UPEU	必配	2	PWR1 或 PWR2	优先配置在 PWR2
UEIU	选配	1	PWR1 或 PWR2	优先配置在 PWR1
UTRP	选配	5	Slot0 ~ Slot5	—
UELP	选配	2	Slot0 或 Slot4	E1 少于 4 路时，在 Slot4 配置 1 块；E1 大于 4 路小于 8 路时，配置 2 块，安装在 Slot0 和 Slot4 槽位；E1 大于 8 路时，需配置 SLPU，UELP 安装在 SLPU 中
UFLP	选配	2	Slot0 或 Slot4	优先安装在 Slot4 槽位

（3）BBU3900 的单板　BBU3900 中主要使用的单板有 WMPT 单板、WBBP 单板、UBFA 单板、UPEU 单板、UEIU 单板、UTRP 单板、UELP 单板和 UFLP 单板。各单板实现不同的功能。

1）WMPT（WCDMA Main Processing&Transmission Unit）单板是 BBU3900 的主控传输板，如图 3-18 所示。该单板能够完成配置管理、设备管理、性能监视、信令处理和主备切换等 OM 功能；提供与 OMC（LMT 或 M2000）连接的维护通道；为整个系统提供所需要的基准时钟；为 BBU 内其他单板提供信令处理和资源管理功能；提供 USB 接口，自动为 GU BTS 软件升级；提供 1 个 4 路 E1 接口，支持 ATM、IP 协议；提供 1 路 FE 电接口、1 路 FE 光接口，支持 IP 协议；支持冷备份功能。

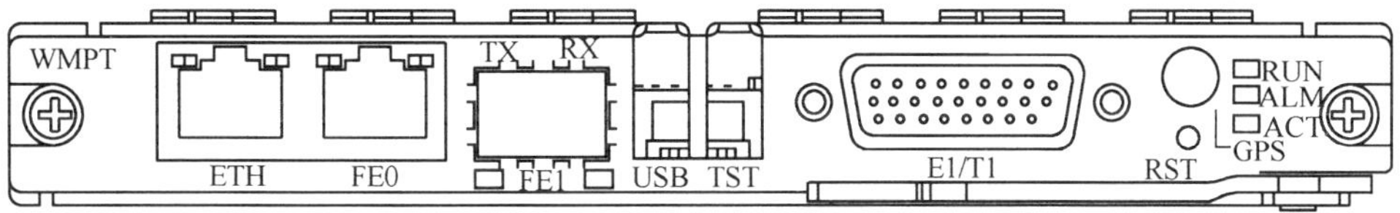

图 3-18　WMPT 单板

2）WBBP（WCDMA BaseBand Process Unit）单板是 BBU3900 的基带处理板，如图 3-19 所示。该单板能够提供与 RRU/RFU 通信的 CPRI 接口，支持 CPRI 接口的 1＋1 备份；处理上/下行基带信号。WBBP 单板的规格见表 3-9。

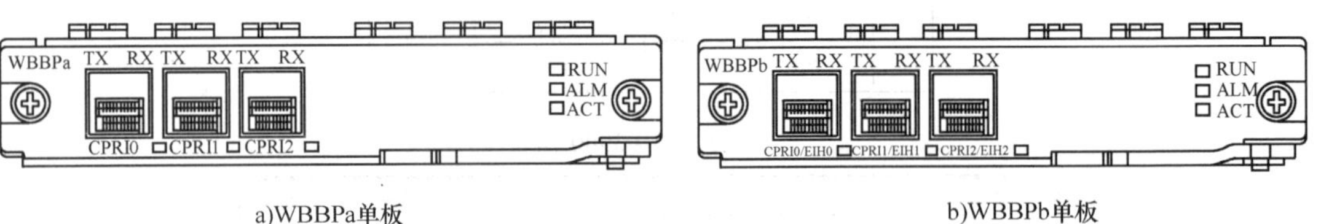

a)WBBPa单板　　b)WBBPb单板

图 3-19　WBBP 单板

表 3-9　WBBP 单板的规格

单板名称	小区数	上行 CE 数	下行 CE 数	HSDPA 最大流量 /Mbit · s^{-1}	HSUPA 最大流量 /Mbit · s^{-1}
WBBPa	3	128	256	15	6
WBBPb1	3	64	64	15	6
WBBPb2	3	128	128	15	6
WBBPb3	6	256	256	30	12
WBBPb4	6	384	384	40	12

3）UBFA（Universal BBU Fan Unit Type A）单板是 BBU3900 的风扇模块，如图 3-20 所示。该单板主要用于风扇的转速控制及风扇板的温度检测。

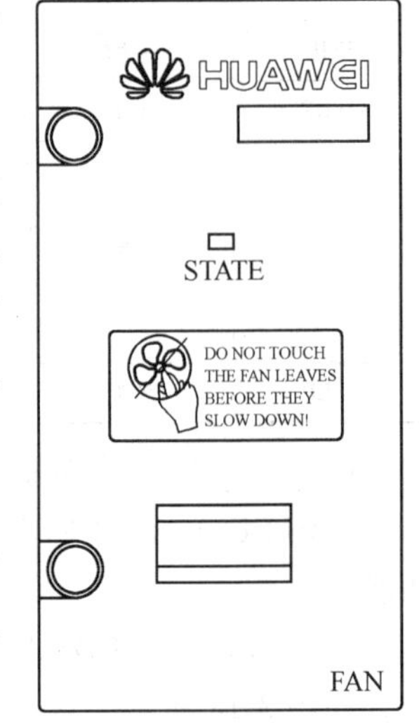

图 3-20　UBFA 单板

4）UPEU 单板是 BBU3900 的电源单板。该单板用于实现 DC －48V 或 DC ＋24V 输入电源转换为 DC ＋12V；能够提供 2 路 RS485 信号接口和 8 路干结点信号接口；具有防反接功能。UPEU 有 UPEA 和 UPEB 两种类型，如图 3-21 所示。其中，UPEA 单板是将 DC －48V 输入电源转换为 DC ＋12V；UPEB 单板是将 DC ＋24V 输入电源转换为 DC ＋12V。

5）UEIU 单板是 BBU3900 的环境接口板，如图 3-22 所示。该单板主要用于将环境监控设备信息和告警信息传输给主控板，能够提供 2 路 RS485 信号接口和 8 路干结点信号接口。

6）UTRP 单板是 BBU3900 的传输扩展板，可提供 8 路 E1/T1 接口和 1 路非通道化 STM-1/OC-3 接口，提供扩展 Iub 传输接口，

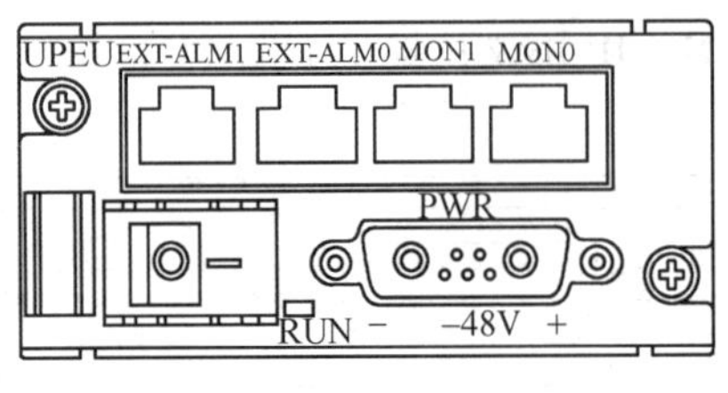

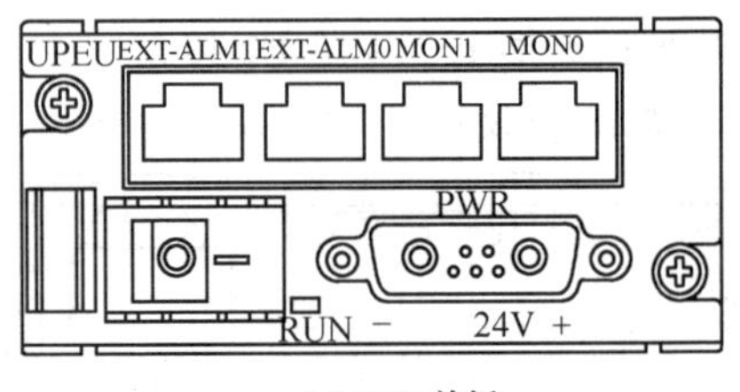

a)UPEA单板　　b)UPEB单板

图 3-21　UPEU 单板

支持 8 路 E1/T1 接口和 1 路非通道化 STM-1/OC-3 接口；支持 ATM、IP 传输；支持冷备份功能。

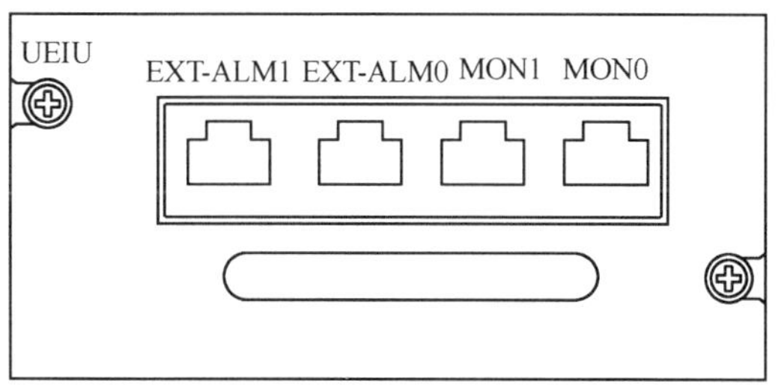

图 3-22　UEIU 单板

7）UELP 单板为通用 E1/T1 防雷保护单元，如图 3-23 所示。该单板可选配安装于 SLPU 模块或 BBU 模块内。每块单板支持 4 路 E1/T1 信号的防雷。

8）UFLP 单板为通用 FE 防雷单元，如图 3-24 所示。该单板可选配安装于 SLPU 模块或 BBU3900 模块内。每块 UFLP 单板支持 2 路 FE 的防雷。

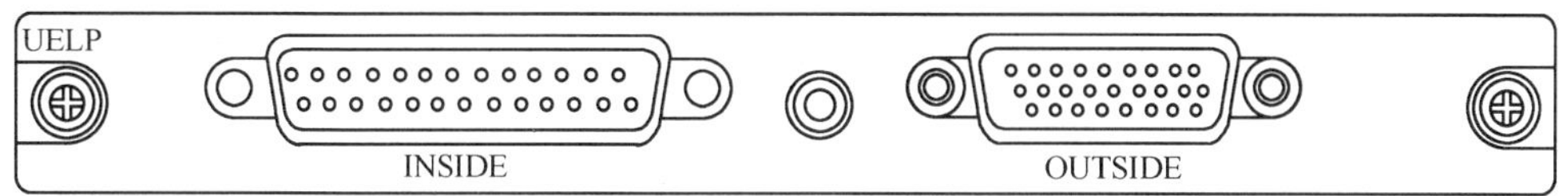

图 3-23　UELP 单板

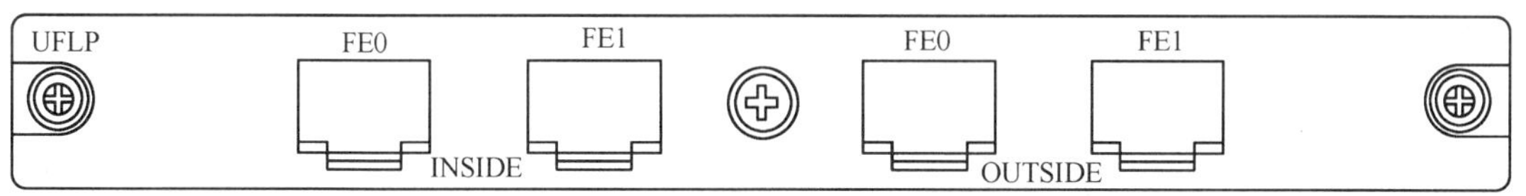

图 3-24　UFLP 单板

2. RRU3804 的硬件结构

RRU3804 采用模块化结构，面板分为底部面板、配线腔面板和指示灯面板，如图 3-25 所示。RRU3804 面板接口说明见表 3-10。

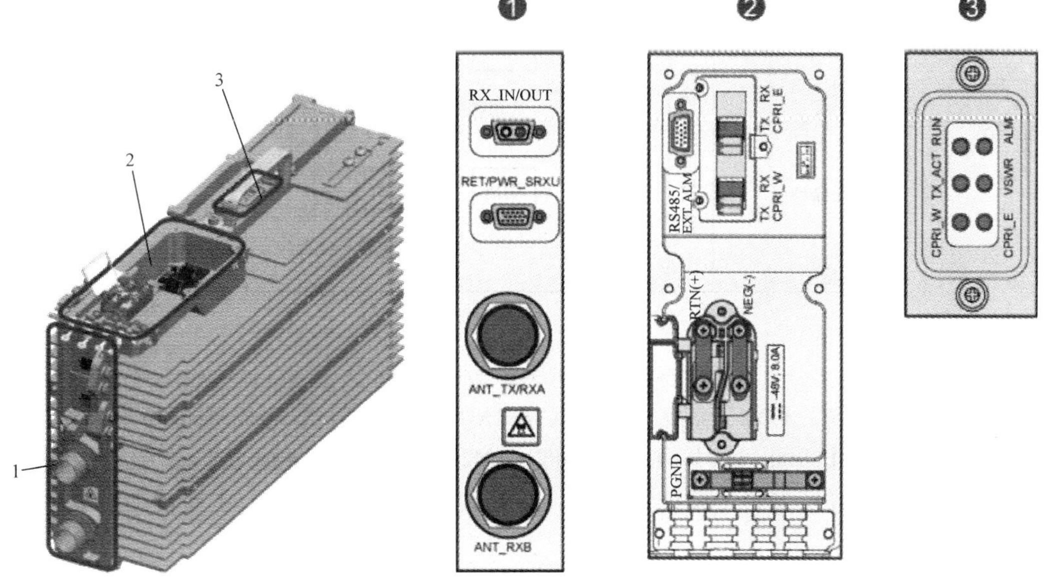

图 3-25　RRU3804 面板

1—底部面板　2—配线腔面板　3—指示灯面板

表 3-10　RRU3804 面板接口说明

项　目	接口标识	接口说明
底部面板	RX_IN/OUT	并柜互连接口
	RET/PWR_SRXU	电调天线通信接口/SRXU 的电源输出接口
	ANT_TX/RXA	主集发送/接收射频接口
	ANT_RXB	分集接收射频接口
配线腔面板	RS485/EXT_ALM	告警接口
	CPRI_E	光接口
	CPRI_W	
	RTN（+）	电源接口
	NEG（-）	
	PGND	PGND 接线柱

3.2.2　DBS3900 和 RRU3804 的逻辑结构

DBS3900 的逻辑结构包括 BBU3900 的逻辑结构和 RRU3804 的逻辑结构。

1. BBU3900 的逻辑结构

BBU3900 采用模块化设计，BBU3900 的逻辑结构如图 3-26 所示。根据各模块实现的功能，可将 BBU3900 划分为传输子系统、基带子系统、控制子系统和电源模块。

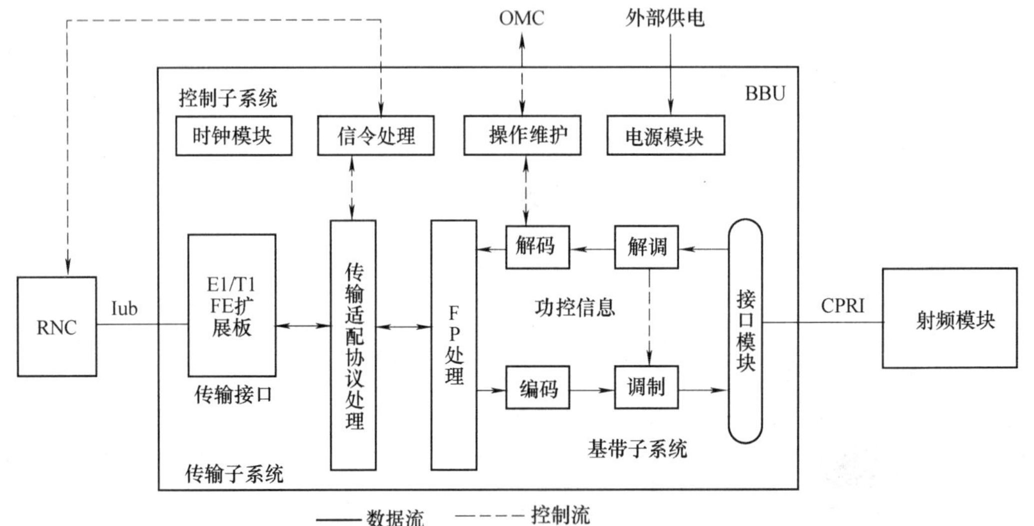

图 3-26　BBU3900 的逻辑结构

（1）传输子系统　传输子系统主要提供与 RNC 的物理接口，完成 Node B 与 RNC 之间的信息交互，为 BBU3900 提供与 OMC（LMT 或 M2000）连接的维护通道。

（2）基带子系统　基带子系统完成上、下行数据基带处理功能，主要由上行处理模块和下行处理模块组成。

1）上行处理模块包括解调和解码模块，该模块对上行基带数据进行接入信道搜索、解调和专用信道解调，得到解扩解调的软判决符号，经过译码和 FP（Frame Protocol）处理后，通过传输子系统发往 RNC。

2）下行处理模块包括调制和编码模块，该模块接收来自传输子系统的业务数据，发送至FP处理模块，完成FP处理后进行编码，再完成传输信道映射、物理信道生成、组帧、扩频调制和功控合路等功能，最后将处理后的信号送至接口模块。BBU3900将CPRI接口模块集成到基带子系统中，用于连接BBU3900和RRU。

3）控制子系统集中管理整个分布式基站系统，包括操作维护和信令处理，并提供系统时钟。其中，操作维护功能包括设备管理、配置管理、告警管理、软件管理和调测管理等。信令处理功能包括NBAP（Node B Application Part）信令处理、ALCAP（Access Link Control Application Part）处理、SCTP（Stream Control Transmission Protocol）处理和逻辑资源管理等。时钟模块功能包括锁相Iub线路时钟（从E1线路、光口恢复时钟，或者从FE线路提取恢复时钟信息）和GPS时钟。BBU3900通过Iub接口从外部提取时钟，进行分频、锁相和相位调整，并为整个Node B提供符合要求的时钟。

4）电源模块将DC -48V/DC +24V转换为单板需要的电源，并提供外部监控接口。

2. RRU3804的逻辑结构

RRU3804包括RRU和SRXU模块，其中RRU采用模块化设计。RRU3804的逻辑结构如图3-27所示。根据各模块实现的功能可将RRU划分为接口模块、MTRX、PA（Power Amplifier）、SRXU、双工器和LNA（Low Noise Amplifier）。其中SRXU为扩展射频接口模块。

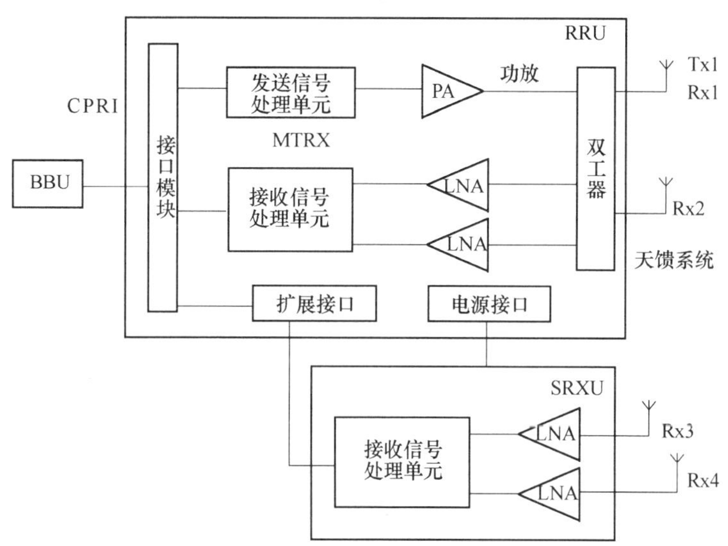

图3-27　RRU的逻辑结构

1）接口模块的主要功能是接收BBU3900送来的下行基带数据；向BBU3900发送上行基带数据，并转发级联RRU的数据。

2）MTRX包括两路射频接收通道和一路射频发射通道。其中，上行接收通道能够实现将接收信号下变频至中频信号，将中频信号进行放大处理，模数转换，数字下变频，匹配滤波，DAGC功能；下行发射通道能够实现将下行扩频信号进行成形滤波，数模转换，将射频信号上变频至发射频段的功能。

3）PA主要对来自MTRX的小功率射频信号进行放大。

4）双工器主要完成提供射频通道接收信号和发射信号复用功能，使接收信号与发射信号共用一个天线通道，对接收信号和发射信号进行滤波的功能。

5）LNA 主要是将来自天线的接收信号进行放大。

6）SRXU 模块提供两路射频接收通道。接收通道的主要功能有将接收信号下变频至中频信号、将中频信号进行放大处理、模数转换、数字下变、匹配滤波和 DAGC。

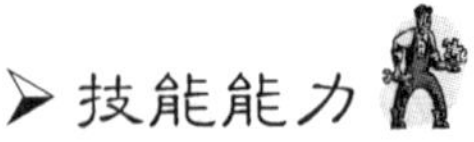

3.2.3　工作任务描述

1）利用仿真软件，以 O1 站型为例完成 Node B 侧数据配置。

2）利用仿真软件进行系统调测。

3.2.4　工具、仪器及软件

所需工具、仪器及软件为计算机、讯方 e-Bridge 通信实验平台仿真软件。

3.2.5　操作步骤

1. Node B 侧数据配置

使用“讯方 e-Bridge 通信实验平台仿真软件”来模拟系统的调测。图 3-28 所示为 Node B 侧数据配置流程图。

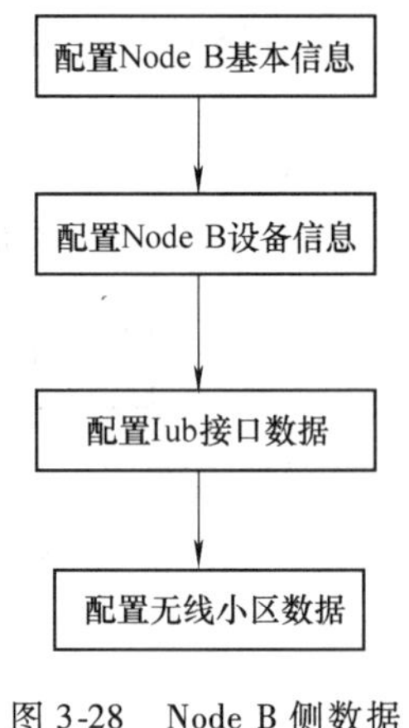

图 3-28　Node B 侧数据配置流程图

（1）Node B 基本信息　Node B 基本信息包括 Node B 标识、Node B 名称、Node B 的承载类型、分路传输指示和 Node B 使用的协议版本等信息。Node B 基本信息配置内容见表 3-11。

表 3-11　Node B 基本信息配置内容

配置参数	配置说明
Node B_Id	Node B 标识，与 RNC 中设置被保持一致，选择“0”
Node B_Name	Node B 名称，与 RNC 中设置被保持一致，为“DBS3900”
IubBearerType	Node B 的承载类型，选择“IP_TRANS”
IPTransApartInd	分路传输指示，选择“NOT_SUPPORT”（否）
ProtocolVer	Node B 使用的协议版本，选择“R6”

（2）Node B 设备信息　Node B 设备信息包括本地 IP 地址和掩码、时钟源类型和工作模式、解调模式和 DHCP 设置。Node B 设备信息配置内容见表 3-12。

表 3-12　Node B 设备信息配置内容

配置参数	配置说明
Local IP	设置为使用该软件的计算机的 IP 地址
Local IP Mask	IP 地址的掩码，如“255.255.255.0”
Clock Sourse	选择“LINE”（Iub 接口线路提取时钟源）
Clock Work Mode	选择“MANUAL”（手动模式）
DemMode	选择“DEM_2_CHAN”（普通的两通道解调模式）
DHCPSwitch	DHCP Relay 使能开关，选择“DISABLE”
DHCPSerIP	前面选择的 DISABLE，这里不需要设置

（3）BBU 设备面板　此项主要是根据 BBU 的配置原则，在 BBU 中添加 UBFA、WBBPa、WMPT 和 UPEA 单板，设置每个单板的属性，并根据配置的站型为 WBBPa 单板增加天线。

1）在 BBU 面板上的 19 槽内单击鼠标右键，选择“添加 UPEA”，默认原始的设置。

2）在 BBU 面板上的 7 槽内单击鼠标右键，选择“添加 WMPT”。WMPT 单板参数见表 3-13。

表 3-13　WMPT 单板参数

配 置 参 数	配 置 说 明
LineImpedence	E1 的线路匹配阻抗，选择默认值“75”
ClockSourse8K	设置 8K 时钟源的端口，选择“Port0”
BearMode	支持的 Iub 接口传输模式，选择“IPV4”

3）在 BBU 面板上的 3 槽内单击鼠标右键，选择“添加 WBBPa”，默认原始的设置。

4）设置完 WBBPa 单板之后，在 BBU 面板的左边出现了 Master Cabinet WBBPa 3，右键单击 WBBPa 3，选择“增加 RRUChain 0”，再右键单击 RRUChain 0，选择“增加 MRRU 20”。

（4）增加上/下行资源组　此项用来为 WBBPa 单板分配上/下行资源组。

（5）设置以太网端口属性　以太网端口属性包括 WMPT 单板的框号、槽位号、端口号、网络类型和 IP 地址。以太网端口属性配置内容见表 3-14。

表 3-14　以太网端口属性配置内容

配 置 参 数	配 置 说 明
SubrackNo	该端口的单板所在框号，选择“0”
SlotNo	该端口的单板所在槽位号，选择“7”
PortNo	端口号，取值范围为 0 ~ 7，选择“0”
PortType	选择“ETH”
LocalIP	Node B 的 IP 地址，查协商数据表 Destination IP
LocalMask	查协商数据表 Subnetwork Mask

（6）增加 SCTP 信令链路　与 RNC 侧一致，Node B 侧的 SCTP 信令链路也需要添加 2 条 SCTP。其中需要设置的有 SCTP 信令链路号、本端和对端的 IP 地址、本端和对端的端口号等信息。SCTP 信令链路配置内容见表 3-15。

表 3-15　SCTP 信令链路配置内容

配 置 参 数	配 置 说 明
SCTPNo	SCTP 链路号，此项要与 RNC 侧一致，第一条设为 0，第二条设为 1
LocalIP	本端 IP 地址，指 Node B 侧承载 SCTP 的主用物理链路 IP 地址，查协商数据表 Destination IP（SCTP）
Dest IP	对端 IP 地址，指在 RNC 侧承载 SCTP 的主用物理链路 IP 地址。查协商数据表 Local IP（SCTP）
LocalPort	本端端口号，指 Node B 侧承载 SCTP 链路的端口，查协商数据表 Destination SCTP Port N
DestPort	对端端口号，指在 RNC 侧承载 SCTP 链路的端口，查协商数据表 Local SCTP Port N

（7）增加 IUBCP　与 RNC 侧一致，此项配置也需要添加一条 NCP 和一条 CCP。其中，

需要设置的参数有端口类型、端口号、承载的 SCTP 信令链路号、对端 IP 地址、本端网络类型、本端和对端的端口号等信息。IUBCP 配置内容见表 3-16。

表 3-16 IUBCP 配置内容

配置参数	配置说明
PortType	第一条选择"NCP"，第二条选择"CCP"
PortNo	NCP 选择"N/A"，CCP 选择"0"
SCTPNo	NCP 选择"0"，CCP 选择"1"
DestIp	与前面设置相同
LocalIPType	选择"ETH"
LocalPort	与前面设置相同
DestPort	与前面设置相同

（8）增加 IP Path 与 RNC 侧一致，此项配置也需要配置一条 RT 和一条 NRT。其中需要设置的参数有路径号、对端 IP 地址、传输类型和 DSCP 号等信息。IP Path 配置内容见表 3-17。

表 3-17 IP Path 配置内容

配置参数	配置说明
PathID	与 RNC 侧设置对应，RT 为 0，NRT 为 1
DestIP	与前面设置相同
TrafficType	与 RNC 侧设置对应，0 为 RT，1 为 NRT
DSCP	RT 为 46，NRT 为 18

（9）增加 OMCH 在此项配置中需要设置的参数有本端 IP 地址、对端 IP 地址和 WMPT 单板对应的位置等信息。OMCH 配置内容见表 3-18。

表 3-18 OMCH 配置内容

配置参数	配置说明
BindRouteValid	选择是否绑定路由，选择"NO"
LocalIP	远端维护通道 Node B 端的 IP 地址，查协商数据表 Destination IP
DestIP	远端维护通道对端的 IP 地址，查协商数据表 Local IP
BindCabinetNo	承载路由的单板所在的槽号，由 BBU 面板可知，WMPT 板位于 0 号机柜
BindSubrackNo	承载路由的单板所在的槽号，由 BBU 面板可知，WMPT 板位于 0 框
Flag	选择"MASTER"（主通道）

（10）增加 IP 路由 此项配置 IP 路由，为 Node B IP 传输控制面、用户面和管理面数据提供路由。需要设置的参数有对端网络和下一跳地址等信息。IP 路由配置内容见表 3-19。

表 3-19 IP 路由配置内容

配置参数	配置说明
DestNet	RNC 侧 Node B 的操作维护地址，可查协商数据表
DestMask	由协商数据表可知为"255. 255. 255. 0"
NextHop	指 RNC 的 IP 地址，可查协商数据表
Preference	路由优先级，选择默认值"60"

（11）增加无线数据　此项配置也要与 RNC 侧保持一致，其中需要增加站点、增加扇区和天线，以及增加小区。

1）增加站点。站点参数设置见表 3-20。

表 3-20　站点参数设置

配置参数	配置说明
SiteID	基站标识号，与 RNC 侧一致
Site Name	基站名称，与 RNC 侧一致，如为 DBS3900

2）增加扇区。扇区参数设置见表 3-21。

表 3-21　扇区参数设置

配置参数	配置说明
SectorNo	扇区的编号，可从 0 开始
RxAnteneraNum	扇区的接收天线数目，可根据前面设置的“DemMode”得到
TxDiversityMode	扇区的分集模式，选择“NO_TX_DIVERSITY”（发射不分集）

3）增加天线。添加完扇区后，为每一个扇区增加天线，参数保持默认值。

4）增加小区。小区关键参数见表 3-22。

表 3-22　小区关键参数

配置参数	配置说明
LoCell	小区的编号，与 RNC 侧一致
UARFCNUpLink	上行频点，与 RNC 侧一致
UARFCNDownLink	下行频点，与 RNC 侧一致
ULResourceGroupId	上行资源组编号，与前面一致
DLResourceGroupId	下行资源组编号，与前面一致
MaxTxPower	最大发射功率，与 RNC 侧一致

2. 系统的调测

RNC 侧和 Node B 侧数据配置完成后，可在“讯方 e-Bridge 通信实验平台仿真软件”中进行系统的调测。图 3-29 所示为系统调测流程图。

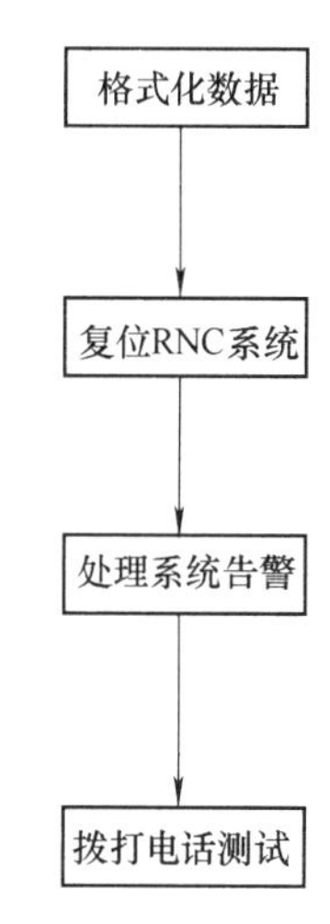

图 3-29　系统调测流程图

系统调测成功后，可进行拨打电话测试，如图 3-30 所示。

注意事项

1）本配置选择的是 IP 传输类型。

2）配置“Node B 设备信息”中的本地 IP 地址为使用该软件的计算机的 IP 地址。解调模式要与“增加无线数据”配置中的保持一致。

3）在配置“BBU 设备面板”时要注意每个单板配置的槽位，不可以随意放置。

4）“增加 IP 路由”中的对端 IP 地址为 RNC 侧分配的 Node B 的操作维护地址。

5）“增加无线小区”中需要注意根据选择的站型来配扇区和天线数。如果选择的是 O1 的站型，那么只需要配置一个扇区和一对天线；如果选择的是 S1/1/1 或 S2/2/2 站型，那么就需要配置 3 个扇区和 3 对天线。小区的增加也要与 RNC 侧的保持一致。

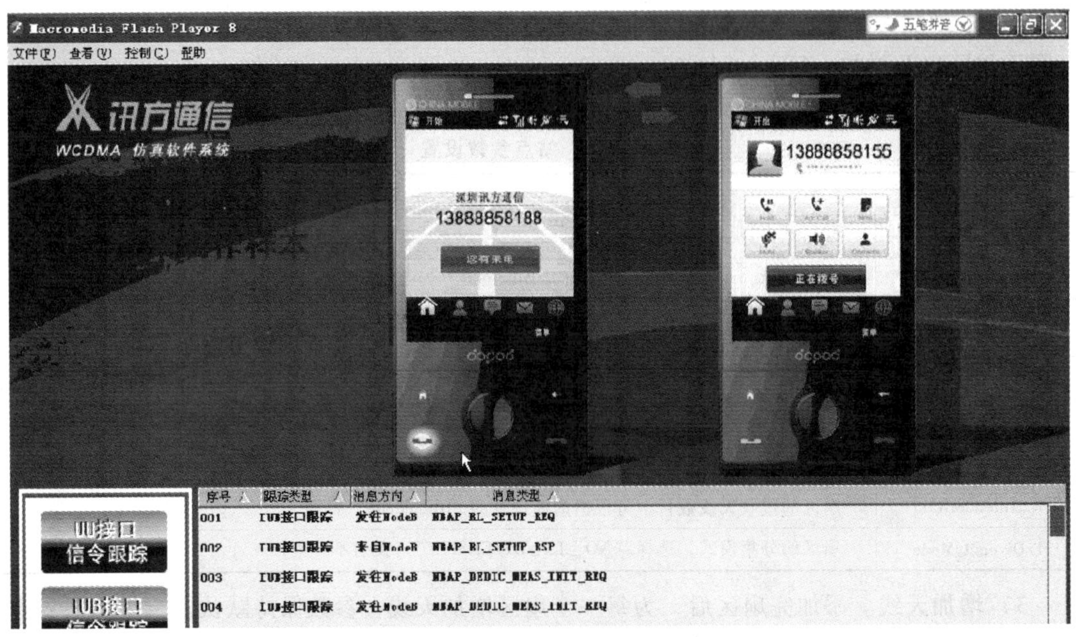

图 3-30　拨打电话测试

3.2.6　任务单

任　务　单

<table>
<tr><td>任务名称</td><td>Node B 的调测</td><td>学时</td><td></td><td>班级</td><td></td></tr>
<tr><td>学生姓名</td><td></td><td>学生学号</td><td></td><td>任务成绩</td><td></td></tr>
<tr><td>实训材料与仪表</td><td>参阅 3.2.4 节</td><td>实训场地</td><td></td><td>日期</td><td></td></tr>
<tr><td>工作任务</td><td colspan="5">以 O1 站型为例，完成 Node B 侧数据配置，进行系统调测。</td></tr>
<tr><td>任务目的</td><td colspan="5">1）掌握 BBU3900 的结构和各单板的作用。
2）掌握 Node B 的主要配置项。
3）会用仿真软件正确完成 Node B 的配置。
4）会用仿真软件正确完成系统的调测。</td></tr>
<tr><td colspan="6">（一）资讯</td></tr>
<tr><td colspan="6">资讯引导：
1）DBS3900 的物理结构和单板的功能。
2）Node B 的数据配置。
3）系统的调测。
4）演示相关操作，分析重点和难点。
5）下发任务单，安排各组具体工作任务，并对工作任务作简要说明。
6）与学生开展讨论，并答疑。</td></tr>
<tr><td colspan="6">（二）决策与计划</td></tr>
<tr><td colspan="6"></td></tr>
</table>

（续）

（三）实施
（四）检查（评价）

3.2.7　考核标准

考 核 标 准

<table>
<tr><th rowspan="2">序号</th><th rowspan="2">工作过程</th><th rowspan="2">主要内容</th><th rowspan="2">评分标准</th><th rowspan="2">配分</th><th colspan="2">学生（自评）</th><th colspan="2">教师</th></tr>
<tr><th>扣分</th><th>得分</th><th>扣分</th><th>得分</th></tr>
<tr><td rowspan="3">1</td><td rowspan="3">资讯
（10 分）</td><td rowspan="3">任务相关知识查找</td><td>查找相关知识，该任务知识掌握度达到 60%，扣 5 分</td><td rowspan="3">10</td><td></td><td></td><td></td><td></td></tr>
<tr><td>查找相关知识，该任务知识掌握度达到 80%，扣 2 分</td><td></td><td></td><td></td><td></td></tr>
<tr><td>查找相关知识，该任务知识掌握度达到 90%，扣 1 分</td><td></td><td></td><td></td><td></td></tr>
<tr><td rowspan="2">2</td><td rowspan="2">决策、计划
（10 分）</td><td rowspan="2">确定方案
编写计划</td><td>制订整体设计方案，在实施过程中修改一次，扣 2 分</td><td rowspan="2">10</td><td></td><td></td><td></td><td></td></tr>
<tr><td>制订实施方法，在实施过程中修改一次，扣 2 分</td><td></td><td></td><td></td><td></td></tr>
<tr><td rowspan="3">3</td><td rowspan="3">实施
（10 分）</td><td rowspan="3">记录实施过程步骤</td><td>实施过程中，步骤记录不完整度达到 10%，扣 2 分</td><td rowspan="3">10</td><td></td><td></td><td></td><td></td></tr>
<tr><td>实施过程中，步骤记录不完整度达到 20%，扣 3 分</td><td></td><td></td><td></td><td></td></tr>
<tr><td>实施过程中，步骤记录不完整度达到 40%，扣 5 分</td><td></td><td></td><td></td><td></td></tr>
<tr><td rowspan="9">4</td><td rowspan="9">检查、评价
（60 分）</td><td rowspan="2">Node B 基本信息配置</td><td>基本信息与 RNC 侧不一致，扣 5 分</td><td rowspan="2">10</td><td></td><td></td><td></td><td></td></tr>
<tr><td>设备信息中的本地 IP 地址不正确，扣 5 分</td><td></td><td></td><td></td><td></td></tr>
<tr><td rowspan="2">BBU 设备面板配置</td><td>单板放置的槽位不正确，扣 5 分</td><td rowspan="2">10</td><td></td><td></td><td></td><td></td></tr>
<tr><td>增加的天线不正确，扣 5 分</td><td></td><td></td><td></td><td></td></tr>
<tr><td rowspan="5">接口数据配置</td><td>SCTP 信令链路配置不正确，扣 5 分</td><td rowspan="5">25</td><td></td><td></td><td></td><td></td></tr>
<tr><td>IUBCP 配置不正确，扣 5 分</td><td></td><td></td><td></td><td></td></tr>
<tr><td>IP Path 配置不正确，扣 5 分</td><td></td><td></td><td></td><td></td></tr>
<tr><td>OMCH 配置不正确，扣 5 分</td><td></td><td></td><td></td><td></td></tr>
<tr><td>IP 路由配置不正确，扣 5 分</td><td></td><td></td><td></td><td></td></tr>
</table>

（续）

序号	工作过程	主要内容	评分标准	配分	学生（自评）		教师	
					扣分	得分	扣分	得分
4	检查、评价（60 分）	无线小区数据配置	扇区和天线数目的参数不正确，扣 5 分	10				
			小区参数设置不正确，扣 5 分					
		系统的调测	系统调测不通过，有故障没排除，不能正常拨打电话，扣 5 分	5				
5	职业规范、团队合作（10 分）	安全文明生产	违反安全文明操作规程，扣 3 分	3				
		组织协调与合作	团队合作较差，小组不能配合完成任务，扣 3 分	3				
		交流与表达能力	不能用专业语言正确流利地简述任务成果，扣 4 分	4				
合计				100				

学生自评总结			
教师评语			
学生签字	年　月　日	教师签字	年　月　日

3.2.8　知识能力测试

1）简述 RRU3804 的逻辑结构。

2）简述 BBU3900 中单板的类型和功能。

3）以 S2/2/2 站型为例，简述配置要点。

任务 3.3　故障排查

教学目的

知识能力：掌握故障处理的流程与方法。

技能能力：掌握 RNC 和 Node B 故障的处理方法。

社会能力：培养学生分析问题、解决问题的能力。培养学生的沟通能力及团队协作精神。

➢知识能力

3.3.1　故障处理流程

进行故障处理时首先要收集必要的故障信息，并加以分析，确定故障的范围和种类，最后从众多可能的原因中寻找故障原因，采取适当的措施清除故障、恢复系统。

图3-31所示为故障处理的一般流程。

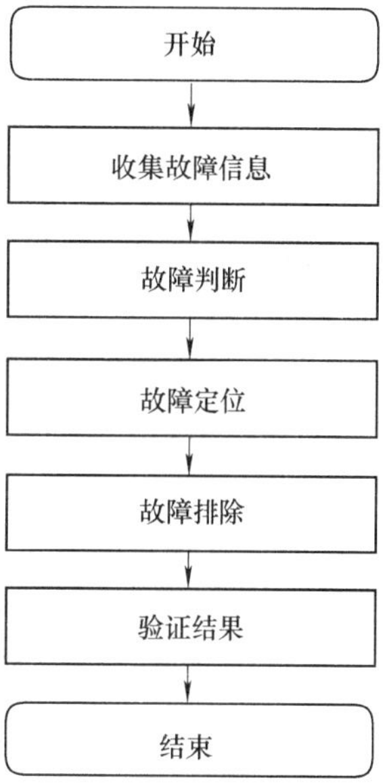

开始 → 收集故障信息 → 故障判断 → 故障定位 → 故障排除 → 验证结果 → 结束

图3-31　故障处理的一般流程

1. 收集故障信息

（1）故障信息的内容　收集故障信息是故障处理的第一步。故障信息是故障处理的重要依据。维护人员应尽可能多地收集故障信息。故障处理前，一般需要收集的故障信息有：

1）故障发生的时间、地点、频率和具体表现。

2）故障的范围和影响。

3）故障发生前设备的运行状况。

4）故障发生前对设备进行了哪些操作、操作的结果是什么。

5）故障发生时设备是否有告警。

6）故障发生时单板指示灯是否异常。

7）故障发生时的软件版本信息和日志信息。

8）故障发生时的信令跟踪结果（包括Uu、Iub以及Iu接口等）。

9）故障发生后采取了什么措施、结果是什么。

（2）故障信息的收集途径

1）询问申告故障的用户/客户中心工作人员，了解具体的故障现象、故障发生的时间、地点和频率。

2）询问设备操作维护人员，了解设备日常运行状况、故障现象、故障发生前的操作和故障发生后采取的措施及效果。

3）通过观察单板指示灯、操作维护系统、告警管理系统，了解设备软、硬件的运行状况。

4）通过业务演示、性能测量、接口/信令跟踪等方式，了解故障发生的范围和影响。

2. 故障判断

在获取故障信息后需要对故障现象有一个大致的定义，以确定故障的范围与种类。

（1）故障范围判断

1）RNC故障一般是全网性故障，影响多个基站或所有基站。

2）Node B故障一般只影响本基站覆盖区域或周边基站切换指标。

3）判断是否为Node B故障的方法如下：

①　新开局或扩容时，可以通过“替换法”快速定位是否是RNC问题导致Node B故障。

②　维护期间，除了数据修改发生错误外，其他RNC故障一般不会对单个Node B造成

影响。

（2）故障的种类

1）RNC 的故障有加载类故障、接口链路类故障、业务类故障和操作维护类故障。

① 加载类故障指系统在主机系统加载时出现的故障。

② 接口链路类故障指主机系统与其他设备（如 Node B、CN 设备等）的连接通路出现的故障。

③ 业务类故障指与系统不能执行 UMTS 业务的相关故障。根据故障产生的现象，业务类故障又将其分成小区类、接入类、电路域业务类和分组域业务类故障。

④ 操作维护类故障指 BAM、LMT 等操作维护设备出现的故障。

2）Node B 的故障有小区类故障、业务类故障和操作维护类故障。用户能够根据现象很方便地对故障属性作出判断，确定故障的类别。当然，各故障类别之间并不是完全地割裂，如业务类故障的原因很可能是接口链路的问题。

3. 故障定位

故障定位是从众多可能原因中找出故障原因的过程。故障定位的方法分为以下两类：

（1）一般故障的定位

1）根据告警信息分析来进行故障定位。告警信息中包含故障或异常现象的具体描述、可能的原因、有哪些修复建议等，涉及硬件、链路、中继、CPU 负荷等 RAN 的各个方面。告警信息是进行故障分析和定位的重要依据之一。

2）根据对指示灯的分析来进行故障定位。指示灯反映诸如端口、电路、链路、光路、节点、主备用等的工作状态，常常与告警信息分析配合使用。

3）采用对比/互换法进行故障定位。对比是将故障的部件或现象与正常的部件或现象进行比较分析，查出不同点，从而找出问题的所在，一般适用于故障范围单一的场合。互换是将处于正常状态的部件（如单板、光纤，甚至整个基站等）与可能故障的部件对调，比较对调后二者运行状况的变化，以此判断故障的范围或部位，一般适用于故障范围复杂的场合。

（2）复杂故障的定位

1）话务统计分析法：该方法是定位、解决网络问题（尤其是呼叫问题）最有效的手段。

2）仪器分析法：仪器、仪表可以直观、量化的数据直接反映故障的本质。常用仪器有信令分析仪、误码仪、测试手机和天馈分析仪等。

3）接口跟踪法：利用跟踪的结果，通常可以直接得到呼叫失败的原因，或者从中得到启发，为后续分析提供宝贵的思路。

4）业务测试法：该方法是判断 RAN 侧的业务处理功能和相关设备是否正常最直接的方法。

（3）倒换/复位　倒换或复位可以对系统进行紧急恢复，这种方法只能作为应急措施，迫不得已时谨慎使用。相对于其他方法而言，倒换/复位不能对故障的原因进行精确定位。倒换/复位后，故障现象一般难以在短期内重现，从而容易掩盖故障的本质，给设备的安全、稳定运行带来隐患。

4. 故障排除

故障排除是采取适当的措施或步骤清除故障、恢复系统的过程，如检修线路、更换单板、修改配置数据、倒换系统和复位单板等。

3.3.2　RNC 常见故障

1. 操作维护类故障

操作维护类故障指的是用户在安装和使用 BAM、LMT 软件过程中发生的故障。排除此类故障要熟悉 RNC 的操作维护原理。图 3-32 所示为 RNC 的操作维护系统组成。

在 BAM 运行正常且各模块启动方式为“自动”的情况下，主用 BAM 服务器上安全监控管理器应该显示各个模块已启动。当 BAM 软件的某些模块状态不正常时，可以通过查看运行日志的方法进行故障定位。

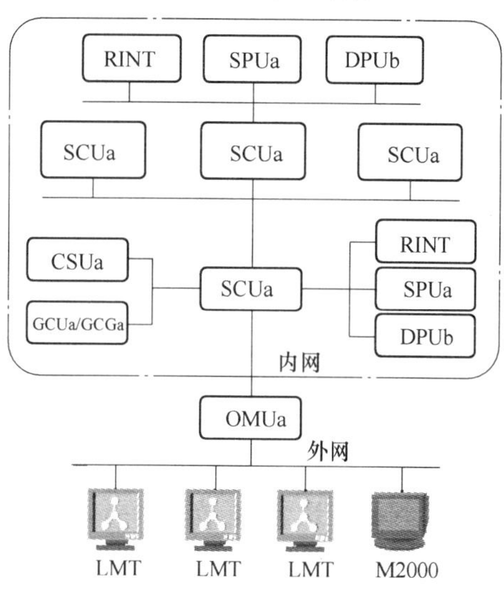

图 3-32　RNC 的操作维护系统组成

2. 加载类故障

加载类故障是指系统在加载过程中发生的故障。发生加载类故障时，一般伴随有“软件加载失败”、“单板短时间内多次加载”等告警上报。发生加载类故障时，查看告警管理系统中是否有相关告警，可按照相关告警的处理建议操作。

3. 接口链路类故障

接口链路类故障是指在 Iub/Iucs/Iups 接口建立信令和业务连接过程中发生的故障。接口链路类故障发生时，会导致其他故障现象，如小区建立失败、UE 接入失败、话音不通和掉话等。接口链路类故障发生时，查看相关链路的相关告警，可按照相应的处理建议操作，排除故障。排除此类故障要熟悉 RNC 的接口链路协议。图 3-33 所示为基于 IP 的各接口的协议栈。

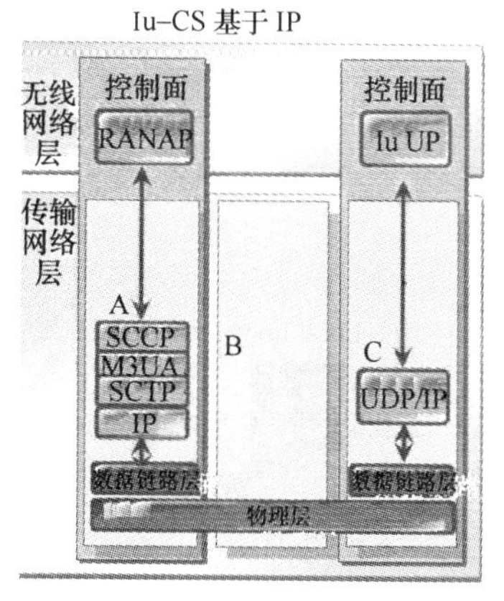

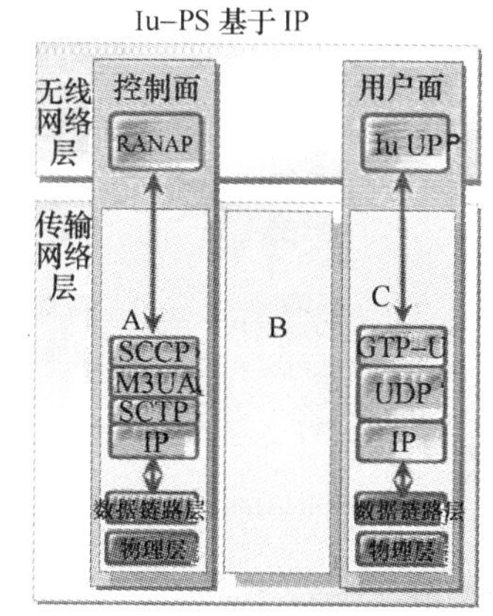

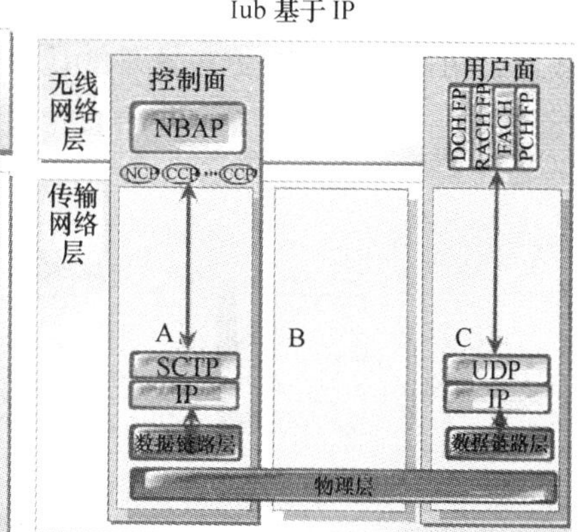

图 3-33　基于 IP 的各接口的协议栈

1）Iu-CS 接口是 BSC 与 CN（CS 域）的标准接口，其中 RANAP 信令承载为 SCCP/M3UA/SCTP/IP。用户面承载为 UDP/IP。

2）Iu-PS 接口是 BSC 与 CN（PS 域）的标准接口，其中 RANAP 信令承载为 SCCP/

M3UA/SCTP/IP。用户面承载为 GTP-U/UDP/IP。

3）Iub 接口是 BSC 与 Node B 之间的标准接口。正常通信时，两者之间至少需要两条信令链路（一条 NCP 链路，一条 CCP 链路，其中 CCP 链路可以配置多条）和一条用户面通路 IP PATH（此通路可以根据实际需求配置多条）。

4. 业务类故障

根据故障产生的现象，业务类故障又分为小区类、接入类、电路域业务类、分组域业务类故障。

（1）小区类故障　在 UE 侧表现为无法搜索到小区；在 RNC 侧表现为，在 LMT 的操作维护系统中通过标准接口跟踪，无法跟踪观察到 Iub 接口完整的小区建立流程。

（2）接入类故障　UE 在试图接入移动网络过程中发生的故障为接入类故障。接入类故障发生时，伴随有开机时无法入网和开机正常后掉网等现象。

（3）电路域业务类故障　是指用户在使用电信业务、承载业务、补充业务等过程中发生的故障。电路域业务类故障发生时，伴随有语音不通、单通和语音质量差等现象。

（4）分组域业务类故障　是指用户在使用 IP/PPP 承载业务、位置业务等过程中发生的故障。分组域业务类故障发生时，伴随有无法上网和网络速率慢等现象。

处理业务类故障时需要打开 LMT 中业务/测试管理系统中的 CDT（Call Detail Trace）来跟踪单用户呼叫数据，通过对业务中信令的分析进行故障的排查。

3.3.3 Node B 常见故障

1. 传输类故障

信号在传输中的常见故障现象有传输电路中断和传输误码率高等现象。

传输电路中断可能的故障原因有：①基站和 RNC 之间传输环节过多，传输距离太远，如图 3-34 所示。②通信双方使用传输码不同。例如，一方使用 CRC4 校验，而另一方未使用，则传输不通。

传输误码率高、频繁闪断可能的故障原因有：①E1 接头接触不良，这样会造成传输时有时无，话音质量差，严重时会造成基站传输中断。②使用微波、XDSL 的基站一般误码率较高，阴雨天气闪断更频繁。③传输接地不好。

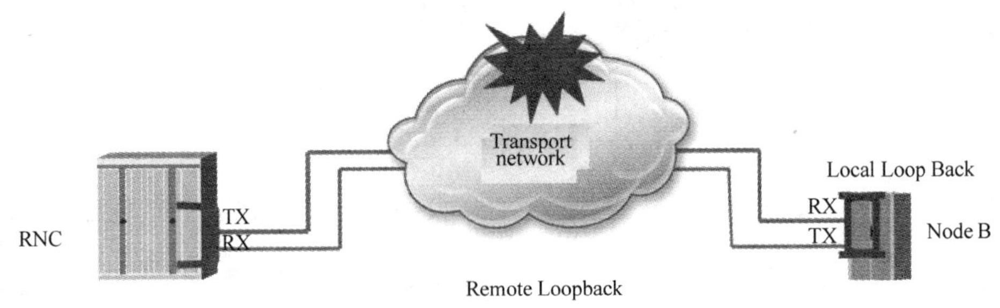

图 3-34　传输网络

2. 操作维护类故障

排除此类故障要掌握 Node B 的操作维护基本原理，RNC 对 Node B 提供近端和远端两种操作维护方式，如图 3-35 所示。

维护人员能够使用 LMT 以远端和近端方式登录到 Node B，以便对 Node B 进行必要的维

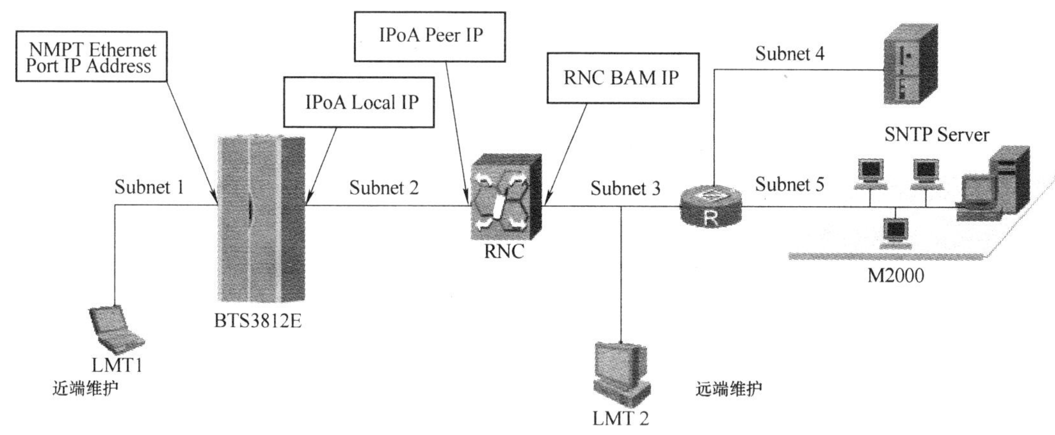

图 3-35　操作维护方式

护操作，主要包括射频通道的校正、时钟源的设置、基站单板的操作维护和基站的版本升级。

1）远端操作维护是指利用 Node B 和 RNC 之间的传输链路，维护人员使用 LMT 在 RNC（BAM）侧登录 Node B。

2）近端操作维护是指维护人员使用 LMT 通过网线直接登录到 Node B。维护人员必须事先知道基站近端维护 IP 地址。

3. 小区类故障

排除此类故障要了解小区的建立过程和相关的信令流程。当 Node B 侧配置的本地小区资源可用时，Node B 将通过资源状态指示或是审计过程将资源状态反馈给 RNC，由 RNC 发起小区建立流程，建立逻辑小区。当逻辑小区建立并可用后，该小区才能提供业务服务。

1）小区建立过程的相关因素和条件有：①单板工作状态逻辑可用。②传输数据正确配置。③传输链路正确连接。④RNC 配置的小区建立参数合理。⑤Node B 本地小区配置参数正确。

2）小区建立的信令流程如图 3-36 所示。

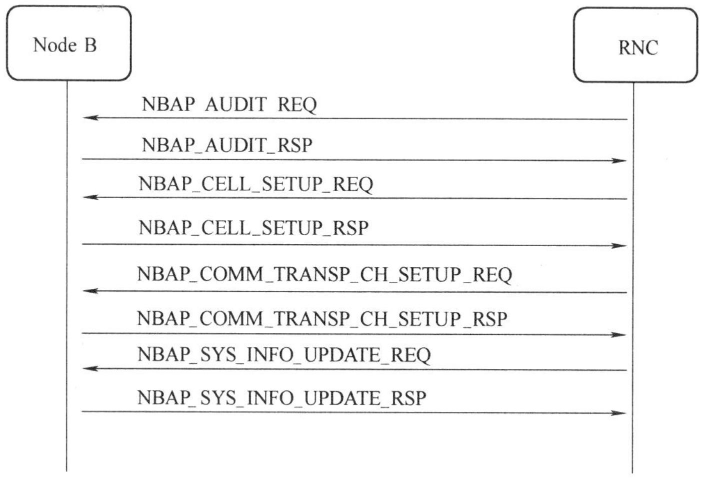

图 3-36　小区建立的信令流程

4. Node B 故障的预防措施

1）硬件方面要求严格按照工程规范施工，特别要关注中继电缆接头质量，一定要对所有中继端口逐一做导通测试。还要特别关注天馈接头制作质量和防水处理，一定要保证系统的接地、防雷（电源、中继、天馈）措施落实到位。

2）对 Node B 维护台的日常运行状态进行检查，首先进行多基站故障查询，然后对有问题的基站逐一检查；根据故障描述和处理建议排除故障。如果暂时无法排除，必须明确故障的原因。

3）在 Node B 新建、扩容后，一定要对新建、扩容部分的基站、载频做业务测试。

3.3.4　工作任务描述

利用仿真软件，以 O1 站型为例进行系统调测、排查故障。

3.3.5　工具、仪器及软件

所需工具、仪器及软件为计算机、讯方 e-Bridge 通信实验平台仿真软件。

3.3.6　操作步骤

1. RNC 侧故障分析

在“讯方 e-Bridge 通信实验平台仿真软件”中 RNC 侧常见故障及故障处理方法见表 3-23。

表 3-23　RNC 侧常见故障及故障处理方法

故障类型	故障现象	故障分析	故障处理
接口链路类故障	目的信令点不可达	信令链路不通、源信令点或目的信令点设置错误	检查全局数据中的源信令点设置是否正确 → 检查各接口数据中是否设置相应的链路（物理链路、SCTP 和 M3UA）及链路参数设置是否正确 → 检查各域目的信令点是否设置及参数设置是否正确
	SCTP 链路方面的故障，如 SCTP 链路闪断故障、SCTP 链路逻辑通道故障和 SCTP 链路故障	物理链路或 SCTP 链路设置不正确	检查接口物理链路数据设置是否正确 → 检查 SCTP 信令链路参数设置是否正确
	M3UA 链路方面的故障，如 M3UA 链路集故障、M3UA 链路故障、M3UA 路由不可达故障和 M3UA 链路选择策略错误故障	M3UA 链路或下层链路（SCTP 信令链路、物理链路）设置不正确	检查接口物理链路数据设置是否正确 → 检查 SCTP 信令链路参数设置是否正确 →检查 M3UA 链路集参数设置是否正确
	传输邻节点方面故障（传输邻节点不可达故障、传输邻节点故障）	各接口中没设置邻节点或相关参数设置错误	检查是否设置邻节点 → 检查邻节点参数设置是否正确 → 检查激活因子表和邻节点映射项是否设置正确
	NCP/CCP 故障	IUB 接口中没增加 CCP 通道或参数设置错误	检查是否增加 CCP 通道 → 检查 CCP 通道的相关参数

（续）

故障类型	故障现象	故障分析	故障处理
业务类故障	业务通道故障	各接口链路不通	检查物理链路是否建立，参数设置是否正确→检查 SCTP 信令链路是否建立，参数设置是否正确→检查 IP Path 是否建立，参数设置是否正确
	业务通道资源限制故障、业务承载类型错误故障、业务通道速率不匹配故障	各接口中的 IP Path 通道不通	检查 IP Path 是否建立→检查 IP Path 通道参数设置是否正确
操作维护类故障	反向操作维护通道建立失败	IUB 接口中没设置以太网端口属性、Node B、Node B 的 IP 地址，或上面各项中参数设置错误	检查 IUB 接口以太网端口属性设置是否正确→检查 Node B IP 地址设置是否正确

2. Node B 侧故障分析

在“讯方 e-Bridge 通信实验平台仿真软件”中 Node B 常见故障及故障处理方法见表 3-24。

表 3-24　Node B 常见故障及故障处理方法

故障类型	故障现象	故障分析	故障处理
传输类故障	IUB 接口故障、传输通道设置错误	Node B 的基本信息设置错误	检查 Node B 的基本信息是否设置→检查 Node B 的基本信息中的参数设置是否正确
	无上/下行链路资源	没增加上/下行资源组	检查上/下行资源组的设置
	SCTP 链路故障	Node B 信息设置错误、物理链路或 SCTP 链路设置不正确	检查 Node B 的基本信息设置是否正确→检查接口物理链路数据设置是否正确→检查 SCTP 信令链路参数设置是否正确
	传输邻节点故障	SCTP 信令链路设置不正确	检查 SCTP 信令链路及参数设置是否正确
	NCP/CCP 方面的故障，如 CCP 故障、NCP 逻辑通道故障或 CCP 逻辑通道故障	SCTP 信令链路设置不正确、IUBCP 设置不正确	检查 SCTP 信令链路及参数设置是否正确→检查 IUBCP 及参数设置是否正确
	IP 通道建立失败	IP Path 设置不正确	检查 IP Path 是否已设置
操作维护类故障	反向操作维护通道建立失败	Node B 的设备信息配置或 IP 路由设置不正确	检查 Node B 的设备信息配置项中的本地 IP 地址设置是否正确→检查 IP 路由参数 DESTNET 和 NEXTHOP 设置是否正确
	LMT 远端维护 Node B 通道建立失败	IP 路由设置不正确	检查 IP 路由是否增加
小区类故障	小区建立失败、手机无法搜索到网络	Node B 侧单板配置错误、无线小区配置错误	检查 Node B 侧单板及参数是否正确→检查无线小区配置参数是否正确

（续）

故障类型	故 障 现 象	故 障 分 析	故 障 处 理
小区类故障	频点不一致、小区建立失败	无线小区配置中频点错误	检查无线小区配置中小区频点设置是否正确
	功率匹配失效、小区建立失败	无线小区配置中功率错误	检查无线小区配置中小区的最大功率设置是否正确
	Node B 与 RNC 无法通信，小区建立失败	Node B 与 RNC 传输模式不一致	检查 WMPT 板中的 IUB 接口传输模式设置是否正确
	天线类型设置错误	无线小区配置中扇区设置错误	检查扇区的分级模式选择是否正确

3.3.7 任务单

任　务　单

任务名称	故障排查	学时		班级	
学生姓名		学生学号		任务成绩	
实训材料与仪表	参阅 3.3.5 节	实训场地		日期	
工作任务	以 O1 站型为例，对 RNC 和 Node B 常见故障进行处理，完成系统调测。				
任务目的	1）掌握常见故障类型及处理流程。 2）会用仿真软件正确完成系统的调测。				
（一）资讯					
资讯引导： 1）故障处理流程和方法。 2）RNC 和 Node B 常见故障类型。 3）演示相关操作，分析重点和难点。 4）下发任务单，安排各组具体工作任务，并对工作任务作简要说明。 5）与学生开展讨论，并答疑。					
（二）决策与计划					
（三）实施					
（四）检查（评价）					

3.3.8　考核标准

考 核 标 准

序号	工作过程	主要内容	评分标准	配分	学生（自评）		教师	
					扣分	得分	扣分	得分
1	资讯（10 分）	任务相关知识查找	查找相关知识，该任务知识掌握度达到 60%，扣 5 分	10				
			查找相关知识，该任务知识掌握度达到 80%，扣 2 分					
			查找相关知识，该任务知识掌握度达到 90%，扣 1 分					
2	决策、计划（10 分）	确定方案编写计划	制订整体设计方案，在实施过程中修改一次，扣 2 分	10				
			制订实施方法，在实施过程中修改一次，扣 2 分					
3	实施（10 分）	记录实施过程步骤	实施过程中，步骤记录不完整度达到 10%，扣 2 分	10				
			实施过程中，步骤记录不完整度达到 20%，扣 3 分					
			实施过程中，步骤记录不完整度达到 40%，扣 5 分					
4	检查、评价（60 分）	RNC 侧故障排查	故障现象描述不清晰，扣 5 分	30				
			故障判断不正确，扣 5 分					
			故障定位不准确，扣 5 分					
			故障未能排除，扣 15 分					
		Node B 侧故障排查	故障现象描述不清晰，扣 5 分	30				
			故障判断不正确，扣 5 分					
			故障定位不准确，扣 5 分					
			故障未能排除，扣 15 分					
5	职业规范、团队合作（10 分）	安全文明生产	违反安全文明操作规程，扣 3 分	3				
		组织协调与合作	团队合作较差，小组不能配合完成任务，扣 3 分	3				
		交流与表达能力	不能用专业语言正确流利地简述任务成果，扣 4 分	4				
合计				100				

学生自评总结	

（续）

教师评语			
学　生 签　字	年　　月　　日	教　师 签　字	年　　月　　日

3.3.9　知识能力测试

导入出现以下故障现象的故障数据，进行故障排查：

1）故障现象一，如图 3-37 所示。

告警浏览

流水号	告警名称	告警级别	告警时间	告警ID
1	小区建立失败	重要	2010-05-10 11:46:03.0	4007
2	传输邻节点不可达	重要	2010-05-10 11:46:03.0	4011
3	反向操作维护通道建立失败	重要	2010-05-10 11:46:03.0	4020
4	公共信道建立失败	重要	2010-05-10 11:46:03.0	4026
5	Node B审计无响应	重要	2010-05-10 11:46:03.0	4027
6	小区建立失败	重要	2010-05-10 11:46:03.0	5002

图 3-37　故障现象一

2）故障现象二，如图 3-38 所示。

告警浏览

流水号	告警名称	告警级别	告警时间	告警ID
1	小区建立失败	重要	2010-05-10 11:19:45.0	4007
2	SCIP链路故障	重要	2010-05-10 11:19:45.0	4010
3	NCP/CCP故障	重要	2010-05-10 11:19:45.0	4013
4	小区建立失败	重要	2010-05-10 11:19:45.0	4014
5	业务通道故障	重要	2010-05-10 11:19:46.0	4018
6	公共信道建立失败	重要	2010-05-10 11:19:45.0	4026
7	SCIP链路故障	重要	2010-05-10 11:19:46.0	6006

图 3-38　故障现象二

3）故障现象三，如图 3-39 所示。

告警浏览

流水号	告警名称	告警级别	告警时间	告警ID
1	小区建立失败	重要	2010-05-10 14:52:27.0	5002
2	Node B故障	重要	2010-05-10 14:52:27.0	6015
3	小区建立失败、手机无法搜索到网络	重要	2010-05-10 14:52:27.0	6016
4	频点不一致、小区建立失败	重要	2010-05-10 14:52:27.0	6017
5	小区建立失败	重要	2010-05-10 14:52:27.0	6035

图 3-39　故障现象三

模块4　基站系统运行维护

任务4.1　天馈系统的运行维护

教学目的

知识能力：掌握天馈系统主要运行维护项目的内容和规范。掌握DTF故障定位的原理与方法。

技能能力：掌握Site Master的操作和测试的方法，利用Site Master完成驻波比、回波损耗以及天馈线故障的测试。

社会能力：培养学生分析问题、解决问题的能力。培养学生的沟通能力及团队协作精神。

➢ 知识能力

4.1.1　天馈系统的维护

在移动通信系统中，无线信号的发射和接收都是依靠基站的天馈系统来实现的，因此，天馈系统对于移动通信网络来说，有着举足轻重的作用。如果天馈系统在施工、运行过程中存在问题，或者相应参数设置不当，都会直接影响整个移动通信网络的运行质量。天馈系统的例行巡检、检测和维护是基站系统运行维护的重点。

天馈系统的日常巡检和维护的主要内容及基本要求见表4-1。

表4-1　天馈系统的日常巡检和维护的主要内容及基本要求

类别	项　　目	序号	基本要求
铁塔	抱杆检查、维护	1	检查抱杆外观，确保无变形；对可能锈蚀的部分进行预先处理；对已经锈蚀的部分进行针对性处理，对变形的部分设法恢复
		2	检查抱杆与建筑物间连接固定的可靠性。发现隐患时及时处理
		3	检查抱杆接地线的可靠性，发现隐患时及时处理
		4	检查抱杆的垂直度，发现隐患时及时处理
		5	每遇八级以上大风、雷雨、地震等自然灾害或其他特殊情况的前后必须进行一次全面检查，发现故障和隐患及时处理
	室外走线架检查、维护	1	检查室外走线架的外观，确保无变形。对可能锈蚀的部分进行预先处理；对已经锈蚀的部分进行针对性处理；对变形的部分设法恢复
		2	检查室外走线架与建筑物及铁塔间连接固定的可靠性。发现隐患时及时处理
		3	检查室外走线架接地线的可靠性。发现隐患时及时处理
		4	检查室外走线架的水平度或垂直度。发现隐患时及时处理
		5	每遇八级以上大风、雷雨、地震等自然灾害或其他特殊情况前后必须进行一次全面检查，发现故障和隐患时及时处理

（续）

类别	项　　目	序号	基 本 要 求
铁塔	铁塔（拉线塔）检查、维护	1	检查构件变形和基础沉陷情况、检测铁塔（拉线塔）的垂直度。发现隐患时及时处理、汇报
		2	检查结构螺栓联接的松紧程度。发现隐患时及时处理
		3	检查拉线与地锚之间的受力情况和松紧程度。发现隐患时及时处理
		4	检查所有构件、螺栓、拉线地锚等的防腐、防锈情况。发现隐患时及时处理
		5	每遇八级以上大风、雷雨、地震等自然灾害或其他特殊情况前后必须进行一次全面检查，发现故障和隐患时及时处理
天馈线	天馈线系统检查、维护	1	检查天线数量
		2	检查天线在抱杆上固定的可靠性，保证无松动
		3	天线防雷检查
		4	检查天线安装参数，如方位角、俯仰角或全向天线的垂直度，并做校正处理（如果天线参数调整，则须立即做记录）
		5	天线防雨、密封性检查
		6	小跳线固定、安装检查
		7	检查主馈线各级防雷接地的可靠性
		8	馈线（包括各馈线尾线、跳线）外形变化检查。检查有无过度弯曲，有无破损、老化
		9	主馈线、小跳线数量检查
		10	馈线安装固定情况检查，检查馈线卡或黑扎带固定馈线的可靠性，保证无松动
		11	天馈线系统各接头的防雨、密封检查及天馈线进口的防水处理检查
		12	馈线避水弯检查
		13	塔上微波的室外单元、馈线紧固检查、密封性检查
		14	小区优化时，天线的调整

1. 天馈线的维护

（1）器件除尘　室外天馈部件由于长期受日晒、风吹、雨淋，粘上了各种灰尘、污垢，吸收了水分，对高频信号来说，在灰尘与芯线、芯线与芯线之间形成了电容回路，影响天线接收灵敏度和发射天线驻波比性能，造成基站的覆盖范围下降，严重时导致基站失效。因此，每年应定期用中性洗涤剂给天馈线器件除尘，特别是汛期来临之前。

（2）器件紧固　受风吹及碰撞等外力影响，天线器件和馈线连接处往往会松动而造成接触不良、断裂，天馈线进水或沾染灰尘，致使传输损耗增加，灵敏度降低。器件除尘后，应对天馈线各器件的松动部分除污、除锈，然后重新用防水胶带紧固。

（3）方位校正　室外天线在外力影响下，定向天线的方位角和俯仰角、全向天线的垂直度等会发生变化，影响基站的覆盖性能，造成扇区间的干扰，应在测量相关参数后，对天线重新调整和校正。

（4）馈线检查　检测馈线外形变化有无过度弯曲、破损、老化和接口松动等现象，馈线标注是否完整，同时对馈线的固定夹、接头等组成部分做相应检查。

1）馈线标注检查。馈线两端标注的检查是网络维护的必要措施之一，保证扇区与馈线连接的标注正确，对于故障排除的及时性、正确性有很大的帮助。

通常，两名检测员从上至下或从下至上地对各馈线进行逐一检测。例如，从上至下查看与一扇区天线相连的馈线连入到机房后是否对应地接入一扇区的载频上，若不符，应现场通知有关部门，在将扇区锁掉的情况下，重新正确连接。

2）馈线长度检查。馈线长度测量为网优部门进行阶段调整提供数据支撑。例如，当前使用的馈线发生故障需更换时直接就可以从数据库中调出，节省再次现场测量的时间，提高了工作效率。同时，也可以有效地避免馈线使用中形成的浪费。可由两名检测员用皮尺直接测量。

3）馈线固定夹检查。主馈线在塔体和走线架布放时必须按照走向要求进行固定和绑扎。馈线固定夹的安装间距通常为1.5～2m，应对数量和紧固程度进行检查，如发现用其他方式（如扎带、铁丝和绳子等）固定的应及时上报，根据有关部门通知进行相应的整改。

4）馈线整理。馈线整理时着重查看馈线的物理破损、老化及各个弯曲处有无表皮破损或者是凹陷，如发现馈管破损，则需通知网管关闭所在扇区并现场进行驻波比测量。如无告警，则对外壁进行封闭包扎；如告警或数据超标，则需马上报有关部门进行更换。另外，还要查看馈线的布局是否合理、整齐，如布局凌乱，需进行现场整理，力求馈线布局整齐、美观。

5）馈线接头检查。馈线接头主要检查外部绝缘、防水胶带密封包扎情况，看是否出现老化、脱落和渗水现象，必要时可拆掉包扎层用扳手进行紧固度检查或者进行驻波比测量。

6）扎带检查。部分馈线在走线时无法用固定夹进行固定，只能用扎带进行绑扎固定，这需要检查扎带有无老化、发白或开裂现象。如存在以上问题，需现场进行更换。

（5）馈线窗检查　必须保证安装牢固、密封良好，防止刮风下雨时有雨水渗入或鼠虫等小动物爬入机房内。

（6）馈线接地检查　馈线接地须保证一点一孔连接，不能复接，以免雷击时形成回流，击毁设备。观测馈线接地线的连接位置和连接方式，如发现多股馈线连接到同一接地排的同一孔洞，则立即将多股馈线接地线重新与其他孔洞连接，并用锂基脂涂抹紧固螺栓。如发现馈线接地线直接连接到塔体孔洞，则需记录并通知有关部门增设接地排或将相关装置进行接地。正确接地方式如图4-1所示。

图4-1　正确接地方式

对馈线窗和馈线接地排位置进行观测，如接地排和馈线在同一直线甚至高于馈线窗时，需记录并通知有关部门进行整改。

（7）馈线弯曲半径检查　在施工中根据需求可能将馈线进行弯曲。例如，将多余馈线弯曲成圈进行绑扎或制作避水弯，但如果弯曲半径过小，将对信号传输造成影响。

2. 铁塔的维护

铁塔承载天馈系统的基站户外设备，包括角钢塔、单管塔、拉线塔和桅（抱）杆等。在制定维护计划时，要充分考虑当地气候、地貌和地形情况，合理规避恶劣环境带来的维护难度。通常，维护周期为半年。当遇到自然灾害和特殊情况时，应及时检查和维护。在维护周期内对通信铁塔各部位进行全面检修、调整、除锈和刷漆等维护保养。维护的具体内容包括：

1）塔基螺栓紧固，除锈涂漆，检查基础水平度。

2）检验塔体各连接部位的螺栓力矩，塔身整体螺栓从上至下全面紧固，增补塔体各部位短缺的螺栓和螺母。

3）检测塔体连接板的密贴度，检查螺栓是否齐全。

4）铁塔必须有底漆，镀层均匀，无气泡、返锈和翘皮现象。

5）不管是楼顶拉线塔拉线还是地面拉线塔拉线，其拉线与铁塔的夹角必须控制在25°~30°。拉线锚严禁打在女儿墙上，拉线采用的钢绞线不可有连接头，拉线尾部必须和主线用夹头固定在一起。

6）检查塔体有无扭曲、变形现象。塔体及螺栓锈蚀在20%范围内（超过20%的要列为大修项目），必须进行除锈、刷漆和防腐保养。

7）平台、爬梯和走线架各部位的检修保养。

8）铁塔防雷接地装置的全面检修保养，避雷针安装的垂直偏差不大于5%。

9）铁塔设备的测试指标主要是：接地电阻小于5Ω，铁塔垂直度小于或等于1‰，局部弯曲度小于或等于1‰，螺栓力矩M16以下为68.65N·m，M16以上为98.07N·m，密贴度大于75%，基础水平度小于1.5mm。

4.1.2　天馈系统的故障

1. 故障现象

移动通信系统中，天馈系统由于暴露在恶劣的室外环境下，可能遭到各种自然和人为因素的破坏而产生故障。故障主要发生在天线、电缆和接头部件上。

（1）天线故障　天线故障主要是由雷电、雨雪、风、紫外线辐射等造成的破坏；四季温差循环变化所造成的破坏；大气污染所造成的腐蚀；由于环境条件使天线防护罩的介质特性发生变化，从而导致天线性能的变化。

（2）电缆故障　施工不当可引起电缆故障，例如，接地夹过紧而导致馈线外导体变形；接头部件安装过紧，热胀冷缩导致松动；密封防水胶带绑扎不当，导致腐蚀、电缆渗水；绝缘层损坏，导致外导体腐蚀；积雪覆盖、低温结冰造成电缆损坏。

（3）接头故障　接头制作、安装工艺不良造成渗水、腐蚀、中心导体接触不良等。

2. DTF 故障定位

天馈系统的好坏直接影响到基站的性能。衡量一个基站天馈线的安装质量和运行状况的重要指标是：驻波比（VSWR）或回波损耗（RL）（有关两指标的关系可参看任务2.1）。对于天馈线，检测和维护的一种重要方法就是故障距离（Distance To Fault，DTF）测量。故障距离测量提供了相对于距离的驻波比或回波损耗变化信息。基于故障距离的测量可以定位天馈线上的故障点，包括接头、天线和电缆故障的相对距离。对于现场测试人员来说，利用此方法在塔底即可完成故障测试和定位，给系统维护带来便利。此外，通过 DTF 还可以监测到天馈线的微小变化，对可能的故障防范于未然。

每一个天馈线都有其特有的驻波比、回波损耗和相对位置关系的图形。例如，天馈线上的跳线、主馈线、接头、接地夹、天线，包括故障点等都会产生反射，这些反射在故障定位中体现为高驻波区或数据图形的“拐点”。如果能够定期检测天馈线的这些变化特性，那么在故障定位中将维护时所测数据与系统交付使用时的“基准数据”相比较，就可定位故障。检测驻波比或回波损耗数据，完成 DTF 测量的仪器常采用天馈线分析仪（如 Site Master S331D 等）。

DTF 测试定位故障的方法可描述如下：

1）从天馈线分析仪已存储的记录中调用（或从计算机中获取）所需待测系统的“基准数据”作为正确数据。

2）完成待测系统的实测数据。

3）将实测数据与“基准数据”相比较，分析数据变化情况，获取高驻波区和“拐点”，定位故障点。例如，图 4-2 所示为基于距离的回波损耗曲线。通过将实测数据与正确的数据相比较，可发现相对测试距离上的问题点。

4）对必要的故障点进行维修和更换。

5）排除故障后，应再次进行故障的定位测试，以提供系统新的基准数据。这些新数据同样应分类储存，以备下次使用。

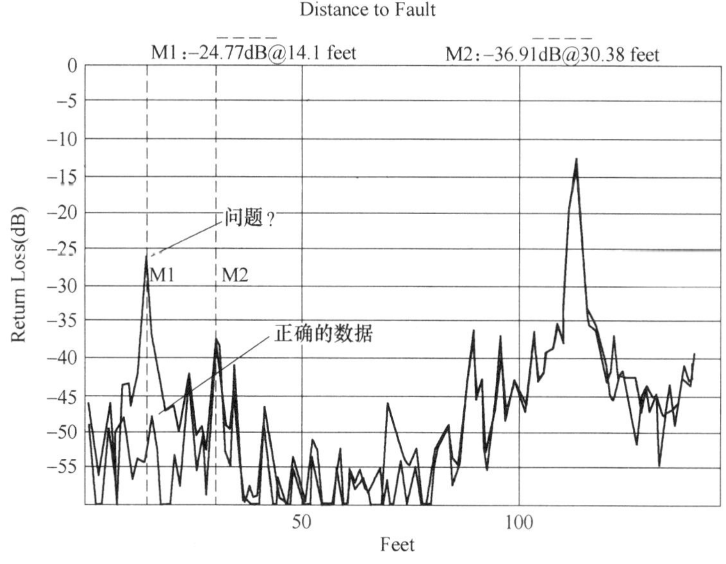

图 4-2　基于距离的回波损耗曲线

4.1.3　Site Master 天馈线分析仪

Site Master 天馈线分析仪是一种手持式电缆和天线分析仪，具有体积小、操作简单等特点，便于技术人员在现场对天馈线进行测试。图 4-3 所示为 Site Master S331D 天馈线分析仪。Site Master 采用频域反射技术，可测量天馈线的驻波比、馈线的回损、缆线的插入损耗及进行 DTF 故障定位，并可与计算机相连，通过在 Windows 环境下运行的软件对其测试数据进行管理和分析。

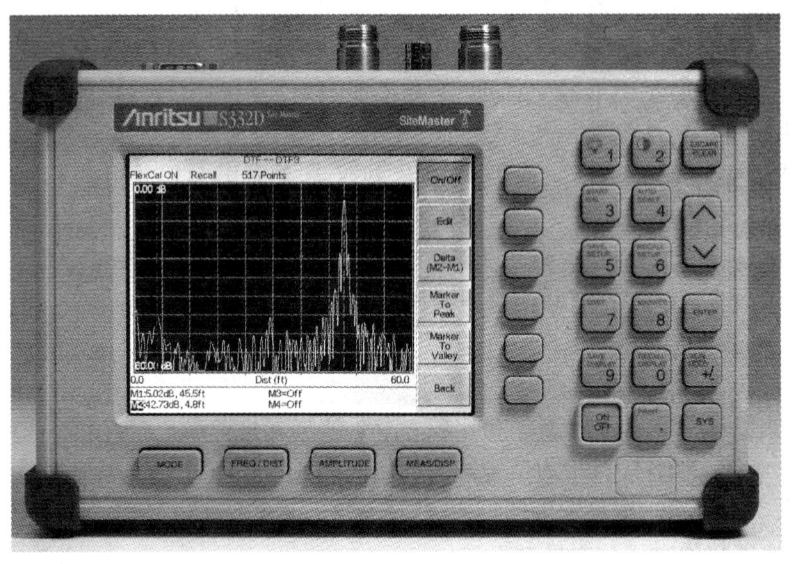

图 4-3　Site Master S331D 天馈线分析仪

1. 前面板功能

Site Master S331D 前面板功能分为 3 个按键操作区和 1 个显示屏，如图 4-4 所示。功能硬键区位于前面板显示屏的下方，用来设置仪器的测量状态，共分为模式（MODE）、频率/距离（FREQ/DIST）、幅度（AMPLITUDE）和测量/显示（MEAS/DISP）4 种硬键；前面板的右侧为小键盘硬键区，共有 17 个小键盘硬键，用来实现当前操作模式和数字输入功能，小键盘硬键中的 12 个键为复用键，可执行一个以上的功能，其中一个功能用黑色标记，另一个功能用蓝色标记；软键区包括 6 个软键，各软键功能与显示屏中的软件菜单一一对应。

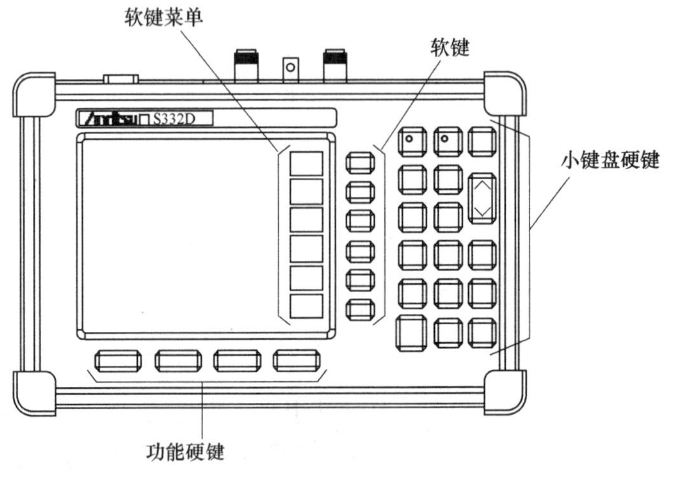

图 4-4　Site Master S331D 前面板功能

2. 测试面板

位于仪器顶端测试面板上的连接器和指示器功能如图 4-5 所示。

3. 选择频率

对于 OSL/FlexCal 校准方法来说，需要的测量频率范围必须设定。当特定的信号标准被选定后，Site Master 将会自动设定频率，或者可以使用 F1 和 F2 软键手动设定频率。

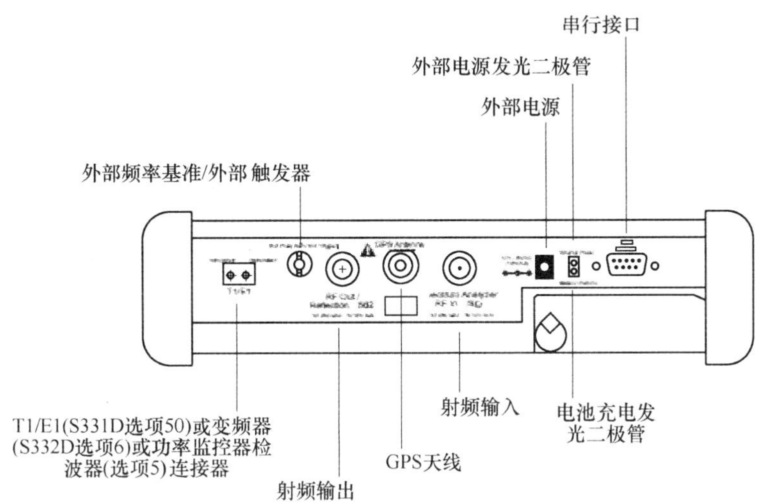

图 4-5　测试面板上的连接器和指示器功能

通过以下方法把频率设定为用于 OSL/FlexCal 校准的一个特定信号标准：

1）按下 FREQ/DIST 键。

2）按下 Signal Standard 软键。

3）使用向上/向下箭头键选中需要的标准，然后按下 ENTER 键进行选择。

设定信号标准后，可通过如下方法手动设定用于 OSL/FlexCal 校准的频率范围：

1）按下 FREQ/DIST 键。

2）按下 F1 软键；使用小键盘硬键直接输入频率，也可使用“∧”或“∨”键调整需要的起始频率；按下 ENTER 键，把 F1 设定为需要的频率。

3）按下 F2 软键；使用小键盘硬键直接输入频率，也可使用“∧”或“∨”键调整需要的起始频率；按下 ENTER 键，把 F2 设定为需要的频率。

4）检查所显示的起始频率和结束频率是否和需要的测量范围相匹配。

4. 校准

为了得到精确的测量结果，Site Master 在做任何测量之前必须被校准。当设置的频率改变、超过校准温度范围时，或者当测试端口延长电缆被拆卸、更换时，Site Master 一定要重新校准。校准 Site Master 的 4 种方法为：FlexCal 或 OSL 校准，通过分立器件或 InstaCal 自动校准模块来完成。图 4-6 所示为自动校准连接示意图。采用 InstaCal 自动校准的步骤如下：

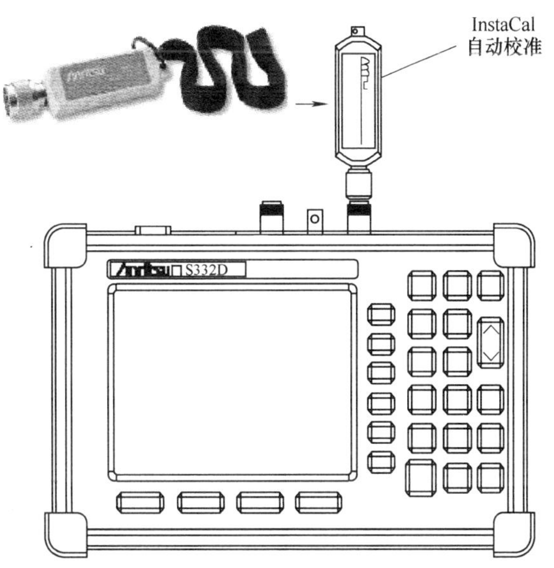

图 4-6　自动校准连接示意图

1）通过按下 SYS 键和紧接着按下 Application Options 软键来选择 OSLCal。当前选择的校准方法指示在显示屏状态窗口的底部。使用 CAL Mode 软键来选择 OSL 校准方法。

2）选择适当的频率范围。

3）按下 START CAL 键，消息“Connect OPEN or InstaCal to RF Out port”将出现在一个消息框中，校准类型在消息框的标题栏中。

4）把 InstaCal 自动校准模块连接到射频输出 RF Out 端口上。

5）按下 ENTER 键，Site Master 检测 InstaCal 自动校准模块，并使用 OSL 过程自动校准仪器。校准时间大约为 45s。当校准完成时，仪器发出提示音。

6）自动校准中，可以通过观察“Cal On!”消息是否出现在显示屏状态窗口的左上角，判断校准是否正确进行。

5. 频域测量

按图 4-7 所示的测试连接示意图，正确连接测试仪器和被测天馈线。频域测量驻波比（VSWR）或回波损耗（RL）的简易操作步骤如下：

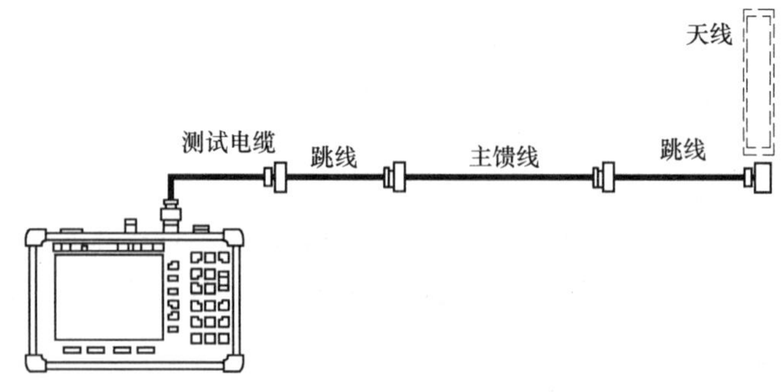

图 4-7　测试连接示意图

1）按 MODE 键，用“∧”或“∨”键选中“频率—驻波比”或“频率—回波损耗”，按 ENTER 键确认。

2）按 FREQ 键，可以在 25MHz ~ 4GHz 频率范围内设定校准的频率范围。

3）按 F1 键完成起始频率的设定（如 800MHz），按 F2 键完成终止频率的设定（如 2500MHz）。

4）按 Start Cal 键，将自动校准模块连接到射频输出口，按 ENTER 确认，仪器开始自动校准。

5）取下自动校准模块，将被测器件连接到仪器的射频输出端口，仪器自动扫描测试被测器件，测试结果以曲线显示在屏幕上，如图 4-8 所示。

6）按 Mark 键→M1 软键→选择编辑，可以用“∧”或“∨”键将标记线移动到你想要观测的任何频点上，标记的频率和幅度值自动显示在显示屏上。

7）按 SAVE DISPLAY 键编辑希望保存的曲线名，按 ENTER 键即可将测试结果保存到仪器的存储器中。

8）按 RECALL DISPLAY 键，用“∧”或“∨”键选中希望调出的曲线名称，按 ENTER 键即可调用仪器中已存储的曲线。

9）按 SAVE SETUP 键，再按 ENTER 键即可保存当前的仪器设置，以便下次使用。

10）按 RECALL SETUP 键，用“∧”或“∨”键选中希望调出的仪器设置条，再按 ENTER 键即可调用已存储的仪器设置，这样可省去每次测试对仪器的重复设置，简化仪器的操作。

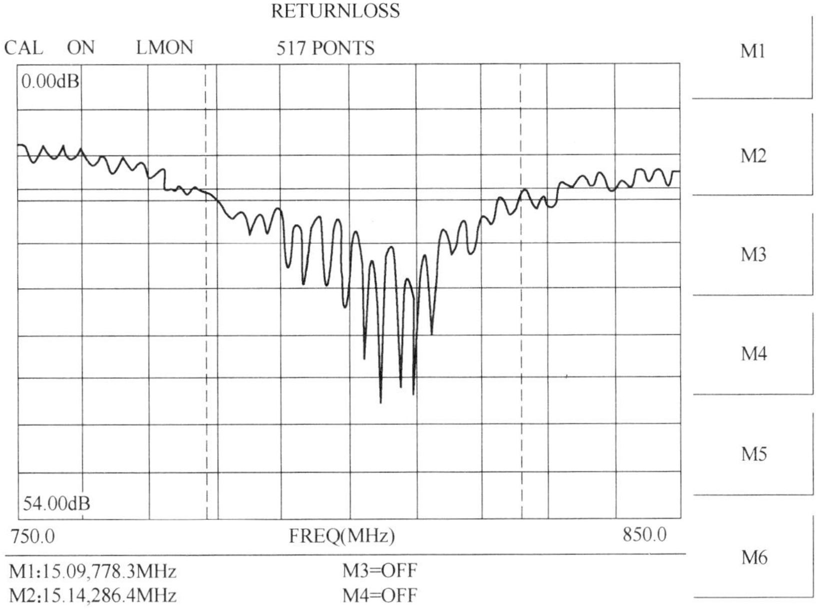

图 4-8　频域回波损耗曲线

6. DTF 故障定位

DTF 故障定位的简易操作步骤如下：

1）按 MODE 键，用“∧”或“∨”键选中“频率—驻波比”或“频率—回波损耗”，按 ENTER 键确认。

2）设定校准的频率范围，采用自动校准模块校准仪器。

3）按 MODE 键，用“∧”或“∨”键选中“故障定位—驻波比”或“故障定位—回波损耗”，按 ENTER 键确认。

4）按 D1 设定起始距离（如 0m），按 D2 设定终止距离（如 50m）。

5）按 DTF 帮助软键，在弹出菜单中按照被测电缆修改相对传播速度（如 0.82）。

6）取下自动校准模块，将被测件连接到仪器的射频输出端口，仪器自动扫描测试被测件，测试结果以曲线显示在屏幕上。

7）按 Mark 键→M1 软键→选择编辑，可以用“∧”或“∨”键将标记线移动到想要观测的任何位置上，对应位置的距离和幅度值自动显示在屏幕上。

8）按 Mark 键→M1 软键→选择峰值搜索，可以自动标记到测试曲线的最大值位置，这一点也就是故障点的位置。故障定位曲线如图 4-9 所示。如果测试曲线上有多个峰值，最多同时标记 6 个。

9）按 SAVE DISPLAY 键编辑希望保存的曲线名，按 ENTER 键即可将测试结果保存到仪器中。

10）按 RECALL DISPLAY 键，用“∧”或“∨”键选中希望调出的曲线名称，按 ENTER 键即可调用仪器中已存储的曲线。

11）按 SAVE SETUP 键，再按 ENTER 键即可保存当前的仪器设置，以便下次使用。

12）按 RECALL SETUP 键，用“∧”或“∨”键选中希望调出的仪器设置，再按 EN-

TER 键即可调用该仪器设置，简化仪器的操作。

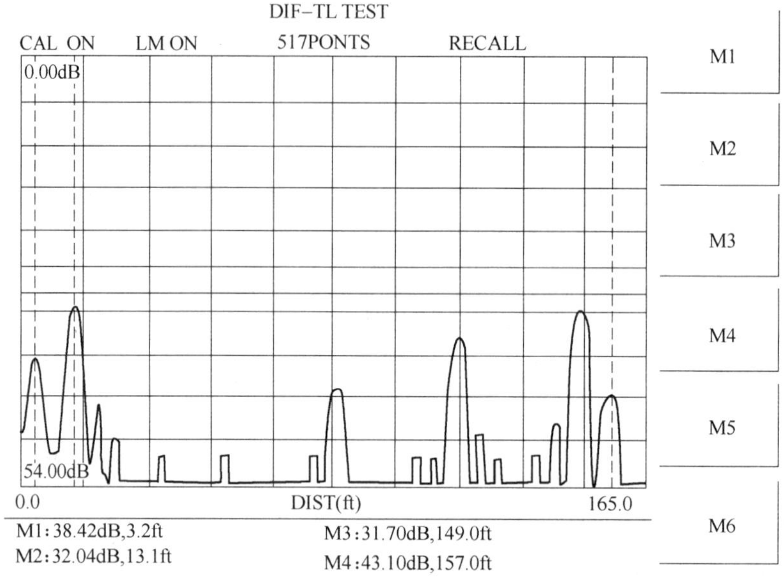

DIF−TL TEST
CAL ON　LM ON　517PONTS　RECALL
0.00dB
54.00dB
0.0　DIST(ft)　165.0
M1:38.42dB,3.2ft　M3:31.70dB,149.0ft
M2:32.04dB,13.1ft　M4:43.10dB,157.0ft
M1　M2　M3　M4　M5　M6

图 4-9　故障定位曲线

7. 注意事项

1）禁止将仪器的测试口与信号源或连接有信号源的测试电缆相连接。

2）防静电。在对基站或室内分布系统的安装维护测试中，天馈线连接到仪器之前，请先用导体将馈线放电，必须确保被测天馈线不带电，而且没有静电，再连接到仪器进行测试。

3）被测馈线与仪器相连之前，确认接头完好。

4）仪器长期存放时，要定期开机去潮，并将电池拔出，放在干燥清洁的环境中保存。

5）新仪器前 3 次充电时须连续充电 12h，以提高电池的使用寿命。

6）仪器必须使用随机配置的专用 AC/DC 电源适配器，不能与其他仪器的充电电源交叉使用。

7）对仪器进行充电时，请选择接地良好的交流电源，以免损坏仪器。

8）使用时请保持测试端口清洁，射频端口的清洁状况对端口的驻波比指标有影响。

9）完全使用外接交流电源时，不能随意拔插电源，只能在仪表关机后再拔插电源。

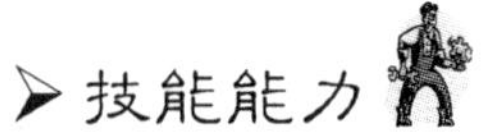

4.1.4　工作任务描述

要求学生以组为单位，合理制订实施计划，完成指定天馈系统的维护和测量。具体工作任务要求如下：

1）对指定天馈系统进行检查，记录检查内容，对发现的问题提出整改意见。

2）对指定天馈线进行驻波比（VSWR）和回波损耗（RL）的测量。

3）采用 DTF 故障定位法对指定天馈线进行测量，指出可能的故障点。

4）完成相关数据文档。

4.1.5　工具、仪器及材料

所需工具、仪器及材料为 Site Master S331D、钳形接地地阻仪、万用表、数显倾角仪、罗盘仪、数码相机、激光测距仪、GPS、日常维护工具等。

4.1.6　操作步骤

1. 天馈系统的维护

1）以小组为单位制订维护计划，提交所需工具仪器清单，并清点检查。

2）参照表4-2的形式，根据对实际天馈系统的检查填写该表。

表4-2　维护单

类别	项　　目	序号	检查内容	出现的问题	整改方案
铁塔	抱杆检查、维护	1			
		2			
		3			
		4			
		5			
	室外走线架检查、维护	1			
		2			
		3			
		4			
		5			
	铁塔（拉线塔）检查、维护	1			
		2			
		3			
		4			
		5			
天馈线	天馈线系统检查、维护	1			
		2			
		3			
		4			
		5			

2. 天馈线的测量

1）认真查阅 Site Master S331D 产品手册，熟悉仪器控制面板和接口的基本功能。

2）按照“频域测量”步骤，完成对指定天馈线的 VSWR 和 RL 的测量，并提交测量数据。

3）按照“DTF 故障定位”步骤，完成对指定天馈线的 DTF 测试并提交测试数据，分析指出可能的故障点。

4.1.7 任务单

任　务　单

任务名称	天馈系统的运行维护	学时		班级	
学生姓名		学生学号		任务成绩	
实训材料	参阅 4.1.5 节	实训场地		日期	
工作任务	指定天馈系统的维护和测量				
任务目的	1）掌握天馈系统运行维护的基本项目、内容和规范。 2）掌握 Site Master S331D 的功能、操作规范和测试方法。 3）掌握天馈线的 VSWR 和 RL 测量，利用 DTF 进行故障定位。 4）培养学生团队合作、爱护工具、爱岗敬业、吃苦耐劳的精神，加强安全意识。				
（一）资讯					
资讯引导： 1）查看 Site Master S331D 产品说明书，深入了解仪器的功能和使用注意事项。 2）查阅相关资料，总结天馈系统运行维护的主要项目、内容和规范。 3）查阅相关资料，总结天馈线的有关性能和参数指标。 4）按小组分析各组任务，按照工作任务总结涉及的相关知识和技能。					
（二）决策与计划					
（三）实施					
（四）检查（评价）					

4.1.8　考核标准

考 核 标 准

<table>
<tr><th rowspan="2">序号</th><th rowspan="2">工作过程</th><th rowspan="2">主要内容</th><th rowspan="2">评分标准</th><th rowspan="2">配分</th><th colspan="2">学生（自评）</th><th colspan="2">教师</th></tr>
<tr><th>扣分</th><th>得分</th><th>扣分</th><th>得分</th></tr>
<tr><td rowspan="3">1</td><td rowspan="3">资讯
（10 分）</td><td rowspan="3">任务相关知识查找</td><td>查找相关知识，该任务知识掌握度达到 60%，扣 5 分</td><td rowspan="3">10</td><td></td><td></td><td></td><td></td></tr>
<tr><td>查找相关知识，该任务知识掌握度达到 80%，扣 2 分</td><td></td><td></td><td></td><td></td></tr>
<tr><td>查找相关知识，该任务知识掌握度达到 90%，扣 1 分</td><td></td><td></td><td></td><td></td></tr>
<tr><td rowspan="2">2</td><td rowspan="2">决策、计划
（10 分）</td><td rowspan="2">确定方案编写计划</td><td>制订整体设计方案，在实施过程中修改一次，扣 2 分</td><td rowspan="2">10</td><td></td><td></td><td></td><td></td></tr>
<tr><td>制订实施方法，在实施过程中修改一次，扣 2 分</td><td></td><td></td><td></td><td></td></tr>
<tr><td rowspan="3">3</td><td rowspan="3">实施
（10 分）</td><td rowspan="3">记录实施过程步骤</td><td>实施过程中，步骤记录不完整度达到 10%，扣 2 分</td><td rowspan="3">10</td><td></td><td></td><td></td><td></td></tr>
<tr><td>实施过程中，步骤记录不完整度达到 20%，扣 3 分</td><td></td><td></td><td></td><td></td></tr>
<tr><td>实施过程中，步骤记录不完整度达到 40%，扣 5 分</td><td></td><td></td><td></td><td></td></tr>
<tr><td rowspan="8">4</td><td rowspan="8">检查、评价
（60 分）</td><td rowspan="3">天馈系统维护</td><td>检查项目不完整，一处扣 1 分</td><td rowspan="3">25</td><td></td><td></td><td></td><td></td></tr>
<tr><td>发现问题不完整，一处扣 1 分</td><td></td><td></td><td></td><td></td></tr>
<tr><td>整改方案不当，一处扣 1 分</td><td></td><td></td><td></td><td></td></tr>
<tr><td rowspan="3">天馈线测量</td><td>仪器操作不当，扣 10 分</td><td rowspan="3">25</td><td></td><td></td><td></td><td></td></tr>
<tr><td>VSWR 或 RL 测试不正确，一个扣 5 分</td><td></td><td></td><td></td><td></td></tr>
<tr><td>DTF 故障定位错误，扣 5 分</td><td></td><td></td><td></td><td></td></tr>
<tr><td rowspan="2">文件与报告</td><td>相关报告不完整，扣 5 分</td><td rowspan="2">10</td><td></td><td></td><td></td><td></td></tr>
<tr><td>测量数据提交不完整，扣 5 分</td><td></td><td></td><td></td><td></td></tr>
</table>

（续）

<table>
<tr><th rowspan="2">序号</th><th rowspan="2">工作过程</th><th rowspan="2">主要内容</th><th rowspan="2">评分标准</th><th rowspan="2">配分</th><th colspan="2">学生（自评）</th><th colspan="2">教师</th></tr>
<tr><th>扣分</th><th>得分</th><th>扣分</th><th>得分</th></tr>
<tr><td rowspan="3">5</td><td rowspan="3">职业规范、团队合作（10 分）</td><td>安全文明生产</td><td>违反安全文明操作规程，扣 3 分</td><td>3</td><td></td><td></td><td></td><td></td></tr>
<tr><td>组织协调与合作</td><td>团队合作较差，小组不能配合完成任务，扣 3 分</td><td>3</td><td></td><td></td><td></td><td></td></tr>
<tr><td>交流与表达能力</td><td>不能用专业语言正确流利地简述任务成果，扣 4 分</td><td>4</td><td></td><td></td><td></td><td></td></tr>
<tr><td colspan="4">合计</td><td>100</td><td colspan="4"></td></tr>
</table>

<table>
<tr><td>学生自评总结</td><td colspan="3"></td></tr>
<tr><td>教师评语</td><td colspan="3"></td></tr>
<tr><td>学　生
签　字</td><td>年　月　日</td><td>教　师
签　字</td><td>年　月　日</td></tr>
</table>

4.1.9　知识能力测试

1）简述天馈系统日常巡检的主要项目内容和规范。

2）简述使用 Site Master S331D 天馈线分析仪对馈线进行故障定位的方法。

3）简述使用 Site Master S331D 天馈线分析仪测试驻波比和回波损耗时的注意事项。

任务 4.2　机房设备的运行维护

教 学 目 的

知识能力：掌握机房室内设备运维项目的内容和规范。

技能能力：能对机房的环境、主设备、传输设备、电源系统等进行日常维护；使用通过式功率计对系统射频功率进行测试。

社会能力：培养学生分析问题、解决问题的能力。培养学生的沟通能力及团队协作精神。

4.2.1　运行维护概述

基站的运行维护是保障移动通信网络畅通的必要手段。除天馈线系统外，机房设备的运行维护同样是基站运行维护的重要环节，可分为方案编制、日常巡查、定期测试、障碍处理、突发事件处理、基站设备更新改造、割接和维护报表等。基站的运行维护工作应贯彻“预防为主、防抢结合”的方针，坚持“预检预修”的原则，精心维护、科学管理，积极主动采取有效措施，消除隐患，保持基站设施完整、良好。

1. 运行维护内容

机房是基站重要设备的运行场所，主要包括 Node B/BTS 主设备、传输系统、电源系统、监控系统和空调等主要室内设备。机房设备的运行维护内容为①环境及安全巡检。②基站主设备的维护。③电源系统的维护。④传输系统的维护。⑤空调与监控设备的维护。⑥其他设备的维护。

2. 机房出入安全规定

1）严禁无关人员进入基站机房。进入机房的工作人员有义务对所有设备进行一次巡视，如发现设备有异常情况（如运行设备的告警、防水防盗门窗的完好与否、防火设施的完好与否、其他附属设施的完好与否），应立即向运行维护部门报告，以便及时处理，避免造成更大的危害。

2）任何人员出入基站机房必须认真填写相关出入机房登记表。

3）基站维护、巡监人员必须有明确的工作目的和维护作业计划，按维护规程和规范进行操作，填写维护作业计划和相关质量记录。

4）工程部门、施工单位及相关施工人员进入基站机房施工，须经运行维护部门的同意和相关专业人员随工。每天施工结束后，应由施工人员负责清洁和整理。

5）进站工作人员严禁操作与工作内容无关的设备和操作项目，如有操作失误或操作不当造成任一设备工作不正常或告警发生时，应及时报告基站监控中心，并及时通知相关区域维护人员快速进行故障抢修。

6）进站工作人员在工作期间不得与业主或邻居发生不必要的矛盾，或做有损业主或邻居的事，有问题应协调处理。

7）保持站内环境卫生，严禁吸烟、吃零食、喝饮料。

8）进站工作人员在离开基站机房前再进行一次巡视，并填写离开时间，将照明灯关掉、门窗关好。

3. 维护人员要求

1）维护人员无论是对基站巡检还是进行故障处理，都要熟悉基站内所有设备的基本功能和操作，设备运行指标要清楚。

2）每次上站进行维护时要对所有设备和房屋基础进行排查，杜绝隐患。

3）基站维护人员定期进行业务培训和考核。

4）维护部门选派技术满足要求、责任心强的维护人员作随工。随工人员要自始至终陪同，做好基站巡检、施工、整改和其他维护工作。对不符合工程、维护等规范的，要及时提出并要求整改、重测和重新记录等。

5）有关人员必须加强机房钥匙管理，做好借/还的登记。

4. 维护工具和备件管理

1）针对运行维护工具和备件，各级运行维护部门应制订相应的管理制度。

2）所有运行维护工具和备件都应列入维护管理范围。入库、领出、升级、报废和返修等由专人负责。

3）运行维护工具和备件必须要有详尽的使用记录。

4）运行维护工具和备件需登记造册，保证数量和种类配置齐全，确保性能和功能正常，确保所有配件和使用手册（说明书）齐全。

5）维护工具应由专人定期保养，妥善存放，做好防尘防潮工作。特殊工具应专柜存放，并要按规定进行绝缘和电气标准的检验，确保工具质量良好。

5. 故障处理

1）基站出现一般故障或紧急严重故障时，维护人员接到基站维护值班监控人员故障通知后，应立即按照故障单要求上站处理。应充分考虑并携带排除故障所需工具和所需备件，迅速赶到故障地点处理。

2）分专业做好故障处理记录，包括故障发生时间、发现人员、故障现象、故障原因、故障处理方法、故障处理完毕时间、故障处理效果、测试情况和故障上报时间等。

3）维护人员在处理故障时，必须对现场各种告警信息、故障显示、故障记录报告等进行认真分析处理，一般应不影响正在通话的用户或任意扩大影响范围，并严格按照各设备厂商提供的故障诊断手册、设备操作手册等规定的命令和操作方法进行处理。

4）应遵循先抢通、后分析，先局内、后局外，先本端、后对端，先交换（无线）、后传输的原则进行处理，建立处理分级制度，确保重点基站的优先处理。

5）紧急障碍抢修、突发事件发生时，基站所有维护人员（包括市区和郊县人员）的手机 24h 均应保持开机状态，便于调度联系。遇到紧急情况（如天气、电力故障原因造成大面积掉站等重大故障）时，停止一切巡检和例行性维护工作，维护人员在各个区域待命，由值班人员随时调度上站处理紧急故障。在故障处理后，各区域维护人员组织力量进行基站设施的排查工作，发现隐患及时上报解决。

6）故障处理时效：对于一般故障，维护人员应在接到通知单的当日处理并作记录，下班前将记录单反馈至值班人员；对于紧急故障，维护人员应保证在市区 1h、远郊区县 2h 内赶到故障现场，故障处理过程中随时与基站监控值班人员保持联系，故障处理完毕应立即将情况反馈至值班人员。

6. 维护周期

对于基站综合维护服务，VIP 基站要求每月巡检两次，其他基站每月巡检一次，偏远基站按需安排巡检工作，如海岛（必须乘船抵达）、高山（海拔 1000m 以上）以及其他一些距离较远、行车不可直达或行车时间较长的基站。

按照维护规范要求和维护内容的不同，可分为月检、季检、半年检和年检。例如，每月对基站机房环境、主辅设备、线缆状态等进行巡检；每季度对电池端电压、传输布线、铁塔桅杆等进行检测、维护；每半年对基站发射功率、蓄电池等进行检测、维护；每年对天馈特性、电源系统进行全面检测、维护。

4.2.2 维护项目和要求

1. 环境及安全巡检

对基站机房环境及安全的日常巡检见表 4-3。有关人员应坚持定期巡检，在重要通信保障期间，根据服务区内的组网情况，本着“先重点后一般”的原则增加巡检次数。详细记录巡检中所发现的问题并及时处理，如遇重大问题时，应及时上报。当时不能处理的问题，应列入维修作业计划，并尽快解决。

表 4-3　对基站机房环境及安全的日常巡检

项　目	序　号	周　期	要　求
环境及安全检查、维护	1	月	检查机房外观有无破损，楼面、墙体、围墙有无开裂，如有损坏，须及时修补。检查基站彩钢板组合机房的使用情况、房屋状况，发现隐患时及时处理、汇报
	2		检查机房内各处是否有滴漏。如有损坏，须及时修补
	3		检查各门窗是否密封、破损。如有损坏，须及时修补
	4		检查交流引入线周围环境是否正常，注意供电电缆的地面有无施工、挖掘。发现隐患时及时处理
	5		检查馈线、电源、空调、接地的进/出口是否完好，如有损坏，须及时修补
	6		检查壁电、照明是否正常。如有损坏，须及时更换
	7		检查机房内灭火器的压力、有效期，如失效，须及时更换
	8		清理机房内外、楼顶及工程结束后的杂物
	9		机房内门窗、场面、所有设备机架、电源设备、蓄电池、空调、灭火器等保持清洁，保持机房内环境良好
	10		检查基站门锁，做好基站、空调室外机组的安全检查工作。发现隐患时及时处理
	11		检查并记录机房温度、湿度。温度范围为 20～28℃，湿度为 20%～80% RH。发现不符合要求时及时处理
	12		检查并记录电表度数，电表有故障时要及时更换
	13	及时	基站围墙内及靠近基站 3～5m 空间内的杂草或树木应砍除
	14	年	基站铁门、木门维护（如铁门除锈、油漆、门锁保养等）
	15	按需	代付电费、房租费（费用另计）
	16	及时	及时上报和协调好基站外的市电引入变化等情况

2. 基站主设备的检查与维护

基站主设备包括 Node B、BTS 收发信机等设备。基站主设备的检查与维护见表 4-4。每次巡检需进行拨打测试，确认基站正常运行。每次通话时长不得少于 2min。每次巡检应保证基站设备的清洁。对于设备暴露在机柜外部和模块表面的情况可采用吸尘器或绝缘刷清理，不易清除的污渍可采用酒精，但要注意酒精可能对设备造成损坏，机柜表面可用拧干的湿布清洁。在检查、维护过程中应注意设备连线、开关、按键等保持原状，避免误操作造成通信故障或中断。遇有不能处理的故障，要及时上报相关部门。

表 4-4　基站主设备的检查与维护

<table>
<tr><th>项　目</th><th>序　号</th><th>周　期</th><th>要　求</th></tr>
<tr><td rowspan="12">基站主设备检查、维护</td><td>1</td><td rowspan="7">月</td><td>检查主设备的工作电压，检查各模块的工作情况、插板 LED 指示是否正常，将任何红灯告警及异常情况及时向运行维护部门反映</td></tr>
<tr><td>2</td><td>主设备各机架的密封检查，检查密封条是否有撕裂褶皮现象。若有损坏，要及时处理</td></tr>
<tr><td>3</td><td>检查室内馈线、连接线和连接头的情况</td></tr>
<tr><td>4</td><td>检查 DDF 架、2M 线、光缆、终端盒、盘纤盒、尾纤和法兰盘的情况</td></tr>
<tr><td>5</td><td>检查机内是否有水珠和铁锈，各线缆接头是否锈蚀</td></tr>
<tr><td>6</td><td>检查各设备散热装置空气入口、风扇装置内有无杂物，若有，要及时清理</td></tr>
<tr><td>7</td><td>直放站、室内分布系统的巡视工作，配合故障抢修</td></tr>
<tr><td>8</td><td rowspan="5">按需</td><td>驻波比、发射功率等测试，各类割接测试</td></tr>
<tr><td>9</td><td>故障模块的更换</td></tr>
<tr><td>10</td><td>配合完成基站的紧急抢修工作</td></tr>
<tr><td>11</td><td>配合完成固定资产清查和综合资源普查工作</td></tr>
<tr><td></td><td>配合定位测试等工作</td></tr>
</table>

3. 传输设备的检查与维护

基站传输设备包括光传输设备和无线传输设备等。基站传输设备的检查与维护见表 4-5。每次巡检需查看设备各单元、设备架间的连接、组成模块的工作状态，发现设备机架、面板告警及时报告并处理。保证设备的清洁并定期清洗设备滤网。每次巡检需进行拨打测试，确认基站正常运行。遇有不能处理的故障，要及时上报客户相关部门。

表 4-5　基站传输设备的检查与维护

<table>
<tr><th>名称</th><th>项　目</th><th>序号</th><th>周　期</th><th>要　求</th><th>备　注</th></tr>
<tr><td rowspan="7">传输设备</td><td rowspan="7">传输设备检查维护</td><td>1</td><td rowspan="4">月</td><td>设备清洁、除尘、风扇和过滤网清洗</td><td></td></tr>
<tr><td>2</td><td>检查设备和板卡告警指示测试设备温度，预报告警</td><td></td></tr>
<tr><td>3</td><td>测试工作电压、AGC 电压、收发电平等性能指标</td><td></td></tr>
<tr><td>4</td><td>检查接地防雷措施、设备固定、线缆绑扎、天线方位调整、微波馈线密封检查和胶泥更换等</td><td></td></tr>
<tr><td>5</td><td>按需</td><td>整改光纤、电缆等绑扎，更新标签</td><td></td></tr>
<tr><td>6</td><td>季度</td><td>配合资产登记、标签更新等</td><td></td></tr>
<tr><td>7</td><td>按需</td><td>配合 SDM、MW、PDH 设备和板卡等简单故障处理</td><td></td></tr>
</table>

（续）

名称	项　　目	序号	周　　期	要　　求	备　　注
PDH数字微波设备及电路	数字微波收发信机的测试	1	年	主电源盘电压	
		2		直流变换电源盘电压	
		3	按需	收发信本振电平	
		4		收发信本振频率	
		5		中频输入/输出	
		6		发信功率电平	
		7		发信频谱及三阶交调失真	
		8		收信中频频率	
		9		自动增益控制范围	
		10		主中放输出电平	
		11		分集接收合成性能检查	
		12		收信机噪声系数	
		13		机内表头测试	
		14	年	各指示器校正及告警性能检查	
		15		主电源盘电压	
		16		直流变换电源盘电压	
	调制解调设备的测试	1	年	主电源盘电压	
		2		直流变换电源盘电压	
		3	按需	中频频率	
		4		中频输出电平	
		5		中频输出频率	
		6		输入允许最大抖动（包括路旁业务 64kbit/s、704kbit/s、2Mbit/s）	
		7		剩余输出抖动（同上）	
		8		抖动转移特性（同上）	
		9		载噪比与比特差错率的关系	
		10		解调输出脉冲波形	
		11		眼图	
		12		中频输入/输出回波损耗	
		13		比特差错指示校正	
		14	年	各指示器校正及告警性能检查	
		15		导码信号速率	
		16		导码信号波形	
		17	月	机内表头测试（对于有人值守站）	
	数字切换设备的测试	1	年	主电源盘电压	
		2	年	直流变换电源盘	

（续）

名称	项　　目	序号	周　　期	要　　求	备　　注
PDH 数字微波设备及电路	数字切换设备的测试	3	按需	输出基带接口波形	
		4		允许最大输入抖动	
		5		剩余输出抖动	
		6		抖动转移特性	
		7	年	人工切换性能试验	
		8	年	自动切换性能试验	
		9	年	键盘操作检查	
		10	年	各指示器校正及告警性能检查	
	数字微波接力段的测试	1	按需	中频时延特性	
		2		中频幅频特性	
		3		归一化信噪比与比特差错率的关系	
	数字微波切换段的测试	1	按需	严重比特差错秒	
		2		差错秒	
		3		剩余比特差错秒	
		4		允许最大输入抖动	
		5		剩余输出抖动	
		6		抖动转移特性	
		7		主、备波道时延校正	
		8		信噪比与比特差错率的关系	
		9	年	切换性能试验	
		10		人工、自动无损伤切换检查	
	公务通道的测试	1	季	话路收发通话主观评价	
		2	按需	话路收发电平校正	模拟公务
		3		载频频率	
		4		信噪比（S/N）	
		5		次基带收发电平校正	
		6		比特差错率	
		7		抖动转移特性	
		8		波形（接口）	
SDH 数字微波设备及电路	微波单机的测试	1	按需	发信功率，收信场强，包括最大值和运行值	
		2		频率准确度，包括本振频率及时钟准确度	
		3		门限接受电平；BER = 10^{-6} ~ 10^{-4}；ATPC，OFF	
		4		接收机噪声系数	
		5		调制器输出电平；中频输出；输入电平	
		6		解调器输入电平	

（续）

名称	项　目	序号	周　期	要　求	备　注
SDH数字微波设备及电路	光接口	1	按需	平均发送光功率	光发送口
		2		发送信号波形（眼图）	
		3		光功率代价	
		4		输出抖动	
		5		接受灵敏度	光接收口
		6		最小过载光功率	
		7		输入抖动	
	电接口	1	按需	输入抖动容限	STM1 电接口
		2		输入速率容差	
		3		输入抖动容限	140Mbit/s 电接口
		4		输入速率容错	
		5		映射抖动、结合抖动	
		6		输出抖动	
		7		输入抖动容限	2Mbit/s 接口
		8		映射抖动、结合抖动	
		9		输入频偏容限	
		10		输出抖动	
	接力段的测试	1	按需	接收电平	
		2		三阶交调	
		3		幅频特性	
		4		时延特性	
		5		分集时延差	
	通道差错的测试	1	按需	停业务测试（622Mbit/s 光口，155Mbit/s 电口及各速率口）	
		2	每日	在线测试直接利用网管进行在线监测 ES、SES	

4. 电源系统的检查与维护

电源系统主要包括交、直流配电设备，交流稳压器，整流器，不间断电源（UPS），直流（DC-DC）变换器，逆变器，蓄电池和燃油发电机组等设备。电源系统的检查与维护见表 4-6。

表 4-6　电源系统的检查与维护

名称	序　号	项　目	周　期	要求/指标
蓄电池	1	清洁	月	全面清洁
	2	测量单体电压、总电压、电池温度及环境温度	月	记录，并检查蓄电池外壳的温度是否过高
	3	外观检查	月	电池壳体有无渗漏和变形
	4	极柱、安全阀检查	月	极柱是否腐蚀，安全阀周围是否有酸雾、酸液逸出，做好防腐蚀措施

（续）

名称	序　号	项　目	周　期	要求/指标
蓄电池	5	检测极柱、连接条及引线的连接与接触	季	检查有无松动、接触不良，测量接触电阻或压降（≤10mV）
	6	均充	季	检查开关电源的均充设置是否正确
	7	核对性放电试验	年	放电至总容量的 30% ~40%
开关电源	1	清洁	月	清洁设备和风扇过滤网等
	2	散热性能		检查风扇及设备散热性能
	3	测量输入/输出电压电流		测量并记录
	4	检查监控模块、整流模块的工作状态及告警信息		检查、记录各种告警，检查显示功能的有效性，并及时处理
	5	整流模块均流性能检查		均流指标≤3%
	6	检查各运行参数设置是否正确，有无变更		均充、限流、温度补偿系数、均浮充转换电流等
	7	检查开关、熔丝、接线端子、引线等连接接触情况		检查连接是否松动，测量直流熔断器压降或温升
	8	检查负载均分功能		查看各模块监控指示的负载电流是否均匀
	9	检查防雷保护	季	检查颜色、声音和灯光标志
	10	告警保护功能检测		断路和自动切换等
	11	测量中线电流		
	12	检查蓄电池周期性均充功能	年	均充功能有效
	13	检查熔断器（断路器）告警		熔断器熔断时能发出声光告警
	14	检查机壳接地		接地牢固
	15	校正仪表和设备显示数据		指示显示数据误差不超过 2%
UPS	1	清洁	月	清洁设备
	2	检查散热性能		检查风扇及设备散热性能
	3	测量输入/输出电压电流		测量并记录
	4	检查监控模块的工作状态		检查并记录
	5	检查运行维护参数		检查均充限流值、均浮充转换电流等参数设置是否正确，有无变更
	6	单体电池电压及总电压		测量、记录
	7	检查各种开关、接触器件是否正常，端子接触是否良好	季	
	8	来/断电时自动倒换性能，告警保护功能检测		
	9	测量谐波电流	年	测量、记录

（续）

名称	序号	项目	周期	要求/指标
UPS	10	检查机壳接地	年	正确、紧固
	11	核对性放电试验		利用设备电池管理功能进行核对性放电试验
	12	校正仪表，校正设备指示、显示数据		设备上的指示、显示数据误差不超过2%
高压配电	1	清洁机架	季	1）对于高压变配电设备由电力部门维护的，则变配电设备维护作业计划不含高压变配电部分 2）仪表的校正应由有关的计量检测单位来完成，并提供有效的检测校正合格证明 3）接地电阻的测试应选择在干燥天气进行
	2	检查干式变压器的风机		
	3	堵塞进水和小动物的孔洞		
	4	检查熔断器接触是否良好，温升是否符合要求	年	
	5	检查接触器、刀开关、负荷开关是否正常		
	6	测试布线和机盘的绝缘		
	7	检查各接头处有无氧化，螺钉有无松动		
	8	清洁电缆沟和瓷瓶		
	9	调整继电保护装置		
	10	检测避雷器及接地引线		
	11	检验高压防护用具		
	12	检查变压器和电力电缆绝缘		
	13	校正仪表		
	14	核查交流负荷是否满足要求		
	15	检查主要元器件的耐压	2年	
低压配电	1	清洁设备	月	
	2	测试电压和负载电流，并作分析		用万用表、钳型表进行测量，包括三相交流电零线电流，与设备显示比较，并记录
	3	检测交流供电回路的主要接点、断路器、熔丝、刀开关等接触情况，检查接触器、开关接触情况		检查继电器、开关、接线板、接插件、接线端子等部件是否接触良好，紧固螺钉，有无电蚀；用红外温度计测量有无温度过高，并记录最高点温度
	4	检查信号指示、告警是否正常		检查、记录，并及时处理
	5	检查功率补偿工作是否正常		
	6	测量熔断器的温升或压降		记录
	7	检查避雷器		
	8	校正仪表		
	9	核查交流负荷	年	核查设备是否满足负荷要求
	10	测量接地线电阻		测量（干燥季节）
柴油发电机	1	清洁设备	月	全面清洁
	2	设备巡视		检查机组水箱、柴油、电池充电等基本情况
	3	仪表显示检查		检查信号、指示是否正常

（续）

名称	序　号	项　目	周　期	要求/指标
柴油发电机	4	启动电池检查	月	检查电解液液面，根据情况添加蒸馏水并进行充电
	5	冷却液、机油、柴油检查		检查冷却液、全损耗系统用油（机油）、柴油是否充足
	6	进、排风风道检查		检查进、排风风道是否畅通
	7	检查有无异味、异响和四漏现象		
	8	清洁空气过滤器		
	9	检查传动带		张力适中
	10	消防器材、应急照明检查		检查消防器材，应急照明是否正常
	11	空载试机 15～30min		查看仪表显示是否正常，记录三相电压、频率、水温和油压等重要参数值
	12	检查启动、冷动、润滑、燃油系统功能	季	检查启动、冷动、润滑、燃油系统工作是否正常
	13	测试市电/油机转换屏自动转换、油机自起动、自停机等自动功能是否正常		
	14	加载试机 15～30min	半年	检查仪表显示是否正常，记录三相电压、电流、频率、水温和油压等重要参数值
	15	检查启动、冷动、润滑、燃油系统工作是否正常	年	检查启动、冷动、润滑、燃油系统工作是否正常
	16	校正仪表		
	17	检查接地及绝缘		检查机壳接地、绝缘是否完好
	18	更换全损耗系统用油（机油）、三滤		

5. 附属设备的检查与维护

基站机房的附属设备主要包括空调系统、监控系统和接地系统等设备。空调设备、监控设备、接地设备的检查与维护分别见表 4-7、表 4-8 和表 4-9。

表 4-7　空调设备的检查与维护

序号	项　目	周期	要　求
1	清洁	月	
2	温度检测		室温正常，空调设定为 25℃，检查空调温度和通风系统设置是否准确
3	检查告警		
4	清洁室外机翅片		
5	清洁室内机空气过滤网		
6	清除室外机周围杂物		
7	检查空调设备功能		检查空调设备制冷与制热是否正常，及时对氟利昂不足的空调添加氟利昂
8	空调停电恢复后自启动是否正常		
9	检查空调遥控器的使用情况，遥控电池要定时更换		

（续）

序号	项目	周期	要求
10	检查空调冷凝水排水	月	检查冷凝水排水是否正常，有无漏水
11	测量工作电流	年	记录
12	停电自起动功能检查		在配电箱中做一次空调供电开关分、合动作，检查自起动功能
13	支撑件的防腐和加固		紧固件、结构件防腐、加固

表 4-8 监控设备的检查与维护

序号	项目	周期	要求
1	清洁	月	清洁监控设备（包括外围监控器和动力监控等设备）
2	告警测试		记录、检查外围监控器高温设定值，并进行告警模拟测试（盗警、停电、欠电压、开关电源、监控器故障等告警），同时核实机房 OMC－R 告警是否准确
3	动力监控设备		记录、检查动力监控设备的运行状态
4	更换部件	及时	对故障监控设备器件和整机进行及时更换

表 4-9 接地设备的检查与维护

序号	项目	周期	要求
1	检查防雷器件	雷雨季节	检查防雷器件记录及损坏情况，并进行故障器件更换
2	检查地排状况	月	检查室内、室外接地铜排的接地状况，对各接地电缆的固定螺钉进行紧固检查，加强各连接点的防腐蚀等保护工作
3	检查接地线系统		检查并紧固接地线、接地汇集线和接地引入
4	检查防雷装置		检查并紧固防雷装置（如避雷网、避雷带和接闪器等），做好防锈蚀等保护工作
5	测量电阻	半年	测量接地电阻，并记录、分析测试值

6. 维护报告、报表及相关资料

维护报告、报表及相关资料主要包括以下几类：

1）年度报告、报表：年度维护报告、年度工作计划、维护材料统计表、全年基站设备和其他设备测试记录、维护人员联络表、维护单位装备配置登记表等。

2）半年度报告、报表：半年维护报告、半年基站设备和其他设备测试记录等。

3）月报告、报表：月维护工作报告、月故障报表、月度巡检汇总表、月度发电情况统计表、维护材料使用统计表、下月工作计划等。

4）其他情况应提交的报表：故障处理报告和障碍申报表、割接方案报告和割接申报表、电池放电测试记录、地阻测试记录、基站信息库等。

维护人员必须按规范准时执行工作计划，并采用同一颜色的钢笔或水笔填写好日常维护测试记录。若有同一张表格出现两处及以上的涂改要重新填写。日常维护测试记录的装订采用统一的格式和页面，并标注清楚具体基站站名的页码，以便查找。对于日常维护测试记录中需要测试出的精确数据，必须严格按要求全部填写清楚。

4.2.3　通过式功率计

1. 通过式功率计概述

射频功率是移动通信施工验收和日常维护的必测参数。如果射频功率过小，天馈线或者接头衰耗就过大；功率过大会烧坏设备和引起强烈的回波干扰。以上两种情况不仅影响正常通信，甚至会给运营商带来重大损失。通过式功率计克服了常规模拟式功率计测试时需把天馈线接头断开、接在功率计上作无载离线测试的缺陷，而是串接在天馈线内，在线带载测试馈线的射频功率。通过式功率计真实地反映了一个发射系统中各个截面的正向功率和反射功率，使测试结果更真实、精确、可靠。

通过式功率计是一种信号激励装置，采用了一个无源的二极管射频传感器。在同轴线的一侧装有一个定向的、半波二极管检测波电路，并将其接到一个已校正的表头以读出有效值功率。检波电路与传输线通过介质耦合，并根据置于传输线旁的传感器的方向取样出正向和反射功率。通过式功率计的工作原理图如图 4-10 所示。

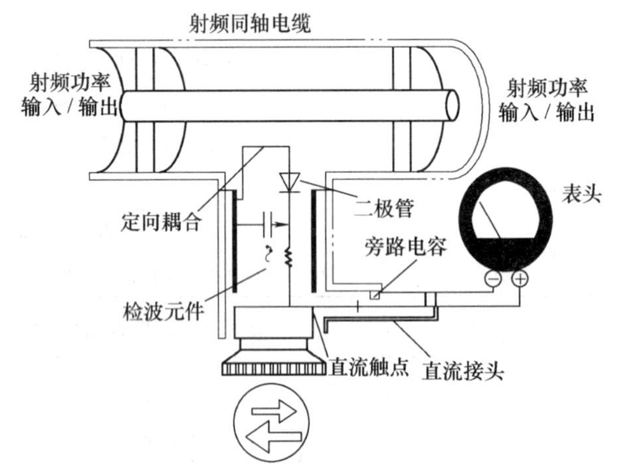

图 4-10　通过式功率计的工作原理图

通过式功率计测量基站射频功率可按图 4-11 所示的结构连接设备，其中通过式功率计串接在发射机输出端和天馈线之间。此时在发射机的输出端测量，可以核准发射机的输出功率是否在设计的范围内；准确测量基站的输出和反射的平均功率，峰值功率，突发功率，峰均功率比（峰值因子）和互补积累分布函数（CCDF）等。如果需要测量基站的额定功率，可将功率计的输出端接 50Ω 的标准假负载。

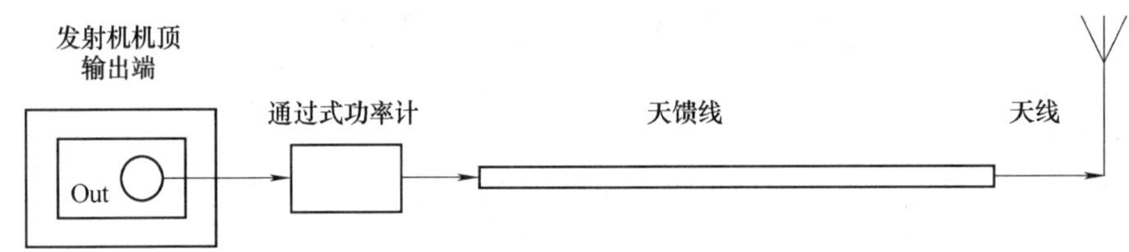

图 4-11　测试连接示意图

2. Bird 5000EX 功率计

通过式功率计的原理 Thruline® 由鸟牌（BIRD）公司的创始人 J. Raymond Bird 于 1952 年发明。从此，通过式功率测量法成为射频功率测量的工业标准。Bird 公司的 Model5000 通过式功率计如图 4-12 所示，频率范围为 2MHz ~ 3. 6GHz，功率范围为 0. 125 ~ 1000W，不需要额外加配衰减器，消除了使用配衰减器而产生的系统误差，可测量显示 Match Eff%、Rho、VSWR、RL、dBm、μW、mW、KW 等性能参数。

Model5000 通过式功率计显示内容如图 4-13 所示。各显示项含义及功能说明见表 4-10。

a) 实物图

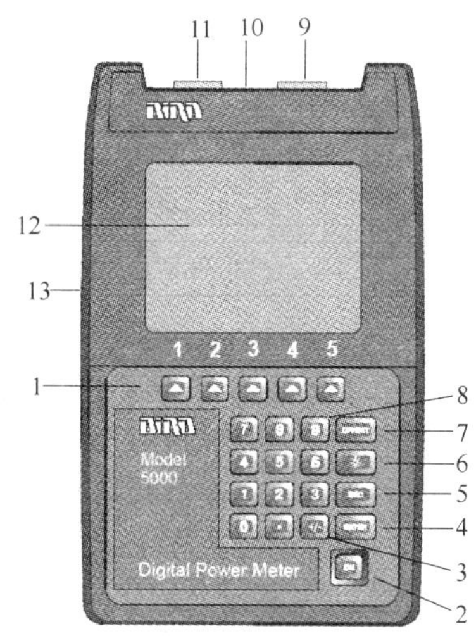

b) 操作面板

图 4-12　Model5000 通过式功率计

1—快捷键　2—开关键　3—＋/－键　4—确认键　5—取消键　6—背景灯键　7—偏置设置键　8—数字键　9—传感器端口　10—报警端口　11—RS-232 串口　12—显示屏　13—外接电源端口

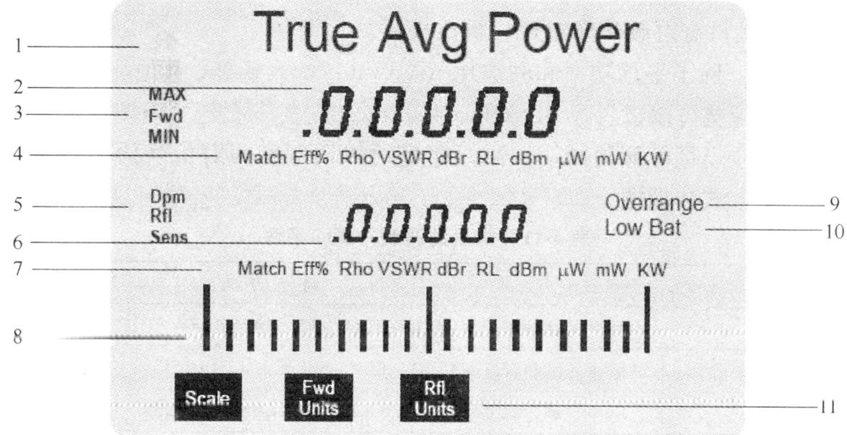

图 4-13　Model5000 通过式功率计显示内容

表 4-10　显示项含义及功能说明

标　号	显　示　项	含义及功能
1	显示说明	说明测量的功率类型——真平均功率
2	主显示	显示正向功率、匹配效率、Rho、VSWR 和回波损耗
3	主显示说明	显示测试的功能
4	主显示单位	显示主显示（正向功率）所显示数值的单位
5	副显示说明	显示测试的功能
6	副显示	显示反向功率、匹配效率、Rho、VSWR 和回波损耗
7	副显示单位	显示副显示（反向功率）所显示数值的单位
8	模拟显示	模拟显示目前所测功率所占功率探头量程的比率

（续）

标 号	显 示 项	含义及功能
9	过载显示	当正向功率超过正向功率探头的量程，反向功率超过反向功率探头量程的 1.2 倍时显示，告警
10	低电量	电池电量不足显示，提醒充电
11	快捷键说明	说明下面对应的快捷键功能

3. 基本操作

（1）连接　用配套电缆连接 Model5000 的 SENSOR 口到功率探头。

（2）初始化　检验连接完成后，打开 Model5000 的电源开关，稍后仪表显示正、反向平均功率值。其中显示项含义为 Fwd 正向功率、Rfl 反向功率、Fwd Units 正向功率单位变换键（dBm、mW）、Rfl Units 反向功率单位变换键。除了功率单位 dBm 和 mW 外，由于该仪表测量时能同时测出通过功率探头的正、反向功率，所以该表的单位变换还有 Rho（ρ）、VSWR、Return Loss。通常，进行驻波比测试都是在无源的情况下以天馈线分析仪的测试为准，所以重点关注的是此仪表的功率测量。

（3）传感器校零　校零之前，请确定传感器已经稳定地运行了一段时间，并且没有射频功率输入。按校零按钮进行校准，校准过程会持续大约 30s，显示屏显示校准进度。校零完成后会显示“校准通过”字样。按任意功能按钮会返回正常状态。如果校零失败，检查仪表是否正确连接，并且没有射频功率输入，再次校零。

（4）带宽选择　除了平均功率和驻波比（VSWR）的测量外，其他测试指标的精度都与带宽的设置有关。带宽可以设置成 4.5kHz、400kHz，或全部带宽（10MHz）。当设置带宽比调制信号带宽大时应当尽可能地减小。减小带宽可以限制噪声对信号的影响。表 4-11 列出了一些常用的调制方式和带宽。

表 4-11　常用的调制方式和带宽

带 宽	调 制 方 式
4.5kHz	脉冲（脉冲宽度 >150 μs）、AM、FM、PM 等
400kHz	脉冲（脉冲宽度 >3 μs）、GSM、50kHz AM、DQPSK
全部带宽（10MHz）	脉冲（脉冲宽度 >200 ns）、CDMA、WCDMA、DQPSK、DAB/DVB-T

（5）功率测量　开启设备信号源，通过 Model5000 的显示屏可读出信号源的功率。

需要注意的是，5012 功率探头允许输入的最大正向功率为 150W。为了避免仪器损坏，要求测试人员必须掌握设备输入、输出端口的性能参数，确保设备信号的输出端（信号源）连接至功率耦合腔体 5012 的 Input 端口，设备信号的负载端（如天馈线和终端负载等）连接至 Output 端口，确保通过功率探头的正向功率与 RF Power 箭头一致。Model5000 通过式功率计端口连接图如图 4-14 所示。

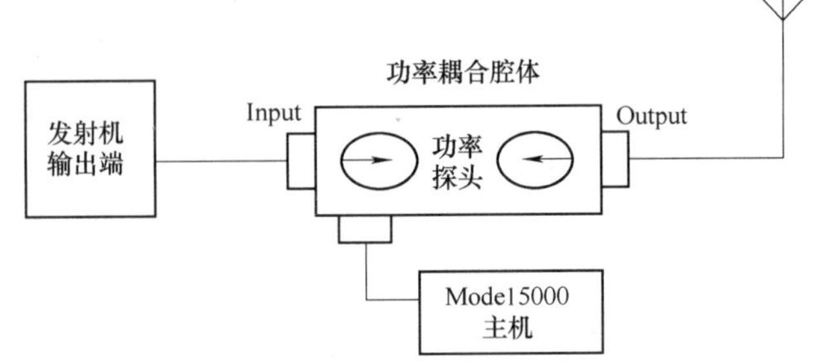

图 4-14　Model5000 通过式功率计端口连接图

（6）测量结束　测量完成后，应尽快关闭设备信号源，以免大信号长期加载在功率计探头及测试负载上造成仪器损坏。确认功率计指示信号已经断开后，撤除设备连线。

➢ 技能能力

4.2.4　工作任务描述

要求学生以组为单位，合理制订实施计划，完成指定机房设备的检查和维护。具体工作任务要求如下：

1）对指定机房设备进行检查和维护，记录检查内容，对发现的问题提出整改意见。

2）测量指定基站设备的射频功率、驻波比（VSWR）和回波损耗（RL）等。

3）完成相关数据文档。

4.2.5　仪器、仪表等工具

常用的仪器、仪表等工具有通过式功率计、钳形接地地阻仪、万用表、红外温度测试仪和日常维护工具等。

4.2.6　操作步骤

1. 机房设备的检查与维护

1）以小组为单位制订检查、维护计划，提交所需工具仪器清单，并清点检查。

2）参照表 4-12 的形式，根据对实际机房设备的检查、维护情况，填写该表。

表 4-12　维护单

项　　目	序号	检查内容	出现的问题	整改方案
环境及安全	1			
	2			
	3			
	4			
	5			
基站主设备	1			
	2			
	3			
	4			
	5			
传输设备	1			
	2			
	3			
	4			
	5			

（续）

项　　目	序号	检 查 内 容	出现的问题	整 改 方 案
电源设备	1			
	2			
	3			
	4			
	5			
辅助设备	1			
	2			
	3			
	4			
	5			

2. 射频功率的测量

1）认真查阅 Model5000 产品手册，熟悉仪器控制面板和接口的基本功能。

2）按照“知识能力”中的功率测量步骤和表 4-13 完成对指定基站设备射频功率的测量，并提交测量数据。

表 4-13　射频功率的测量

测　试　项		测 试 结 果
平均功率	正向/W · dBm^{-1}	
	反向/mW · dBm^{-1}	
	驻波比	
	回波损耗/dBm	
峰值功率/dBm		

4.2.7　任务单

任　务　单

任务名称	机房设备的运行维护	学时		班级	
学生姓名		学生学号		任务成绩	
实训材料	参阅 4.2.5 节	实训场地		日期	
工作任务	完成指定机房设备的维护和测量				
任务目的	1）掌握机房设备运行维护的基本项目、内容和规范。 2）掌握通过式功率计的功能、操作方法和规范。 3）掌握 Model5000 对基站设备射频功率的测量方法。 4）培养学生团队合作、爱护工具、爱岗敬业、吃苦耐劳的精神，加强安全意识。				
（一）资讯					

（续）

资讯引导： 1）查看 Model5000 产品说明书，深入了解仪器的功能和使用注意事项。 2）查阅相关资料，总结机房设备运行维护的主要项目、内容和规范。 3）查阅相关资料，总结射频功率测试项的有关性能和参数指标。 4）按小组分析各组任务，按照工作任务总结涉及的相关知识和技能。
（二）决策与计划
（三）实施
（四）检查（评价）

4.2.8　考核标准

考 核 标 准

序号	工作过程	主要内容	评分标准	配分	学生（自评）		教师	
					扣分	得分	扣分	得分
1	资讯（10 分）	任务相关知识查找	查找相关知识，该任务知识掌握度达到 60%，扣 5 分	10				
			查找相关知识，该任务知识掌握度达到 80%，扣 2 分					
			查找相关知识，该任务知识掌握度达到 90%，扣 1 分					
2	决策计划（10 分）	确定方案编写计划	制订整体设计方案，在实施过程中修改一次，扣 2 分	10				
			制订实施方法，在实施过程中修改一次，扣 2 分					
3	实施（10 分）	记录实施过程步骤	实施过程中，步骤记录不完整度达到 10%，扣 2 分	10				
			实施过程中，步骤记录不完整达到 20%，扣 3 分					
			实施过程中，步骤记录不完整达到 40%，扣 5 分					

（续）

序号	工作过程	主要内容	评分标准	配分	学生（自评）		教师	
					扣分	得分	扣分	得分
4	检查、评价（60 分）	机房设备的运行维护	检查项目不完整，一处扣 1 分	30				
			发现问题不完整，一处扣 1 分					
			整改方案不当，一处扣 1 分					
		射频功率的测量	仪器操作不当，扣 10 分	20				
			仪器连接不当，一处扣 5 分					
			射频功率测试项错误，一项扣 1 分					
		文件与报告	相关报告不完整，扣 5 分	10				
			测量数据提交不完整，扣 5 分					
5	职业规范团队合作（10 分）	安全文明生产	违反安全文明操作规程，扣 3 分	3				
		组织协调与合作	团队合作较差，小组不能配合完成任务，扣 3 分	3				
		交流与表达能力	不能用专业语言正确流利地简述任务成果，扣 4 分	4				
合计				100				
学生自评总结								
教师评语								
学生签字	年　月　日		教师签字	年　月　日				

4.2.9　知识能力测试

1）简述基站机房日常巡检的主要项目内容和规范。

2）简述使用 Model5000 通过式功率计在测量射频功率时的操作方法与注意事项。

3）查阅相关资料，给出在图 4-15 所示的①、②、③处采用通过式功率计测量时，在测试内容、基站维护中的作用及意义有何不同。

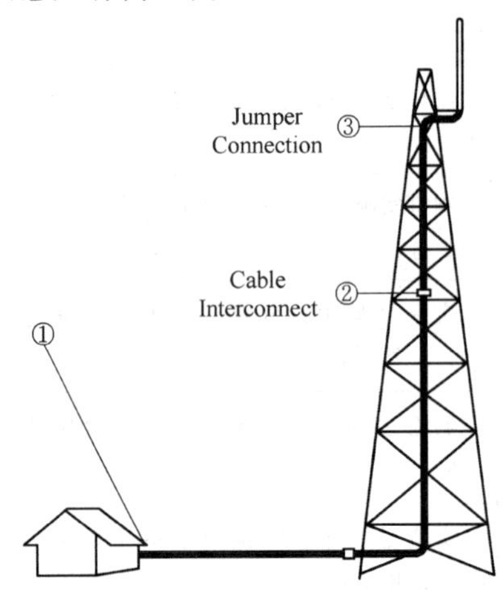

图 4-15　基站系统测试点

模块 5　移动网络无线测试

任务 5.1　DT 与 CQT

教 学 目 的

知识能力：掌握 DT 与 CQT 的测试原理、内容以及有关测试规范。

技能能力：掌握 Pilot Pioneer 系统的操作和配置方法，利用 Pilot Pioneer 系统完成有关业务的测试和统计。

社会能力：培养学生分析问题、解决问题的能力。培养学生的沟通能力及团队协作精神。

➢ 知识能力

5.1.1　DT

DT（Driving Test），也称驱车测试或路测，是使用测试设备沿指定的路线移动，进行不同类型的呼叫，记录测试数据，统计网络测试指标。DT 除包括传统意义上的利用车辆沿着道路进行的测试外，还包括利用支持室内路线测试的设备进行的室内步行覆盖测试。

1. WCDMA 网络优化 DT 类型

针对 WCDMA 的无线网络优化的 DT 包括以下几种典型测试：

（1）WCDMA 单系统验证测试　这类测试要求将测试终端锁定在 WCDMA 频段，不进行异系统间的切换。该类测试旨在查找 3G 网络内部的问题，了解和掌握 WCDMA 网络信号的覆盖质量、干扰情况，以及 3G 接入网与核心网的业务性能。重点关注无线环境、接入性能、保持性能和 HSPA 性能等指标。

（2）WCDMA/GSM 系统间互操作测试　这类测试终端不进行锁定，可以在异系统间进行小区重选及切换。该类测试旨在模拟实际用户感受，验证与优化系统间小区重选、异系统切换及其他 2G/3G 互操作等内容。重点关注系统间互操作的成功率和系统间的切换时延等指标。

（3）多系统比较测试　该类测试主要用于了解 WCDMA 网络在网络覆盖、业务性能和服务质量等方面与其他运营商同类网络、同类业务之间的性能差异。需要在相同条件下进行多网对比测试。

2. DT 的目的

DT 的目的就是获取部分网络性能指标，评估网络质量，发现网络问题，解决网络问题。

（1）评估网络质量　通过 DT 获取部分与用户感知密切相关的网络指标，对现有网络进行评估。DT 已经成为国内运营商评价网络（含竞争对手网络）质量好坏的关键且必不可少的手段。

（2）发现网络问题　通过 DT 模拟用户实际使用网络的情况，发现网络中掉话、切换失败、话音不清晰（话音质量差）和信号电平差等异常事件和问题。

（3）解决网络问题　针对 DT 发现的各类异常事件和问题，借助测试分析、MAPINFO 及 KPI 统计分析等软件进行网络系统消息解析、信令分析、基站告警及 KPI 关联性检查分析，及时发现基站硬件、弱覆盖、越区覆盖、频率规划及参数设置问题，提出并实施优化方案，通过再次 DT 分析进行效果验证，逐步解决网络中存在的问题，有效提升网络质量、减少用户投诉。

3. DT 测试人员素质的要求

DT 测试人员必须掌握以下知识：

1）无线通信原理。

2）GSM/WCDMA 原理。

3）无线网信令流程。

4）计算机与网络的基础知识。

5）数据采集和分析软件、测试手机、SCANNER、MOS 盒、数据卡等设备的操作使用。

4. DT 测试设备

DT 测试设备清单见表 5-1。各测试设备连接示意图如图 5-1 所示。

表 5-1　DT 测试设备清单

设备	数量	说　　明
路测手机	多台	DT 测试终端，支持 GSM/WCDMA 标准，用于 GSM/WCDMA 网络测试。要求测试设备能够与路测软件正常连接适配。根据测试要求可能需要多台终端
MOS 盒、电源及数据连线	1 套	MOS（Mean Opinion Score）是一种关于语音质量的评价方法。基于 PESQ 算法，国际规范取值范围为 1～5 分
SCANNER 及电源数据连线	1 套	SCANNER 即扫频仪，DT 时主要和其他路测软、硬件设备连接。通过设定信道扫描的范围，用于对路面覆盖、信号强度、质量、干扰等问题的发现。通过扫频，可以协助网优人员判断小区是否越区、覆盖控制是否有效、基站是否存在问题、参数设置是否合理等网络问题
数据采集和分析软件	1 套	包括前后台软件和对应加密狗。前台主要用于数据的采集测试（同时具有问题分析功能）；后台主要用于数据分析、统计报表及评价结果的输出功能
GPS 定位仪	1 台	GPS 分吸附式和手持式两种。路测一般采用吸附式，置于路测车辆外的车顶，便于接受定位卫星
本地测试卡	多张	测试前需查询费用
测试计算机	1 台	测试计算机不能安装与测试无关的软件
USB 一转四	1 个	
手机数据采集线	两条	
手机充电器	多个	
车载逆变器	1 台	
路测车辆	1 台	
接线板	1 个	

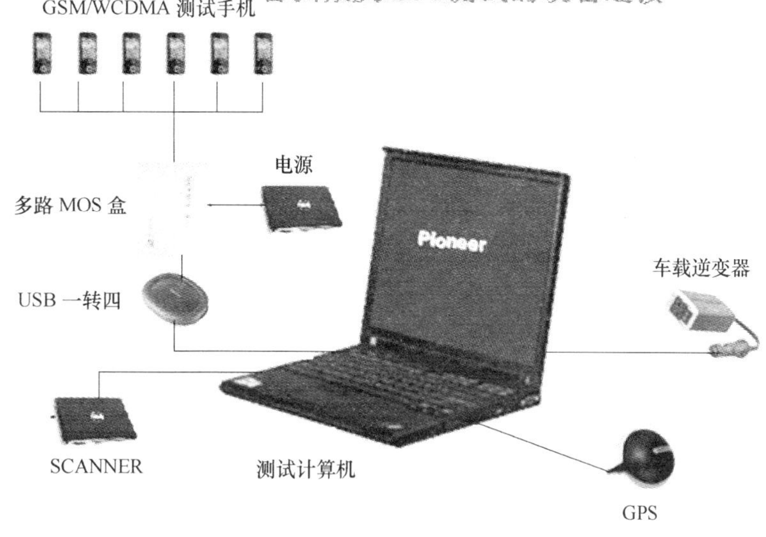

图 5-1　DT 测试设备连接示意图

5. 测试要求

为了排除由于系统外原因造成的评估误差，所有话音测试主/被叫均采用同制式、同类型的终端。数据业务测试可以采用数据卡或者手机作为 MODEM 的方式进行。下面以 WCDMA 单系统 DT 为例讲述。

（1）话音及 VP 测试

1）测试时间。为了能充分了解网络的实际性能，模拟用户感受，DT 应尽量安排在工作日（周一至周五）的 9：00～12：00 和 14：00～19：00 时间段内进行，在测试时间内测试应连续进行。新疆和西藏的测试时间由于时差延后 2h。

2）测试范围。单系统验证测试路线的选择应在 WCDMA 信号覆盖区域内根据优化工作的需要，选择重点优化区域内测试车辆可通行路段，按照基站分布规划车辆行驶线路。测试路线应尽量保证能够包括测试区域内各基站的覆盖区域和小区间的切换区域。

3）测试速度。由于测试安排在工作日的工作时间内进行，车速可根据实际道路情况灵活掌握。但是，为了充分发现问题，应尽量保障各路段呼叫采样点数量均匀分布。因此，测试速度不宜过快，城区道路尽量控制在 60km/h 左右。

4）测试时长。每次通话时长为 90s，接入超时为 15s，呼叫间隔为 15s。如出现未接通或掉话，应间隔 15s 进行下一次试呼。

5）MOS 值测试要求。MOS 语音样本使用国际电联提供的 8s 标准语音样本，单声道的外文男声文件，位速为 128bit/s，音频采样大小为 16bit，音频采样级别为 8kHz，音频格式为无压缩 PCM 格式。在 MOS 测试中，被叫测试卡应取消炫铃。

（2）HSPA 测试

1）测试时间。具体要求与话音及 VP 测试相同。

2）测试范围。具体要求与话音及 VP 测试相同。

3）测试速度。具体要求与话音及 VP 测试相同。

4）数据文件要求。对 HSDPA 业务的测试，通常采用 FTP 方式从指定服务器下载文件的方法进行。为兼顾到对 HSDPA 的建立成功率、掉线率、平均吞吐率等指标同时的测试，可以采用 5～10Mbit 的压缩文件作为测试用的下载文件。如重点在于对 HSDPA 峰值速率及平均吞吐率指标的测量，下载文件可以采用更大的文件压缩包。

对 HSUPA 业务的测试，通常采用 FTP 方式向指定服务器上传文件的方法进行。为兼顾到对 HSUPA 的建立成功率、掉线率、平均吞吐率等指标同时的测试，可以采用 2～5Mbit 的压缩文件作为测试用的上传文件。如重点在于对 HSUPA 峰值速率及平均吞吐率指标的测量。上传文件可以采用更大的文件压缩包。

（3）导频污染与邻区漏配排查　在 WCDMA 开网初期会存在大量的导频污染与邻区漏配的情况。因此，在 DT 过程中可以增加 Scanner 配合终端一起进行导频覆盖强度的扫描，有助于导频污染与邻区漏配的排查。

5.1.2　CQT

CQT（Call Quality Test）即通话质量测试，通常采用定点拨打的方式评估网络质量。CQT 是日常优化的重要项目。测试是在特定的地点，使用测试设备进行一定规模的拨测，记录测试数据，统计网络测试指标。

1. CQT 的目的

CQT 除了可以有针对性地对指定区域进行测试外，还可以用来查找覆盖的盲点，了解无重点区域的无线环境质量。与 GSM 网络的 CQT 相比，WCDMA 网络的 CQT 除了需要了解话音服务质量外，另一个重要目的是为了了解数据业务的服务质量。

2. CQT 测试人员素质的要求

通常每组安排 2 名测试人员。CQT 中对话音质量的判断是一个人为的过程，主观性很强，会使测试结果存在因人而异的可能。为了避免人为因素造成的测试误差，使测试结果能够准确、客观、公正，测试人员必须熟悉 CQT 过程；能以专业的角度对呼叫的建立、通话质量，通话的终结进行分析和判断；统一对接续失败、掉话、话音断续、单通、回音、噪声等现象的认识。

3. 测试时间

测试总体的数量越大，样本所映射的面就越广，测试所表征的意义也就越大，网络的服务质量就面临更大的挑战，此时网络质量的好坏是运营商所关注的重点。所以，CQT 应选择在系统忙时进行。当然，系统忙时是随着时区和人们生活习惯的不同而变化的，在对某一系统进行 CQT 之前，需要根据收集该系统的话务统计报告来确定系统繁忙时段。CQT 要严格控制在所选择的时段中进行，建议 CQT 的时间为：工作日上午 9：00～12：00，下午 2：00～6：00。新疆和西藏的测试时间由于时差延后 2h。因为割接、替换、升级和搬迁保障等原因开展的 CQT 除外。

4. 测试点的选取

CQT 的测试点应重点在话务量相对较高的区域、品牌区域、市场竞争激烈区域、特殊重点保障区域内选取。地理上尽可能均匀分布，场所类型尽量广。重点选择有典型意义的大型写字楼、大型商场、大型餐饮娱乐场所、大型住宅小区、高校、交通枢纽和人流聚集的室外公共场所等。测试选择的住宅小区、高层建筑入住率应大于 20%，商业场所营业率应大于 20%。测试选择的相邻建筑物在 100m 以外。各类型的测试点选取比例见表 5-2。

表 5-2　各类型的测试点选取比例

测试区域类型	测试点类型	比　例
人流密集类	商业会展中心、大型商场、主干街道店铺、步行街、专业市场、机场候机楼、车站、学校、重要旅游点和大型医疗机构等	30%
餐饮娱乐类	大型餐饮娱乐场所、三星级以上酒店（大堂及其属下娱乐场所）、酒楼、饭店和大型电影院等	20%
商务办公类	政府机关等事业单位（包括下属各主要职能单位）、商务中心、企业、厂矿、农林场和大型办公场所等	20%
居民住宅类	主要大型住宅小区、普通民居密集区、宿舍和公寓等	30%

5. 测试方法

1）每组至少配备 2 名测试人员，需准备至少 2 部 WCDMA，均锁定在 WCDMA 网络上。

2）测试卡必须使用当地联通 WCDMA 签约用户卡。

3）在每个采样点拨测前，以联通 WCDMA 网络为标准，要连续查看手机空闲状态。若手机不满足连续 5s 内 RSCP 小于 -94dBm 和 Ec/Io 大于 -13dB 的信号强度要求，则判定该采样点覆盖不符合要求，不再作拨测，同时记录该采样点为无覆盖，并纳入覆盖率统计，但需要另外选点进行补测，保证实际测试点为 30 个。

4）每组的测试人员按照测试点选取原则各自选取一个 CQT 测试点，在两个不同的测试点分别做主被叫互拨测试。每个测试点每网主被叫各呼叫 10 次，每次通话时长为 45 ~ 60s，且不能少于 45s，呼叫间隔为 15s。如出现未接通或掉话，应间隔 15s 进行下一次试呼，接入超时为 15s。

5）测试过程由人工操作，测试人员应模拟用户正常讲话，并手工记录通话过程中出现的异常情况，包括未满足覆盖条件、单通、串话、回声、背景噪声和断续等。

6）在测试过程中应做一定范围的慢速移动和方向转换，模拟用户真实感和通话质量。

5.1.3　Pilot Pioneer

Pilot Pioneer 是集成了多个网络进行同步测试的新一代无线网络测试及分析软件。基于 PC 和 Windows 2000/XP 的网络优化评估系统，是一个优秀的图形化和集成管理的网络优化综合工具。该软件系统可连接的硬件设备有手机、GPS、Scanner、语音评估 MOS 盒和加密狗。其中，加密狗必须实时插在计算机上，使 Pilot Pioneer 得以正常启动及使用。Pilot Pioneer 具备完善的 GSM、CDMA、TD-SCDMA、UMTS 网络测试以及 Scanner 测试功能，主要包括：

1）支持多网同时测试，公用一个 GPS。

2）支持语音、数据及增值业务等多种测试类型。

3）支持测试模板的定义。同时，测试模板可以导入或导出，方便用于其他的测试项目。

4）支持两个以上测试手机和扫频仪。

5）支持室内、室外测试。

6）支持对测试手机的呼叫方式控制（连续呼叫，手动或自动挂断）。

7）在测试过程中自动打开所有的相关测试窗口，并实现相应数据的实时更新。

8）支持语音评估测试。

1. 系统界面

Pilot Pioneer 软件系统界面主要分为 4 个部分：主菜单栏、工具栏、导航栏和工作区，如图 5-2 所示。左上方的区域为主菜单栏；主菜单栏下方的区域为工具栏，提供了一些常用操作的快捷按钮；左边的区域为导航栏，共有 4 个标签页，即 General、Device、GIS Info、WorkSpace；右边的区域为工作区。各操作的相应窗体都会在工作区中被打开。

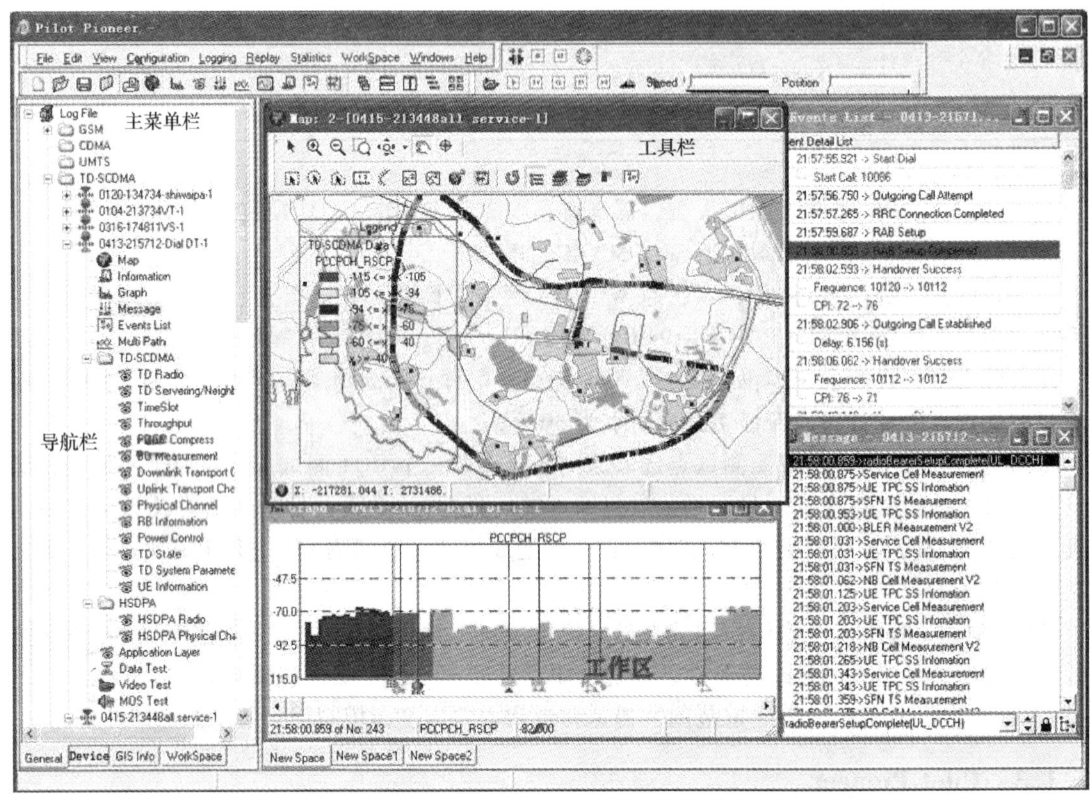

图 5-2　Pilot Pioneer 软件系统界面

2. 测试总体流程

利用 Pilot Pioneer 系统完成测试的总体流程如图 5-3 所示。初次使用软件可以按照此流程逐步完成操作，并收取测试 Log 文件。

3. 驱动程序的安装

将测试使用的硬件设备（如手机、Scanner 和 GPS 等）连接计算机时，硬件设备需安装驱动程序方可正常使用。

（1）手机驱动程序的安装　下面以三星 F400 为例讲述手机驱动程序的安装方法。将 F400 手机连接到计算机的 USB 端口时，计算机会提示安装硬件驱动程序。在弹出的“找到新的硬件向导”窗口上选择“否，暂时不”选项，然后单击“下一步”按钮；按图 5-4a 所示，选择“从列表或指定位置安装（高级）”选项，然后单击“下一步”按钮；在图 5-4b 所示对话框中，单击“浏览”按钮，选择三星手机驱动程序所在位置；在 F400 手机驱动安装过程中，计算机会提示安装两次：第一次安装的是手机虚拟 COM 端口，第二次安装的是

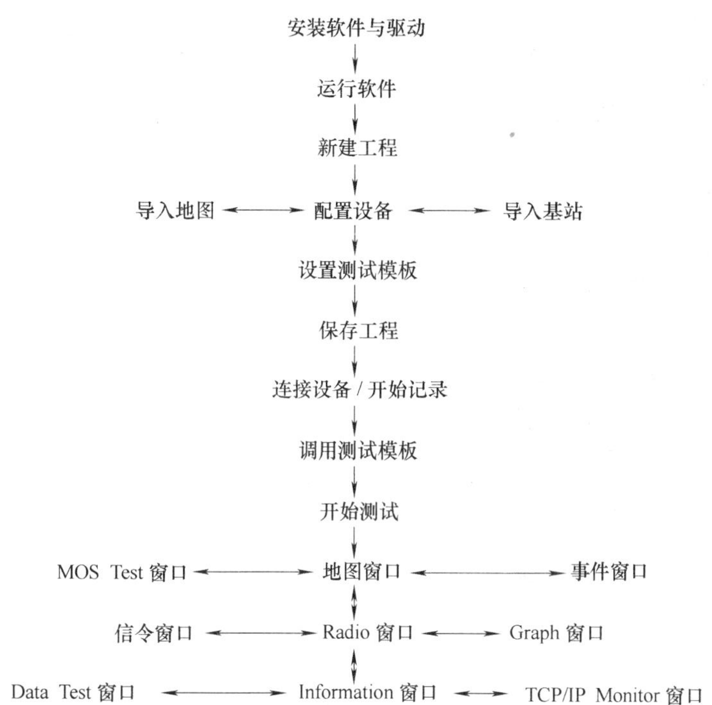

图5-3　利用Pilot Pioneer系统完成测试的总体流程

Modem端口。驱动程序安装成功之后，可以在"我的电脑"上单击右键鼠标，选择"管理"，在"设备管理器"中的Modem或端口处查看是否有如图5-4c所示的显示内容。

（2）GPS驱动的安装　双击GPS的安装程序"PL-2303 Driver Installer. exe"，直接安装驱动程序。安装这种可执行的硬件驱动程序时，建议先在计算机上安装驱动，然后再将GPS硬件设备的USB端口接到计算机或Hub的USB端口上。安装成功后，可以在"我的电脑"上单击右键鼠标，选择"管理"，在"设备管理器"中的端口处查看，如图5-5所示。

（3）扫频仪　下面以PCTEL扫频仪为例简述驱动程序的安装方法。PCTEL扫频仪的天线接口为RF1和RF2。通常将用于接收GSM网络信号的天线插入RF1，将用于接收UMTS网络信号的天线插入RF2；用数据线将扫频仪及计算机进行连接，并为扫频仪接通电源，开启扫频仪；打开"我的电脑"→右键单击"属性"→"硬件"→"设备管理"，在设备管理器中查看端口的分配情况。序号较低的端口COM16对应RF1，序号较高的端口COM17对应RF2，如图5-6所示。

4. 运行软件

在软件运行之后会弹出如图5-7所示的新建工程窗口。第一次使用软件时需要新建工程，如果计算机中已经有了以前建立好的工程，那么在图5-7中就可以选择"打开最近的工程"或"More Files…"，然后选择原有工程的存储路径。

选择新建工程后，弹出Configure Project窗口，如图5-8所示。测试时需要注意原始测试数据的保存路径。软件对于原始测试数据有一个很大比例的压缩，压缩比约为1∶6，压缩后的数据（Log文件）的扩展名是RCU。软件有一个解码数据，扩展名是WHL。需要保存的

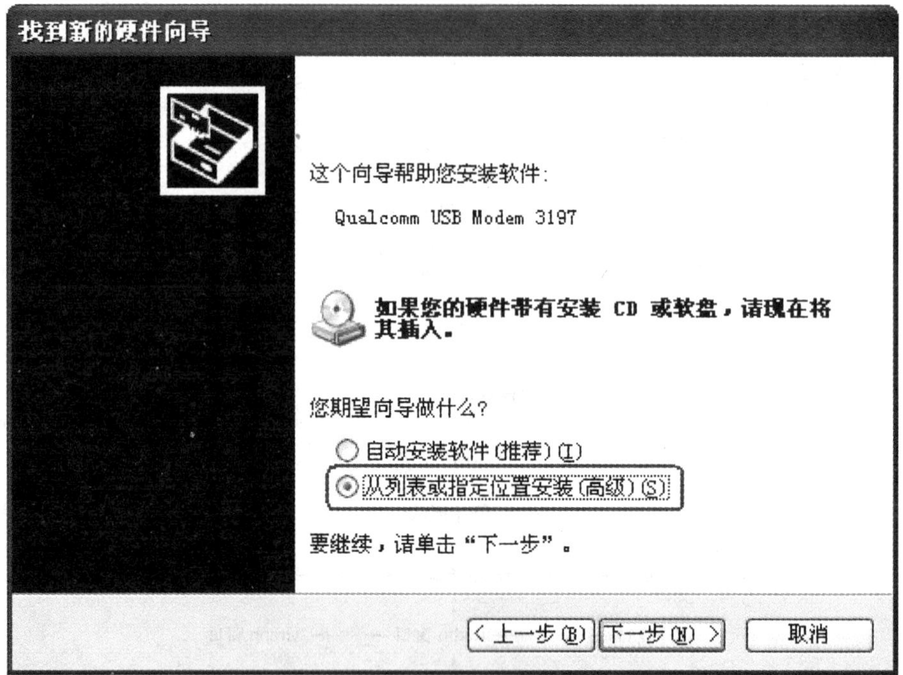

a)

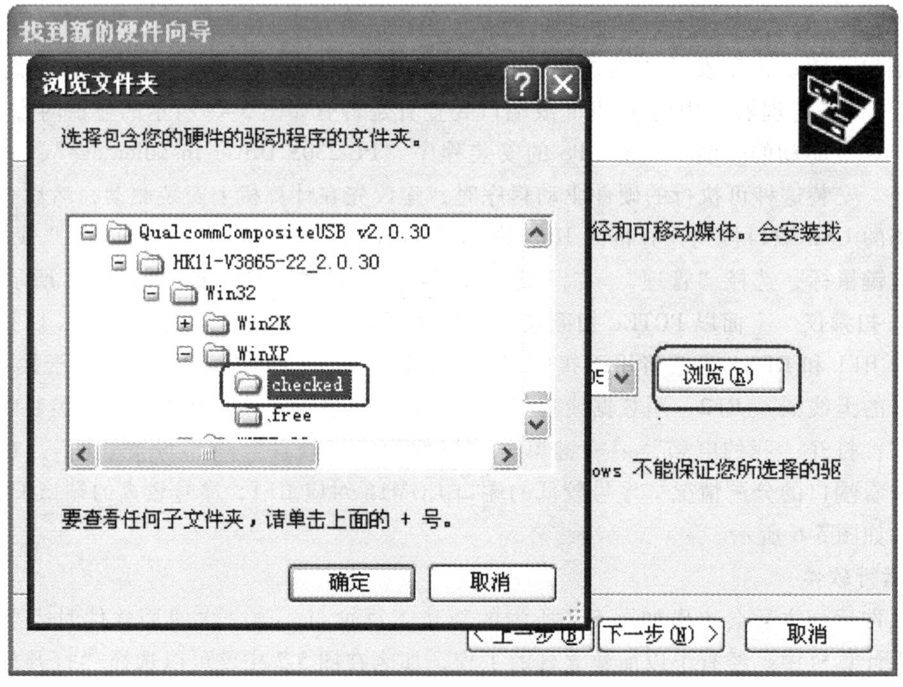

b)

图 5-4　F400 手机驱动程序的安装

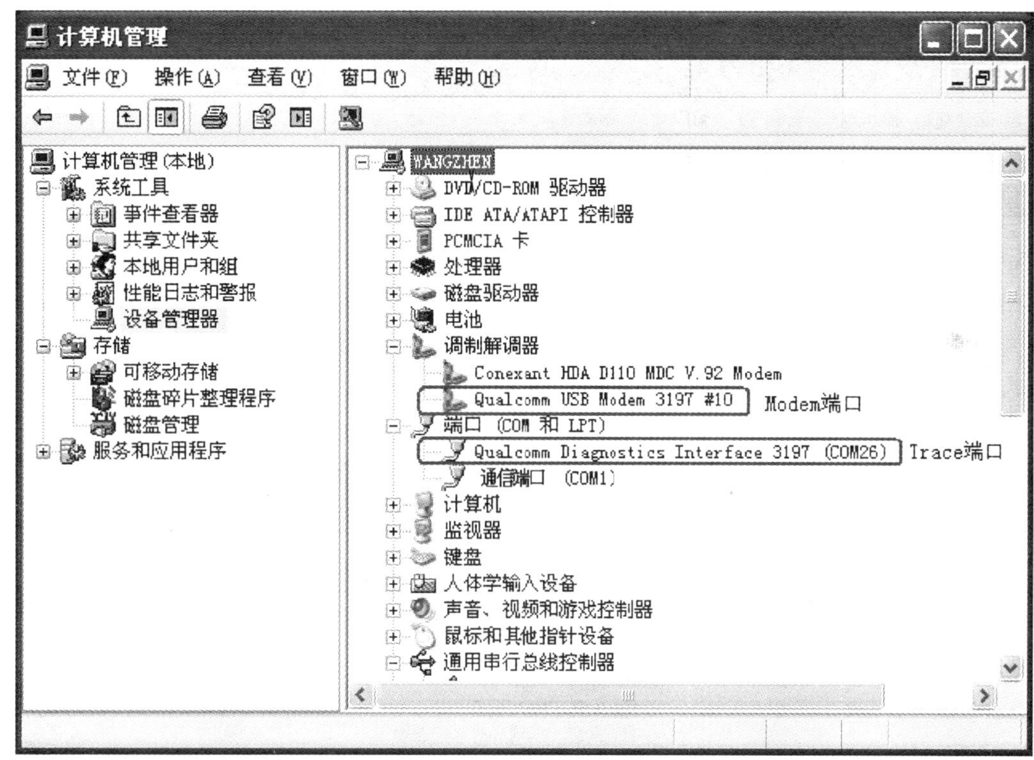

c)

图 5-4　(续)

是原始的压缩格式的数据，也就是后缀为 RCU 格式的数据。这个数据的存储位置对应图 5-8 所示的“Path of LogData”下面的目录，设置之后就不能随意改动；“Release LogData Interval (Min)”的设定值表示地图窗口的路径显示时长。例如，软件默认设置的是 30min，在测试进行 1h 时，只能在地图窗口看到 30min 内的数据，之前 30min 内的数据会消失，但这并不代表数据丢失了，只是在地图窗口没有显示而已，在数据回放时可以正常显示。其他设置项可以采用默认设置。

5. 配置设备

在配置设备之前，确保各硬件设备已连接到计算机并正确安装驱动程序。同时，在计算机“设备管理器”中的 Modem 和端口中各设备已经正常显示，且没有端口冲突。

双击导航栏中的 Device→Devices 或选择菜单命令 Configuration→Devices，弹出如图 5-9 所示的 Configure Devices 窗口。通过该窗口内的各对话框可进行设备的添加、删除和配置。

在 Configure Devices 窗口中单击“Append”按钮可以新增加一个设备。在图 5-10a 所示的“System Ports Info”栏中查看手机的 Ports 和 Modems 端口，并相应地在图 5-10b 所示的“Test Device Configure”栏中配置 Trace Port 和 Modem Port 端口值。当有多部手机需要连接时，要依次连上一个手机，配置一个手机的端口，这样可以避免手机太多造成端口混乱，配置出错的情况。与手机不同的是，GPS 设备不需要配置 Modem Port 项。

6. 测试模板

Pilot Pioneer 通过调用不同的测试业务模板来执行不同的测试计划。在进行测试之前，首先必须建立或导入测试模板，然后通过组合不同的测试模板来完成多种测试任务。

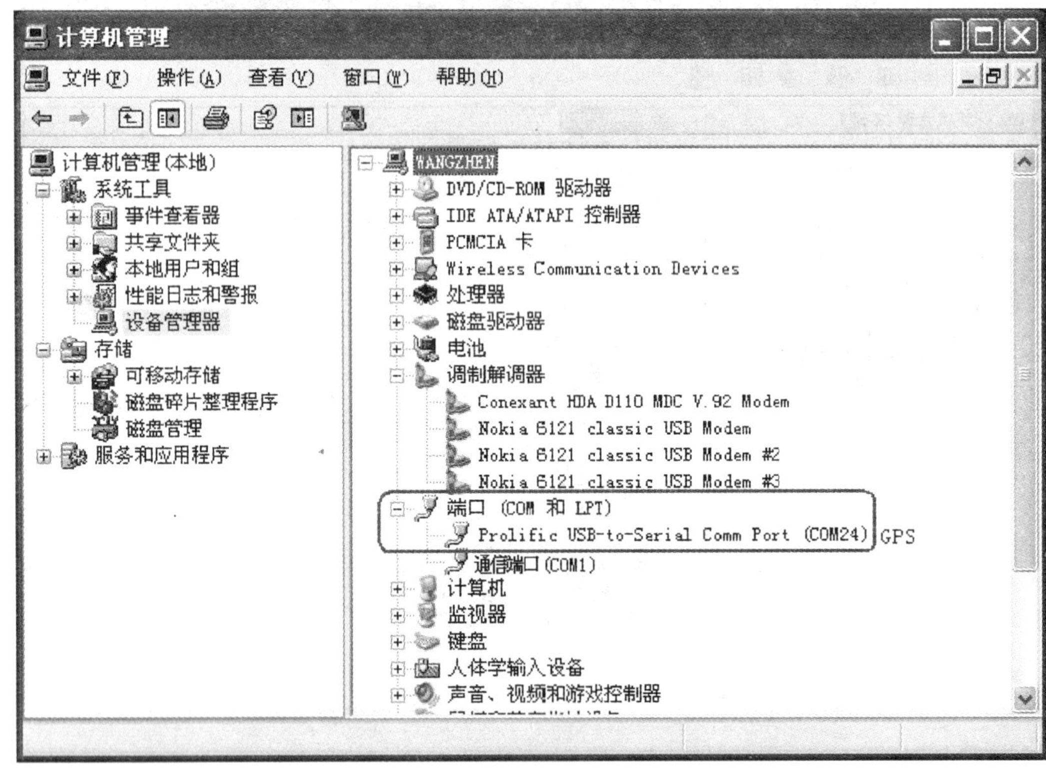

图 5-5　GPS 端口的查看

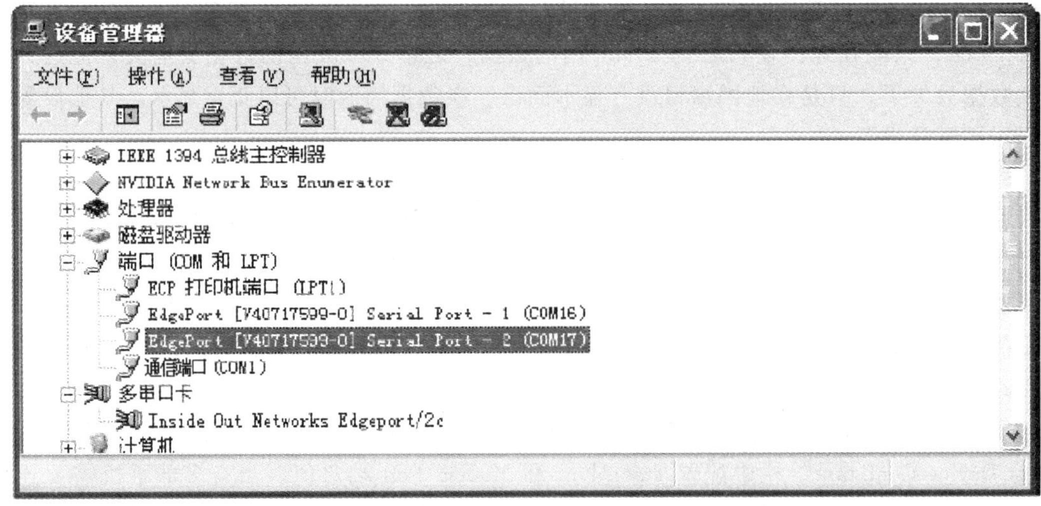

图 5-6　扫频仪端口的查看

双击导航栏中的 Device→Template 或选择菜单命令 Configuration→Template，弹出如图 5-11 所示的 Template Maintenance 窗口，单击“New”按钮可新建测试模板；或者通过选择菜

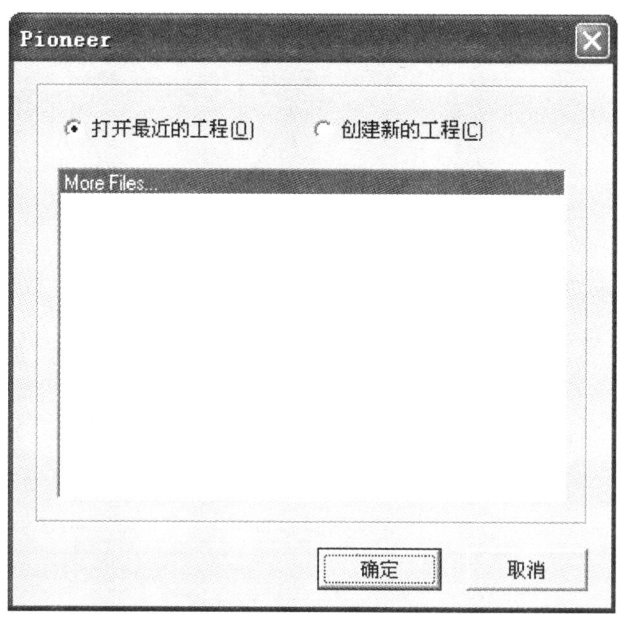

图 5-7　新建工程窗口

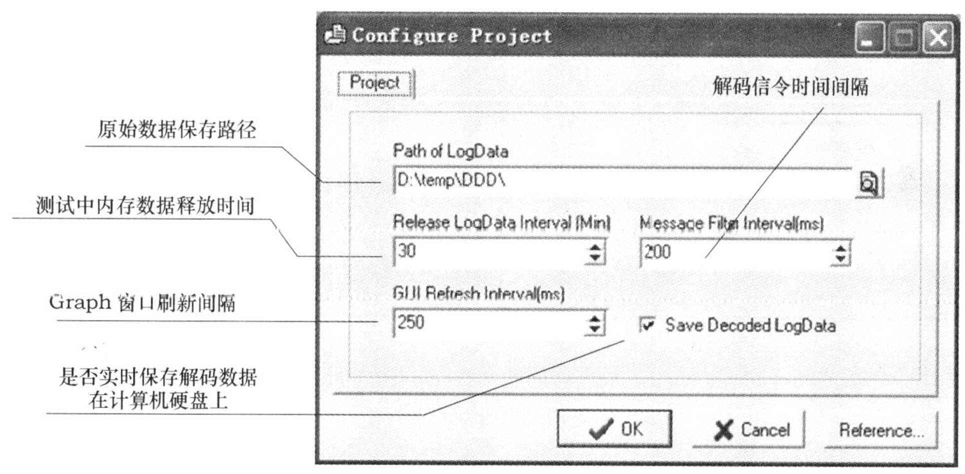

图 5-8　Configure Project 窗口

单命令 Edit→Templates→Import，导入以前保存的测试模板。

7. 语音测试和语音 MOS 模板的设置

对于单语音（AMR）测试和有 MOS 的语音测试，只是多了一个 MOS 选项和 MOS 硬件设备的连接。测试 MOS 指标的同时，各语音指标项也已经测试完成，而不必再测试语音指标。

在 Template Maintenance 窗口选择"New"，在弹出的 Input Dialog 窗口中输入新建模板的名字后，单击"OK"按钮，如图 5-12 所示。建议模板名称用测试业务名称详细命名，这样

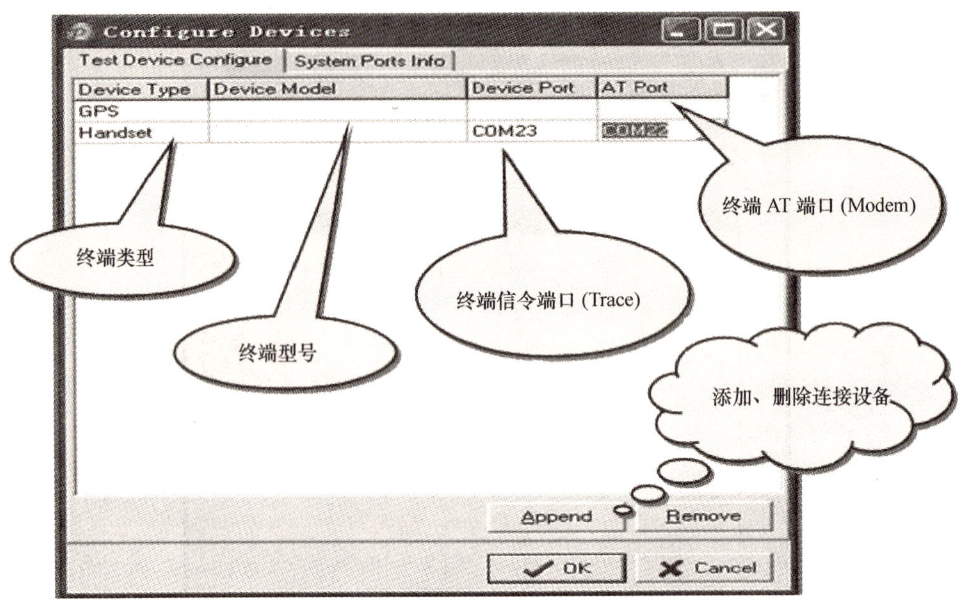

图 5-9　Configure Devices 窗口

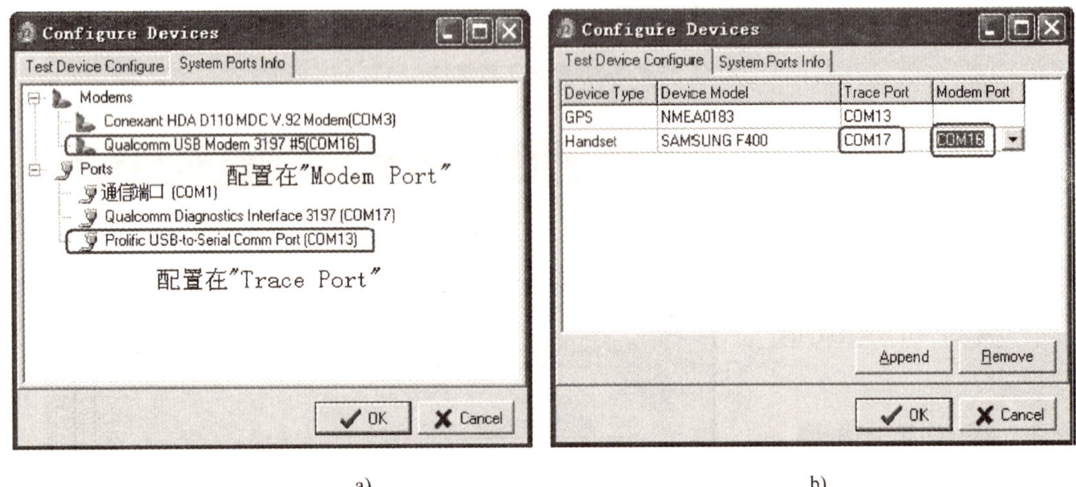

a)　　　　b)

图 5-10　设备端口的配置

可方便区分以后建立的模板。

接下来在弹出的“Template Configuration：（AMR 测试）”窗口中选择“New Dial”并单击“OK”按钮，在网络类型对话框中选择“UMTS”网络，并单击“OK”按钮，进入如图 5-13 所示的语音模板配置窗口。按照图 5-13 提示的各选项功能进行参数配置，最后单击“OK”按钮，完成语音测试模板的设置。

8. 视频电话模板的设置

视频电话模板也称 CS64k 模板，可参照语音测试模板的设置方法。同样，在弹出的 Template Configuration：［AMR 测试］窗口中选择“New Dial”，再选择“UMTS”网络，最后在如图 5-14 所示模板配置窗口中的“Dial Mode”下拉菜单中选择“Video”。需要注意的是，在做视频电话测试时，不能选择“MOS”测试功能项。

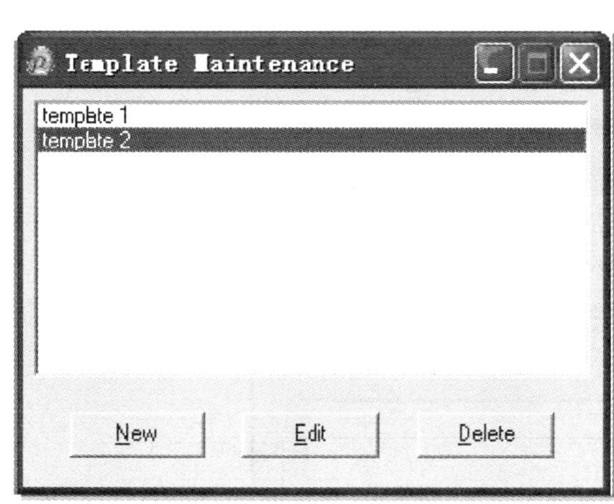

图 5-11　Template Maintenance 窗口

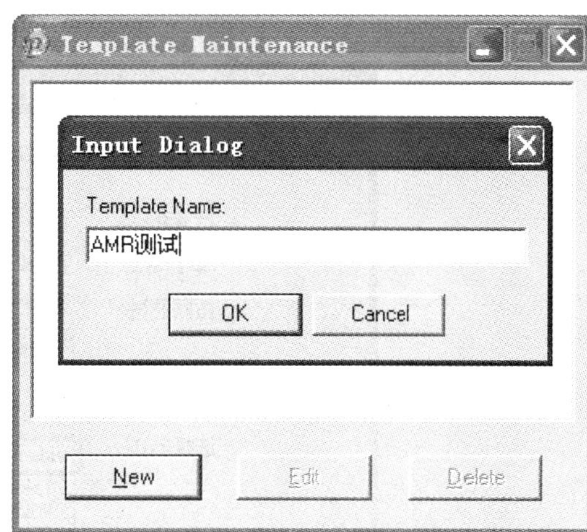

图 5-12　Input Dialog 窗口

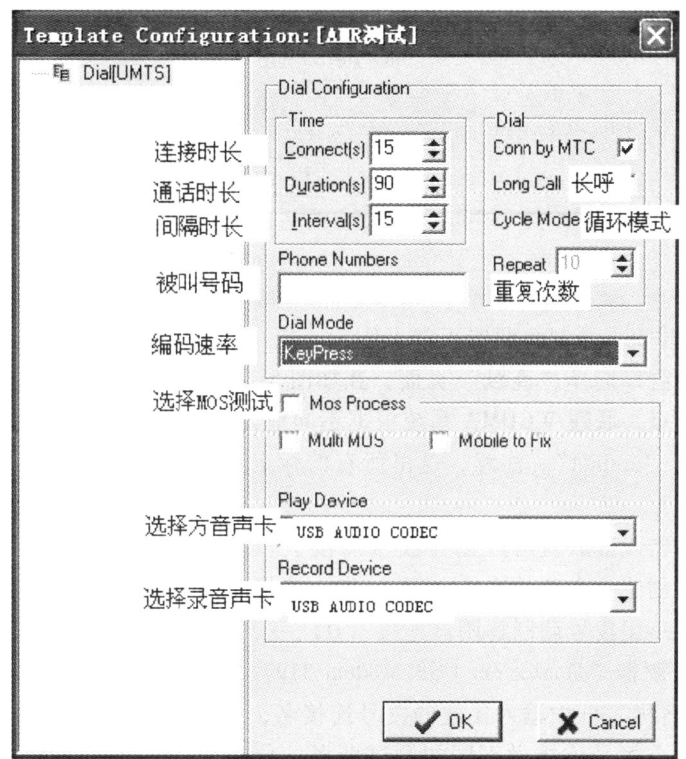

图 5-13　语音模板配置窗口

9. FTP 下载/上传模板的设置

测试 FTP 数据业务之前，需要新建拨号网络，以使手机可以拨号上网。在测试手机已经连接并安装驱动程序的前提下，右键单击“我的电脑”，选择“管理”，进入“计算机管理”窗口并选择“设备管理器”。以三星 F400 为例，在图 5-15a 所示窗口右侧双击调制解调器中的“Qualcomm USB Modem 3197#5”项，在弹出的属性窗口中选择“诊断”页面，进入页面后选择“查询调制解调器”，查询结束后在图 5-15b 所示窗口中可以看到 ATQOV1EO 命

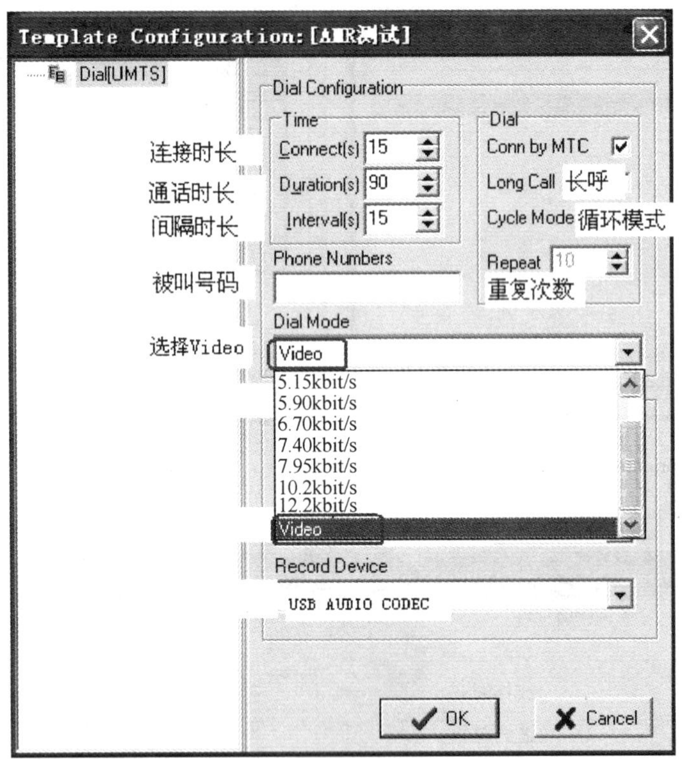

图 5-14　CS64k 模板的配置

令为“成功”，此时表示调制解调器正常工作。

同样，在属性窗口选择“高级”页面，在如图 5-15c 所示的“额外的初始化命令（X）”框中输入网络接入点，联通 WCDMA 系统根据不同地方可能设置不太相同。例如，设置为 + cgdcont = 1，“IP”，“uninet”。注意，这里所有的标点都是英文标点符号，IP 需要大写，其他大小写均可。

完成调制解调器设置后就可以创建拨号连接了。在计算机中依次按照“开始→连接到→显示所有连接→创建一个新的连接 →下一步→连接到 Internet（C）→下一步→手动设置我的连接→下一步→用拨号调制解调器连接（D）→下一步”的顺序进行操作；然后选择刚才设置好的调制解调器“Qualcomm USB Modem 3197#5”并单击“下一步”按钮，在图 5-15d 所示的“ISP 名称”框中输入要建的拨号连接名，一般建议使用比较明确的名字，因为有些时候会使用多个拨号连接做不同的测试业务；单击“下一步”按钮出现“电话号码”对话框，输入“ *99#,”单击“下一步”按钮；接下来弹出窗口中的用户名、密码都不填，建议去掉“任何用户”和“默认连接”前面的“√”，单击“下一步”按钮；为方便手动拨号，建议在图 5-15e 所示对话框中勾选“在我的桌面上添加一个到此连接的快捷方式（S）”，最后单击“完成”按钮即可。

参照语音测试模板的设置方法。同样，在弹出的 Template Configuration：［AMR 测试］窗口中选择“New FTP”并单击“OK”按钮，进入图 5-16 所示的 FTP 模板配置窗口。

10. 保存工程

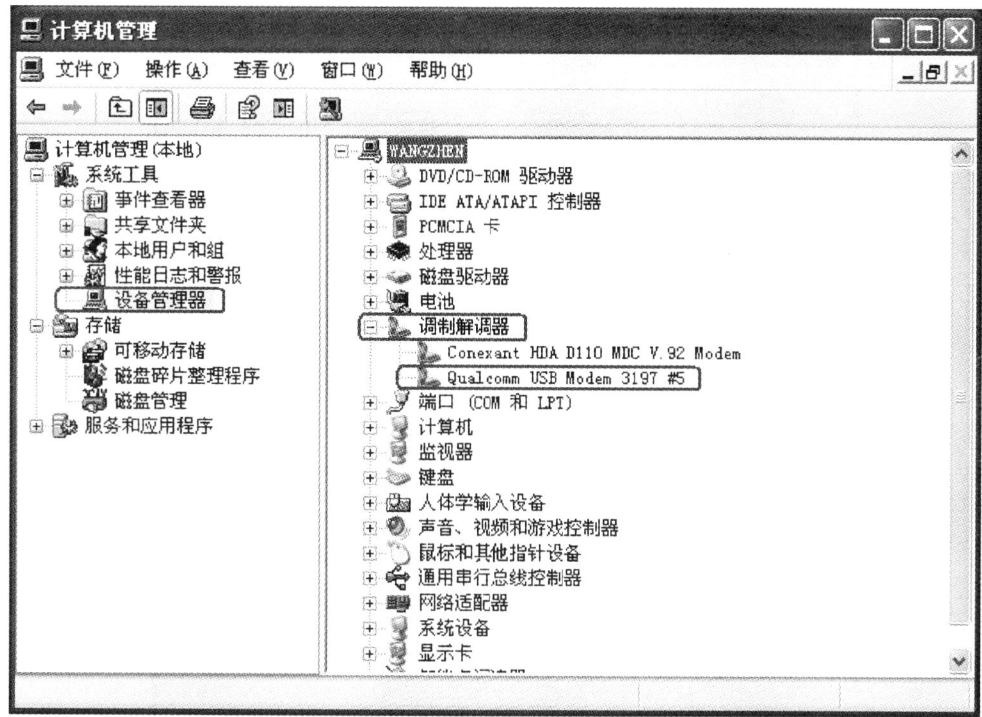

a）

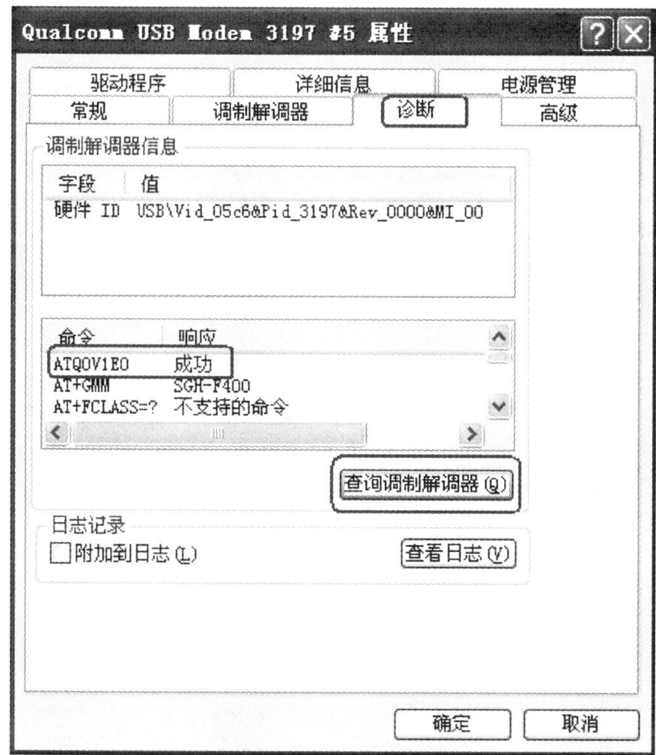

b）

图 5-15　调制解调器的配置

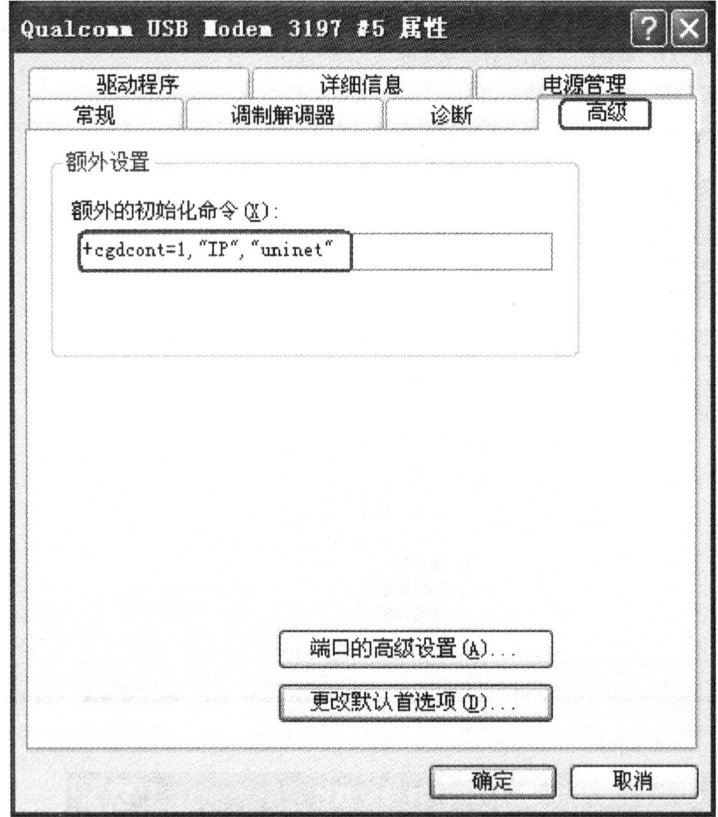

c)

新建连接向导

连接名

提供您 Internet 连接的服务名是什么?

在下面框中输入您的 ISP 名称。

ISP 名称 (A)

WCDMA_FTP Download

您在此输入的名称将作为您在创建的连接名称。

< 上一步 (B)　下一步 (N) >　取消

d)

图 5-15 （续）

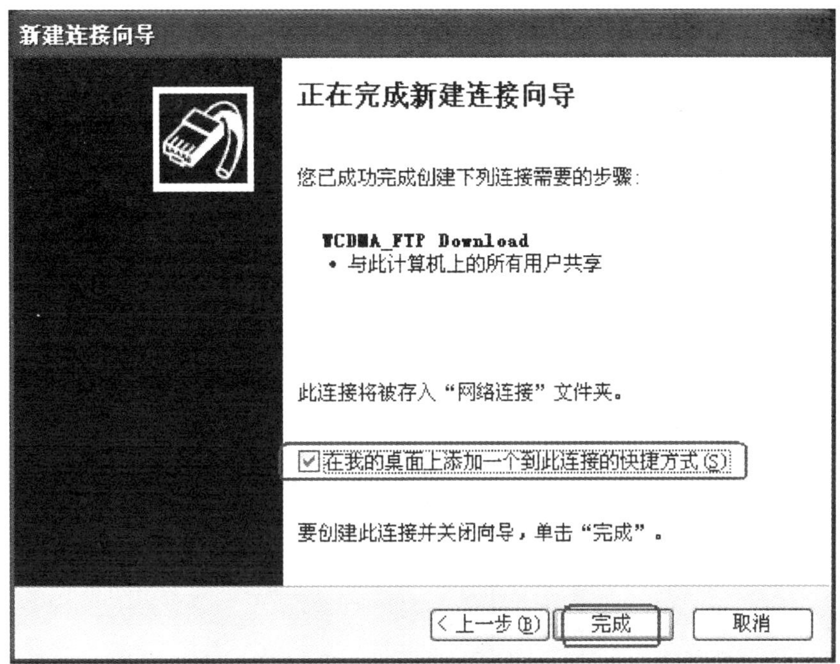

e)

图 5-15　（续）

在工具栏中单击按钮或选择“文件”菜单下的“保存工程”选项，即可保存所建工程、设备连接配置、各测试业务模板配置等信息。在每次对配置信息做出修改后，请保存工程以便下次直接调用这些配置。保存工程时会生成两个文件：PWK（工程文件）和 GST（GIS 文件）。

11. 导入地图和基站

导入地图的方法有两种，一种是按照选择菜单命令“编辑”→“地图”→“导入”的方法；另一种是在软件导航栏的“GIS Info”栏中双击“Geo Maps”。在弹出的地图类型导入窗口中选择已有地图类型并导入地图，如图 5-17 所示。

Pilot Pioneer 的基站数据库为 txt 格式。导入基站数据库的方法为通过双击导航栏中的“Project→Sites→网络类型”，或右键选择 Import，或者在主菜单栏中选择“编辑”→“基站数据库”→“导入”。这里选择基站数据库网络类型为 UMTS，单击“OK”按钮；然后按照基站数据库所在目录选中基站数据库文件，单击“打开按钮”将基站数据库导入到 Pilot Pioneer 中。导入成功后，导航栏 Sites 中显示导入的基站列表。

将导航栏 GIS 中已导入的地图数据和基站数据直接拖入工作区的 Map 窗口，即可在如图 5-18 所示的 Map 窗口中显示相关数据，如测试路径、地图信息和基站信息等。

12. 连接设备/开始记录

完成前面所有的配置工作后，即可开始正常测试。首先单击如图 5-19a 所示主菜单栏右边的设备连接按钮，或使用键盘上的快捷键 <F6> 直接连接设备。如果可以发现图 5-19b 所示设备连接按钮右侧的灰色按钮呈现为红色，说明设备已正常连接，接下来单击该红色按钮来收取 Log 文件。

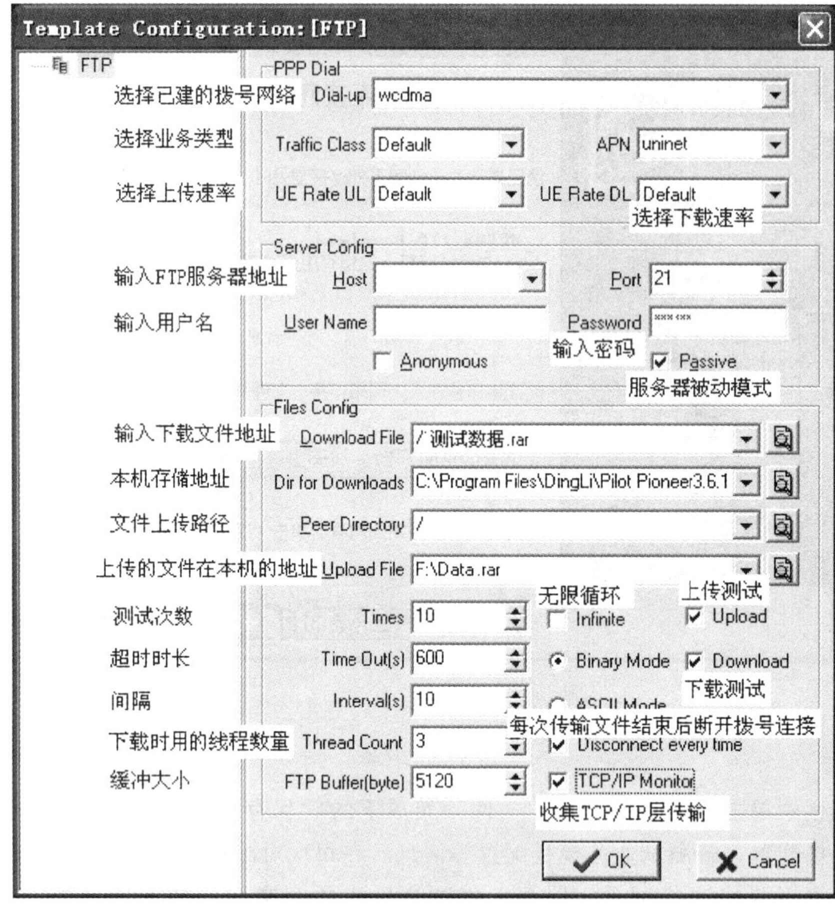

图 5-16 FTP 模板配置窗口

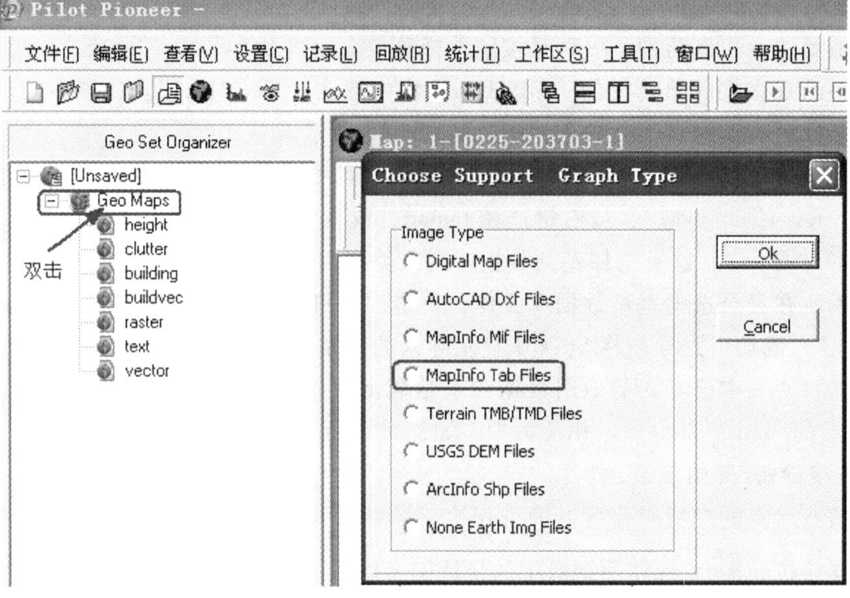

图 5-17 地图类型导入窗口

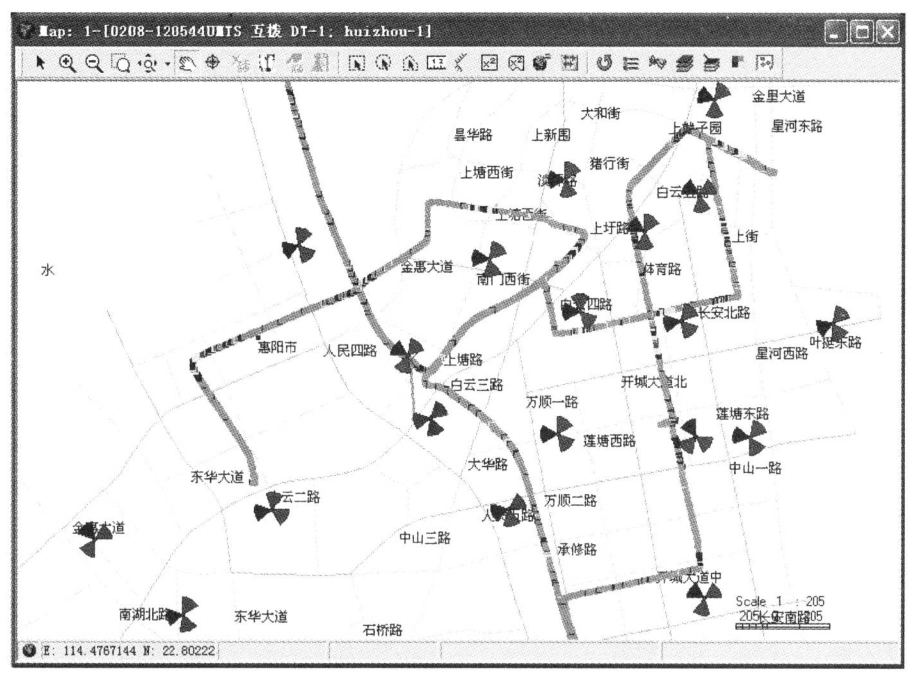

图 5-18　Map 窗口

Log 文件名可以自己命名。默认文件名是按照计算机系统时间自动命名的。值得注意的是，这里不可以选择 Log 文件记录的目录，因为这个目录在新建工程时已经指定好了。文件命名并保存后，系统会自动打开如图 5-19c 所示的一些预设窗口。其中最主要的一个是 Logging Control Win 窗口，也就是选择什么测试模板进行测试的窗口。

13. 调用测试模板

在 Logging Control Win 窗口需要做进一步设置才能使 Pilot Pioneer 正常测试。首先需要选择测试的业务种类，如 MOS 测试，然后在图 5-20a 所示的 Logging Control Win 窗口中设置 3 个内容：

1）选择一个手机（Handset-1）作为主叫手机。建议使用第一个手机作为主叫，这样便于给后台统计人员一个习惯的数据顺序，避免混淆。软件默认会选中第一个手机，但有时会用多个手机测试，主叫手机可能不在第一个。例如，用 4 个手机做两网对比测试，建议使用第一个、第三个手机分别作为主叫，第二个、第四个手机分别作为被叫。

2）选择被叫手机。“Dialled MS”选项就是选择被叫手机的地方。这里一定要选择一个被叫手机，否则软件不能正常找到和控制被叫手机自动接听。

3）选择测试模板。单击“Advance”按钮后，弹出如图 5-20b 所示的窗口。根据测试要求，在这里一定要选定一个或多个测试模板，使手机知道接下来要做什么测试业务。

14. 开始测试

选择好测试模板后，就可以在 Logging Control Win 窗口中单击“Start”按钮开始测试了。如果多个手机同时做不同的业务，可以单击“Start All”按钮来启动所有测试。

a)

b)

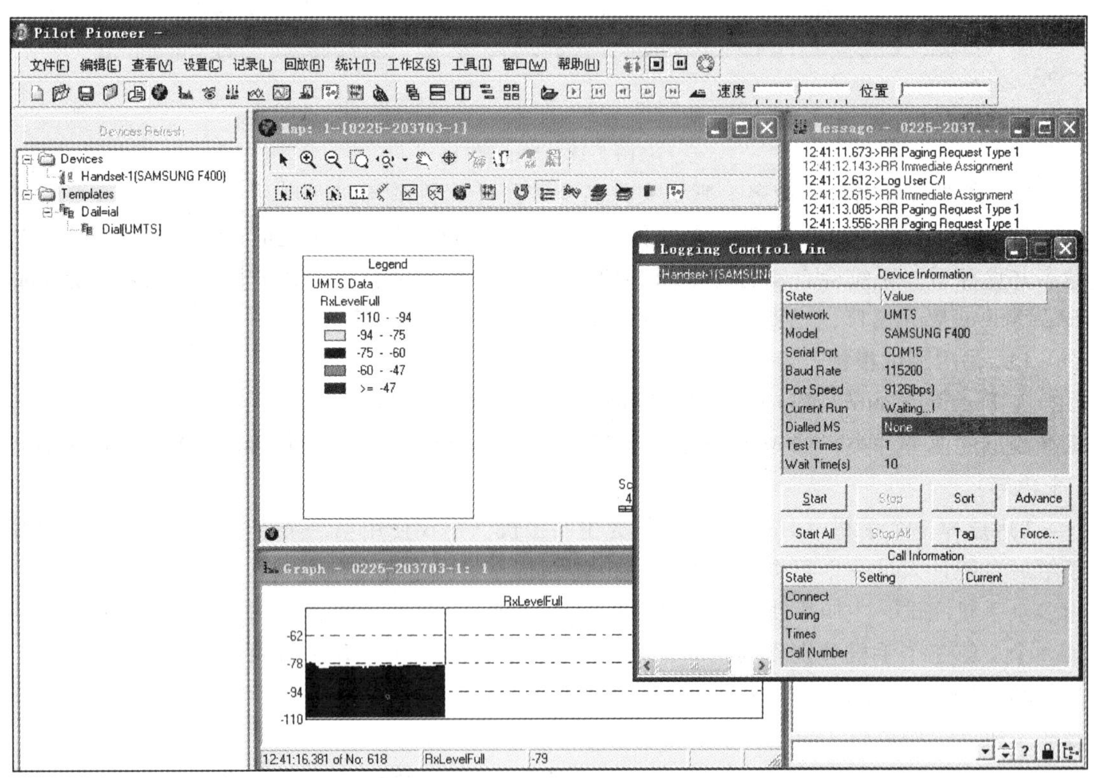

c)

图 5-19 连接设备与开始记录

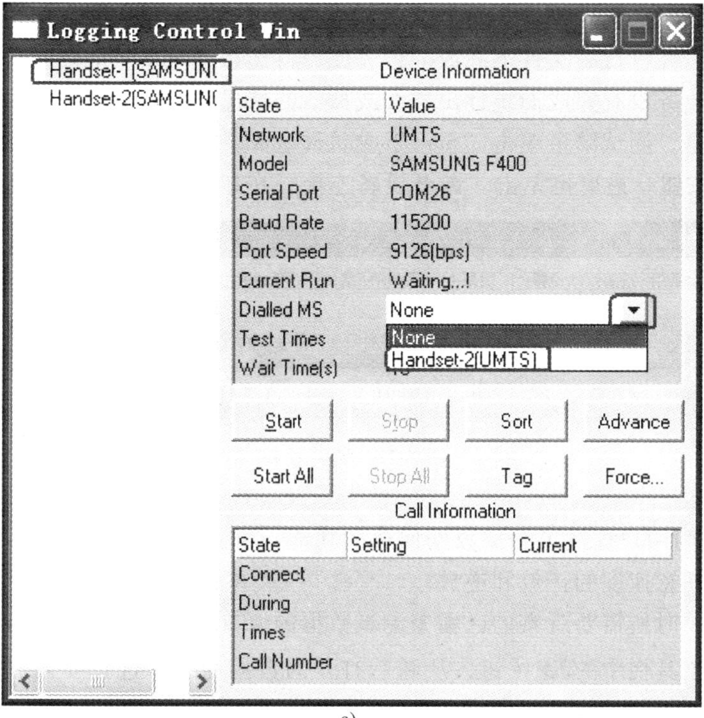

a)

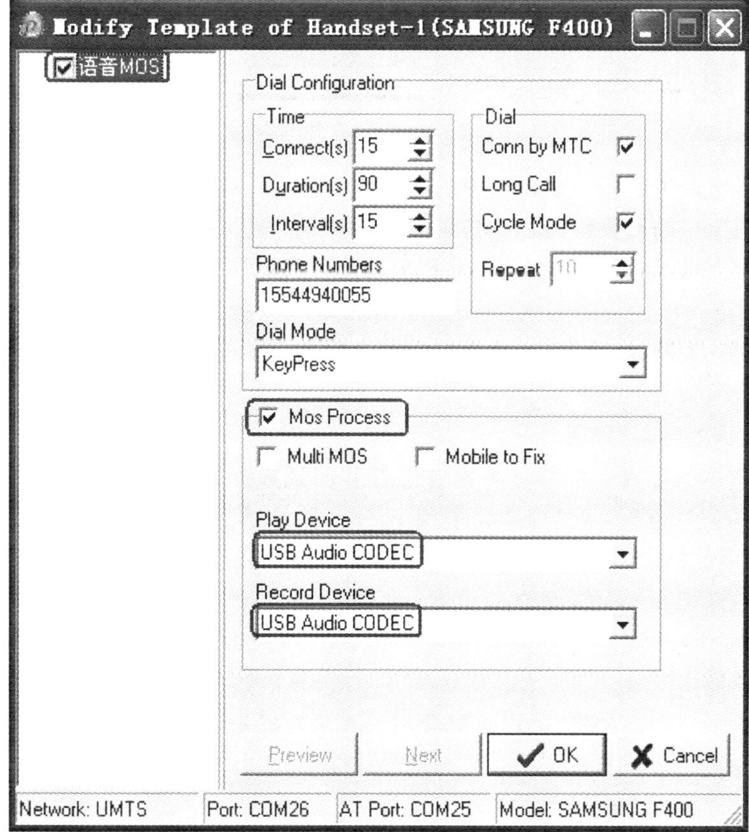

b)

图 5-20　调用测试模板

测试结束后，一定要单击“Stop”或“Stop All”按钮来停止当前业务。如果测试数据业务，一定要等正在进行的文件下载或上传完成后再选择“Stop”结束测试，否则有可能引起因为最后一次业务没有完成而统计出掉线或掉话的情况。

需要注意的是，测试结束单击“Stop”或“Stop All”按钮后，才能单击如图 5-21 所示的“停止 Log”按钮，最后再单击“断开设备连接”按钮，结束整个测试工作。

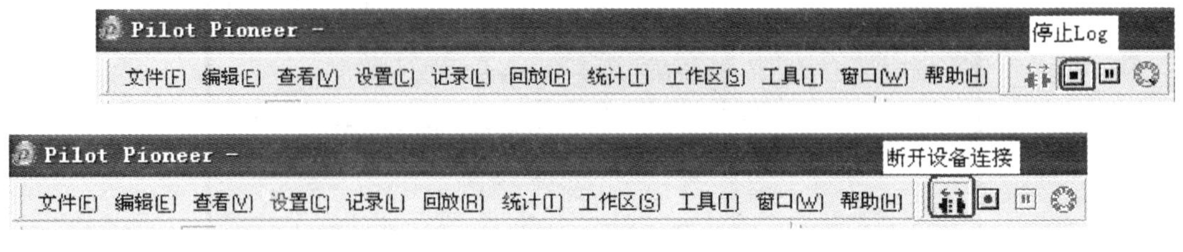

图 5-21　断开设备

15. 数据回放

Pilot Pioneer 为用户提供了测试数据回放的功能，可在后期再现整个测试过程，实现从任何地方开始以任意速度的正放和逆放。

首先打开回放时所需要观察的已覆盖测试数据的窗口，如 Map、Chart、Message 和 Table 窗口。单击回放工具栏中的按钮，从随后打开的数据列表中选择要回放的测试数据，然后通过图 5-22 所示回放控制栏中的相应按钮对回放功能进行控制。回放结束时，单击工具栏中的按钮取消回放数据选择。

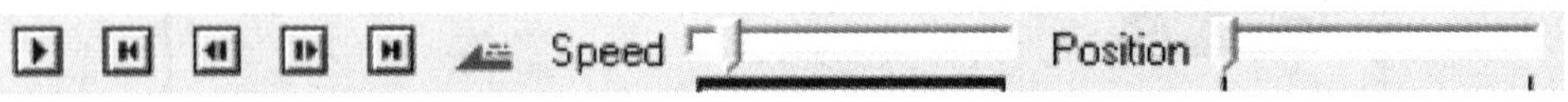

图 5-22　回放控制栏

在回放过程中可单击任一个窗口中的回放位置，对回放的位置进行调整。与此同时，该测试数据在其他窗口的回放位置也会自动同步调整。

此外，系统提供 Scanner 数据的关联回放功能，将测试数据导入后会在 Setting Log Relation 窗口中分网络列出，勾选测试数据中列出的 Scanner 数据，即可建立测试数据与 Scanner 数据的关联。建立关联以后，当测试数据回放到同 Scanner 数据相同时间的采样点时，两个数据会进行同步回放。

16. 测试数据的导入/导出

（1）测试数据的导入　可通过多种方法打开测试数据导入窗口：一种是通过选择菜单命令“编辑”→“数据”→“导入”打开；另一种是通过双击测试数据或将导航栏中的“工程”下的“Log File”项直接拖曳到工作区中打开。在图 5-23 所示的测试数据导入窗口的空白处单击右键可展开功能菜单。

（2）测试数据的导出　单击菜单命令“编辑”→“数据”→“导出”，进入如图 5-24 所示的测试数据导出窗口。在“Log Datas”栏勾选导出数据，从右侧窗口中设置数据导出的方式，然后单击“OK”按钮进行数据导出，并为数据指定导出的目录。

17. Mark 锚点

室内步测的测试路径采用在平面图上手动打点的方法描述，需要用到 Map 窗口的 Mark 锚点工具，通过对测试路径中特征位置的记录来对测试路径进行画线。

首先导入室内平面图，在 Map 窗口上单击 Mark 锚点工具，激活 Mark 打点功能。按

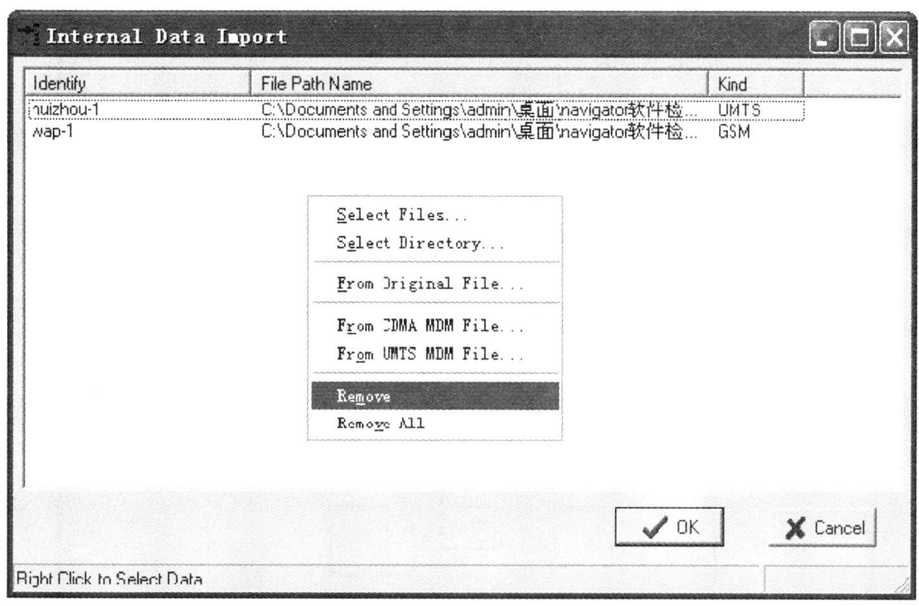

图 5-23　测试数据导入窗口

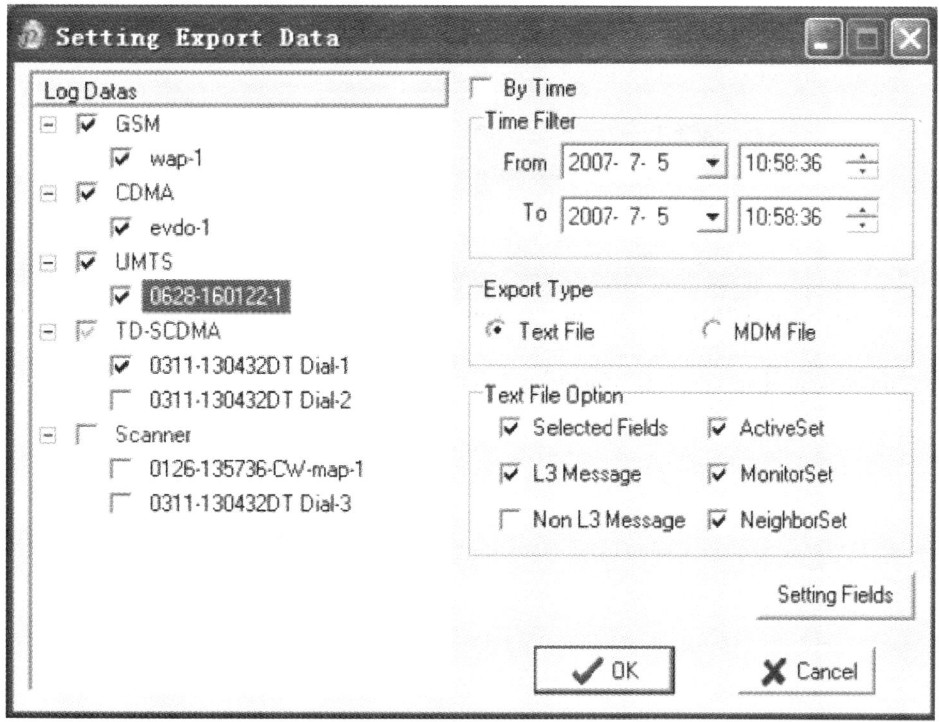

图 5-24　测试数据导出窗口

照室内测试的测试路径在 Map 窗口中打点，每走到一个可以对测试路径进行标记的位置，就在 Map 窗口中的对应位置上标记一个 Mark 点。在图 5-25 所示的室内步测路径中相邻两个 Mark 点之间，系统以直线相连，形成完整的测试路径。

18. 统计

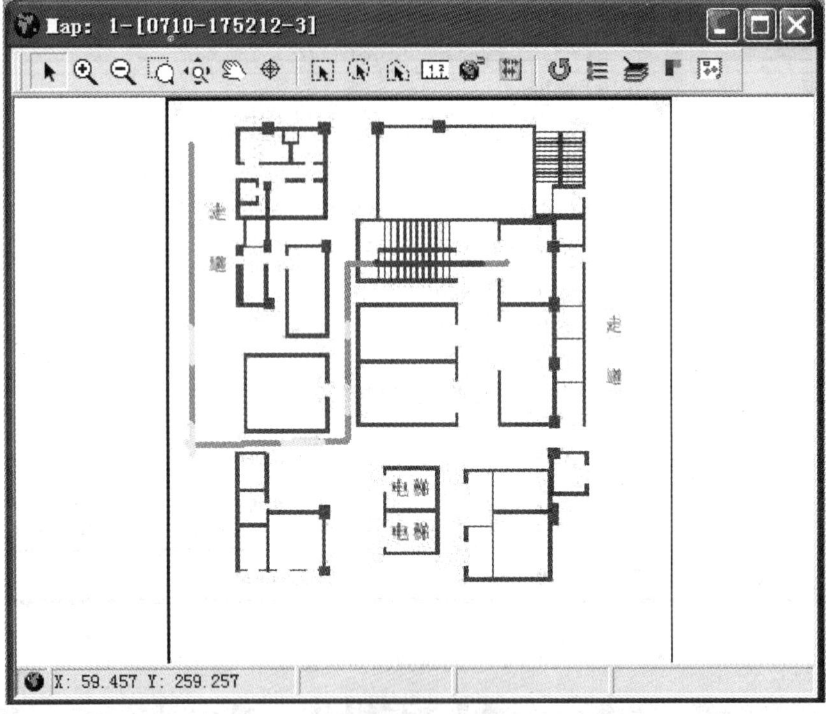

图 5-25　室内步测路径

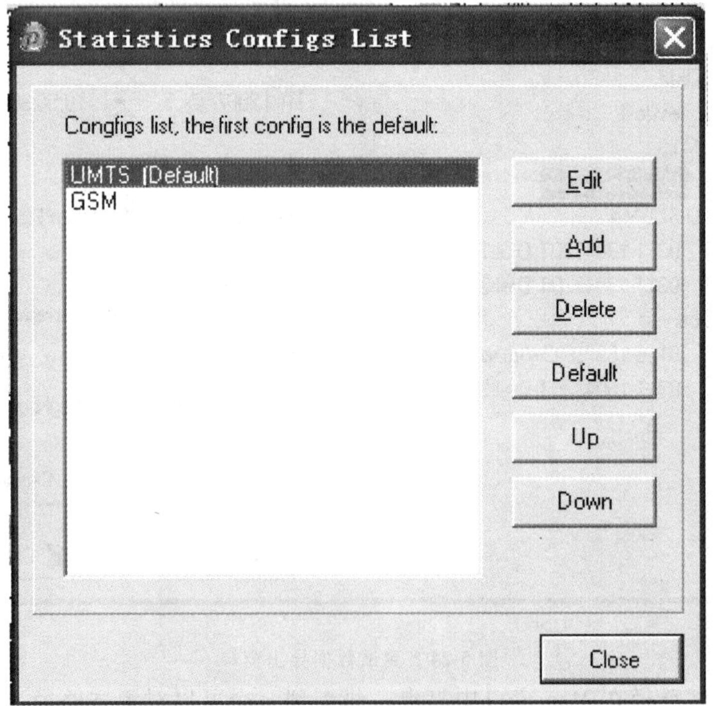

图 5-26　Statistics Configs List 窗口

Pilot Pioneer 为用户提供了测试数据统计功能，并允许用户自定义统计阈值和统计条件。常用统计操作流程为：统计参数阈值设置→统计模板设置→选择统计模板→测试数据→生成统计报表。

1）用户对测试数据进行统计之前，首先要对参数的阈值进行设置。Pilot Pioneer 提供了各参数阈值的默认设置。用户可直接采用该设置。

自定义统计阈值和统计条件的方法为：单击菜单命令“设置”→“常规设置”→“统计范围”或双击导航栏中的“工程→Configuration→Statistics Range”打开统计参数阈值设置窗口。双击窗口上的参数会弹出对应该参数的阈值修改框。阈值修改框中的数值以分号相隔，可在阈值修改框中直接对阈值进行编辑，修改完成后单击“OK”按钮保存修改结果。

2）用户对测试数据进行统计之前，还要对统计模板进行设置，Pilot Pioneer 为用户提供了统计模板管理窗口。单击菜单命令“设置”下的“统计设置”选项，打开如图 5-26 所示的 Statistics Configs List 窗口，选中已有统计模板名称并单击“Edit”或“Add”按钮，可进入如图 5-27 所示的 Statistics Config 窗口，在“Config Name”栏填写统计模板名称，在下方的树形结构列表中勾选需要统计的参数、增值业务和事件等。双击列表中的参数名称，弹出如图 5-27 所示的 Field’ s Range Config 对话框。阈值修改完成后单击“OK”按钮保存设置。

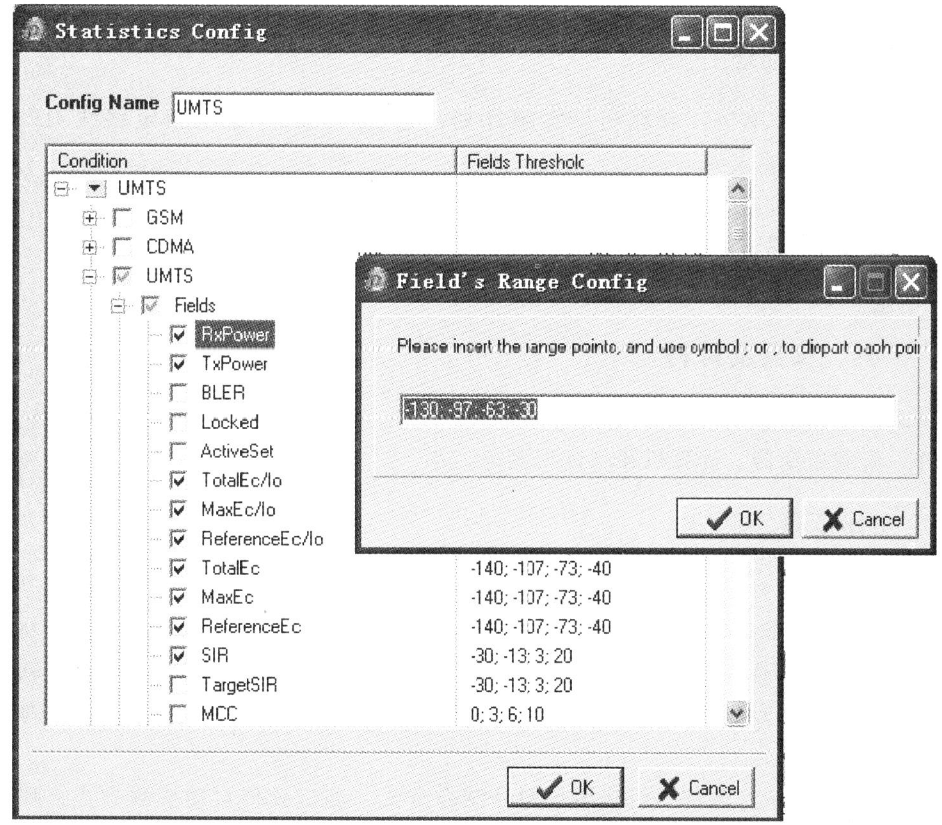

图 5-27　Statistics Config 窗口

3）完成以上设置后，单击菜单“统计”下的“选择数据”选项，打开如图 5-28 所示的 Statistics 窗口，选择测试数据和统计模板生成统计报表。

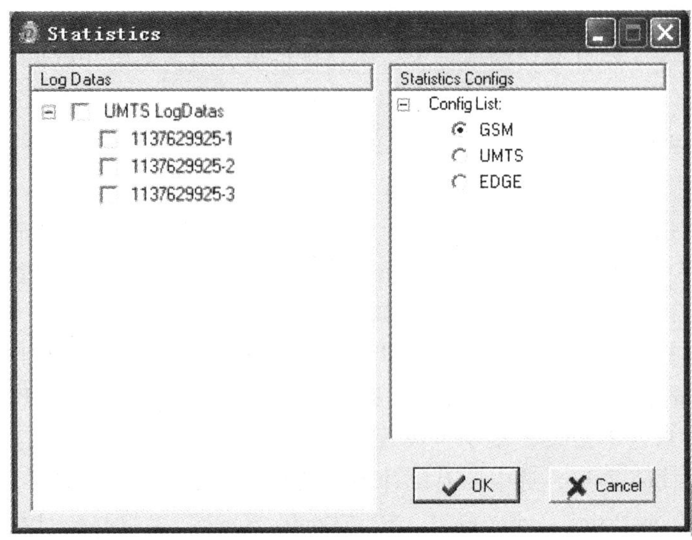

图 5-28 Statistics 窗口

➢ 技能能力

5.1.4 工作任务描述

要求学生以组为单位，合理制订实施计划，完成 WCDMA 系统指定路线 DT 和校园 CQT。具体工作任务要求如下：

1）按指定路线完成语音、CS64k 和数据业务的 DT。

2）各组选择测试点并完成语音和数据的 CQT。

3）完成相关数据文档。

5.1.5 工具、仪器及材料

所需工具、仪器及材料有 Pilot Pioneer 系统软件、测试手机、MOS 盒、数据卡、Scanner、GPS、车载逆变器、计算机和测试车辆等。

5.1.6 操作步骤

1. DT 语音测试

1）连接测试设备。按照图 5-29 所示的测试设备连接图，将一部 GPS、两部 NOKIA N85 手机（手机锁定 WCDMA 网络并采用本地手机卡）与计算机（已安装 Pilot Pioneer 软件和加密狗）相连，安装驱动程序并配置端口号。GPS 置于车顶，其他测试仪器置于车内第二排座。

2）配置测试模板。两部手机采用长短呼结合方式，测试软件自动拨测方式，呼叫号码采用统一接入号（号码由指导教师现场给出）。

一部手机采用短呼方式：测试模板配置上，通话时长为 90s，连接时长为 15s，呼叫间隔时长为 15s。

另一部手机采用长呼方式：测试模板配置上，选择长呼“Long Call”，连接时长为 15s，呼叫间隔时长为 15s。

3）测试 Log 文件采用“DT_AMR_月_日_年_测试地点_小组编号”的方式命名，测试结束后提交测试 Log 文件。

2. DT 视频电话测试

1）采用两部手机互相拨打的方式测试，其中第一部手机为主叫，第二部手机为被叫，均锁定在 WCDMA 网络制式。手机的拨打、接听和挂机均由测试软件自动拨测。

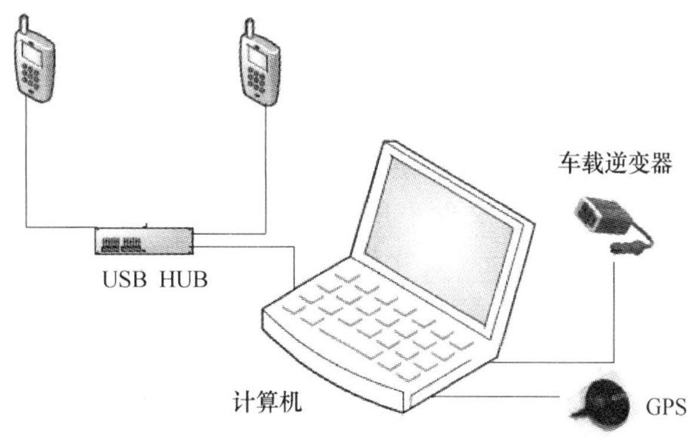

图 5-29　测试设备连接图

2）配置测试模板。通话时长为 90s，连接时长为 15s，呼叫间隔时长为 15s。

3）测试 Log 文件采用“DT_CS64_月_日_年_测试地点_小组编号”的方式命名，测试结束后提交测试 Log 文件。

3. DT 数据测试

1）利用手机的 Modem 新建拨号连接，拨号为“*99#”，一部手机用来上传，一部手机用来下载。

2）配置测试模板。FTP 服务器配置信息和上传/下载文件配置信息由指导教师现场给出。

3）测试 Log 文件采用“DT_FTP_月_日_年_测试地点_小组编号”的方式命名，测试结束后提交测试 Log 文件。

4. CQT 语音测试

1）按照测试点选取原则，在校园内选取 5 个测试点，每个测试点拨测 5 次。

2）每组配备两部手机，每组测试人员在两个不同测试点分别做主被叫互拨测试。每次通话时长为 45～60s，且不能少于 45s，呼叫间隔为 15s；如出现未接通或掉话，应间隔 15s 进行下一次试呼，接入超时为 15s。

3）测试过程由人工操作，测试人员应模拟用户正常讲话。CQT 现场测试记录见表 5-3。

表 5-3　CQT 现场测试记录

测试点	序号	正常	噪声杂音	串话	回音	单通	断续	掉话	无信号	信号不稳定	有信号无法接通	接通时无回铃音	提示音错误	其他	备注

5. CQT 数据测试

1）准备 2 部 WCDMA 数据卡，测试开始前需将数据卡预先锁定到 WCDMA 制式，其中一部数据卡用作 HSDPA 的测试，另一部数据卡用作 HSUPA 的测试。

2）配置测试模板。FTP 服务器配置信息和下载/上传文件配置信息由指导教师现场给出。要求从 FTP 服务器上下载/上传一段 1Gbit 大小的压缩文件。当文件下载/上传 5min 后，断开 PPP 连接，等待 15s，重新进行下一次下载/上传，记录下载/上传的总时间和总数据量。当发生拨号连接异常中断后，应间隔 15s 后重新发起连接。

3）测试过程中如果 FTP 服务器 15s 内登录不成功，应连续进行重新登录。若连续 5 次登录失败，则应断开连接，重新进行测试。测试过程中超过 3min 时长，没有任何数据传输，且尝试 GET 后数据链路仍不可使用，此时需断开拨号连接并重新拨号来恢复测试，并记为一次掉线。

4）测试 Log 文件采用“CQT_FTP_月_日_年_测试地点_小组编号”的命名方式，测试结束后提交测试 Log 文件。

5.1.7　任务单

任　务　单

<table>
<tr><td>任务名称</td><td>DT 与 CQT</td><td>学时</td><td></td><td>班级</td><td></td></tr>
<tr><td>学生姓名</td><td></td><td>学生学号</td><td></td><td>任务成绩</td><td></td></tr>
<tr><td>实训材料</td><td>参阅 5.1.5 节</td><td>实训场地</td><td></td><td>日期</td><td></td></tr>
<tr><td>工作任务</td><td colspan="5">WCDMA 单系统的 DT 与 CQT</td></tr>
<tr><td>任务目的</td><td colspan="5">1）掌握 DT 与 CQT 的基本原理、内容和有关 WCDMA 系统的性能指标。
2）在实施任务的过程中掌握测试软、硬件设备和仪器的使用方法。
3）掌握 DT 与 CQT 的基本步骤、操作规范和测试标准。
4）培养学生团队合作、爱护工具、爱岗敬业、吃苦耐劳的精神，加强安全意识。</td></tr>
<tr><td colspan="6">（一）资讯</td></tr>
<tr><td colspan="6">资讯引导：
1）查看实训软、硬件产品说明书，分组讨论，深入了解设备、工具和仪器的性能指标。
2）熟悉 Pilot Pioneer 系统的操作方法。
3）按小组分析各组任务，按照工作任务总结涉及到的相关知识和技能。
4）认真分析 DT 与 CQT 中的有关 WCDMA 系统的参数和指标。</td></tr>
<tr><td colspan="6">（二）决策与计划</td></tr>
<tr><td colspan="6"></td></tr>
<tr><td colspan="6">（三）实施</td></tr>
<tr><td colspan="6"></td></tr>
<tr><td colspan="6">（四）检查（评价）</td></tr>
<tr><td colspan="6"></td></tr>
</table>

5.1.8　考核标准

考 核 标 准

<table>
<tr><th rowspan="2">序号</th><th rowspan="2">工作过程</th><th rowspan="2">主要内容</th><th rowspan="2">评分标准</th><th rowspan="2">配分</th><th colspan="2">学生（自评）</th><th colspan="2">教师</th></tr>
<tr><th>扣分</th><th>得分</th><th>扣分</th><th>得分</th></tr>
<tr><td rowspan="3">1</td><td rowspan="3">资讯
（10 分）</td><td rowspan="3">任务相关知识查找</td><td>查找相关知识，该任务知识掌握度达到 60%，扣 5 分</td><td rowspan="3">10</td><td></td><td></td><td></td><td></td></tr>
<tr><td>查找相关知识，该任务知识掌握度达到 80%，扣 2 分</td><td></td><td></td><td></td><td></td></tr>
<tr><td>查找相关知识，该任务知识掌握度达到 90%，扣 1 分</td><td></td><td></td><td></td><td></td></tr>
<tr><td rowspan="2">2</td><td rowspan="2">决策、计划
（10 分）</td><td rowspan="2">确定方案
编写计划</td><td>制订整体设计方案，在实施过程中修改一次，扣 2 分</td><td rowspan="2">10</td><td></td><td></td><td></td><td></td></tr>
<tr><td>制订实施方法，在实施过程中修改一次，扣 2 分</td><td></td><td></td><td></td><td></td></tr>
<tr><td rowspan="3">3</td><td rowspan="3">实施
（10 分）</td><td rowspan="3">记录实施过程步骤</td><td>实施过程中，步骤记录不完整度达到 10%，扣 2 分</td><td rowspan="3">10</td><td></td><td></td><td></td><td></td></tr>
<tr><td>实施过程中，步骤记录不完整度达到 20%，扣 3 分</td><td></td><td></td><td></td><td></td></tr>
<tr><td>实施过程中，步骤记录不完整度达到 40%，扣 5 分</td><td></td><td></td><td></td><td></td></tr>
<tr><td rowspan="8">4</td><td rowspan="8">检查、评价
（60 分）</td><td rowspan="3">DT</td><td>语音测试不正确，扣 10 分</td><td rowspan="3">30</td><td></td><td></td><td></td><td></td></tr>
<tr><td>CS64k 测试不正确，扣 10 分</td><td></td><td></td><td></td><td></td></tr>
<tr><td>数据测试不正确，扣 10 分</td><td></td><td></td><td></td><td></td></tr>
<tr><td rowspan="3">CQT</td><td>测试点选择不当，一处扣 1 分</td><td rowspan="3">20</td><td></td><td></td><td></td><td></td></tr>
<tr><td>语音测试不正确，扣 10 分</td><td></td><td></td><td></td><td></td></tr>
<tr><td>数据测试不正确，扣 5 分</td><td></td><td></td><td></td><td></td></tr>
<tr><td rowspan="2">文件与报告</td><td>相关文件不完整，扣 5 分</td><td rowspan="2">10</td><td></td><td></td><td></td><td></td></tr>
<tr><td>输出统计不完整，扣 5 分</td><td></td><td></td><td></td><td></td></tr>
<tr><td rowspan="3">5</td><td rowspan="3">职业规范、团队合作
（10 分）</td><td>安全文明生产</td><td>违反安全文明操作规程，扣 3 分</td><td>3</td><td></td><td></td><td></td><td></td></tr>
<tr><td>组织协调与合作</td><td>团队合作较差，小组不能配合完成任务，扣 3 分</td><td>3</td><td></td><td></td><td></td><td></td></tr>
<tr><td>交流与表达能力</td><td>不能用专业语言正确流利地简述任务成果，扣 4 分</td><td>4</td><td></td><td></td><td></td><td></td></tr>
<tr><td colspan="4">合计</td><td>100</td><td colspan="2"></td><td colspan="2"></td></tr>
<tr><td colspan="2">学生自评总结</td><td colspan="7"></td></tr>
</table>

（续）

教师评语			
学生签字	年　月　日	教师签字	年　月　日

5.1.9 知识能力测试

1）简述 Pilot Pioneer 系统做 DT 的操作流程。

2）给出用测试手机和数据卡进行数据业务测试的区别。

3）简述 DT 语音测试时，采用长呼和短呼两种测试方式的区别。

任务 5.2 单站验证测试

教 学 目 的

知识能力：掌握 WCDMA 单站验证测试的原则、内容以及有关测试规范。

技能能力：掌握单站验证测试的方法，完成有关测试报告。

社会能力：培养学生分析问题、解决问题的能力。培养学生的沟通能力及团队协作精神。

➢ 知识能力

5.2.1 单站验证概述

单站验证即单站点设备功能的自检测试和验证，其目的是在网络进入簇（Cluster）优化前，获取单站的实际基础资料，保证待优化区域中的各个站点、小区的基本功能（如接入、通话等）、信号覆盖均是正常的，尽可能将影响到后期全网性能优化的问题在前期解决，为以后更高层次的网络优化打下良好的基础。图 5-30 所示为单站验证在网络优化中的作用。通过单站验证，可以将网络优化中需要解决的由于网络覆盖原因造成的掉话、接入等问题与设备功能性掉话、接入等问题分离开来，有利于后期问题的定位和问题的解决，提高网络优化效率。通过单站验证，还可以熟悉优化区域内的站点位置、配置和周围无线环境等信息。

单站优化中，以优化站点为中心，在距离 200m 左右的区域内进行环形路测，顺时针、逆时针各测量一次。测试内容包括扫频测试、语音测试、视频电话测试和数据业务测试。由于要持续监测单站的无线性能，所以使用长呼方式的语音测试模式。在测试时仅保留共站邻

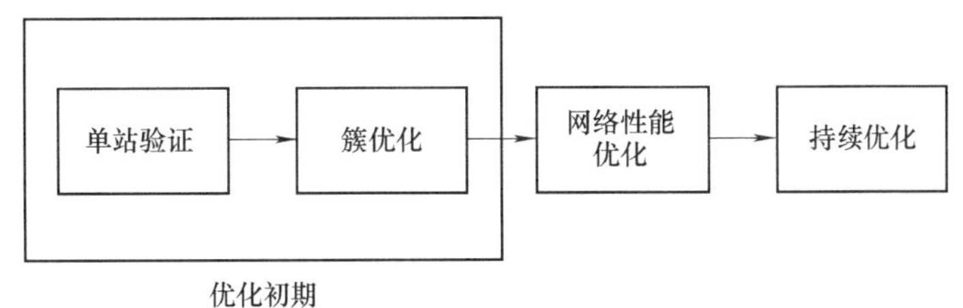

图5-30　单站验证在网络优化中的作用

区，可测试更软切换性能，并且保证测试手机驻留在需要优化的站点。通过现场的测试可完成下列任务：

1）站点覆盖目标验证，判断是否达到预期规划的效果。

2）检查基站硬件配置、经/纬度是否正确，检查天线方位角、下倾角和馈线连接是否正确。

3）空闲模式下的参数配置检查主要包括切换参数、邻区、LAC、RAC CPICH POWER等。

4）基站信号覆盖检查主要包括CPICH、RSCP、CPICH和Ec/Io等参数。

5）基站基本功能检查主要包括CS业务、PS业务、HSPA业务的接入性测试，以及切换性能的工程测试等。

5.2.2　单站验证流程

单站验证包括测试前的准备、单站验证测试、单站性能分析及问题处理3部分。图5-31所示为单站验证流程。在测试准备阶段需要输入基站规划数据表和RNC参数配置表，检查站点状态是否正常，并选择合适的测试路线和测试点，同时需要检查测试设备是否齐备。在单站验证测试过程中要根据单站验证规范测试，针对存在的硬件安装问题提交问题分析报告并由工程安装等相关部门解决，功能性问题由OMC工程师配合解决。

5.2.3　单站验证前的准备

在单站验证测试前，验证测试人员需完成如下工作：

1）从基站规划设计、工程安装单位获得基站勘察表，包括基站基本情况，如基站经纬度、天线高度、方位角、下倾角（包括机械及电子下倾角）和馈线损耗等；天线水平及垂直方向图、增益；基站天线平面图，各小区覆盖照片；小区覆盖遮挡说明；对于室内验证测试，还应获取室内分布系统列表等信息。

2）向OMC工程师确认站点是否存在告警，故障是否排除，测试小区状态是否正常。

3）测试路线和测试点的选择。

4）测试设备的检查。在单站优化测试前必须对所有的测试设备进行检查，避免因测试设备的问题导致单站验证测试过程中出现故障和测试结果不准确，而影响单站测试的工作进度。

1. 测试路线和测试点的选择

测试前需要根据待测站点的分布和当地实际情况选择合适的测试路线和测试点。

（1）室外路线的选择　测试路线尽量经过待测基站的覆盖区域，尽可能跑全待测基站周围所有的主要街道。测试路线尽量考虑当地的行车习惯和路况，尽可能减少交通信号等因

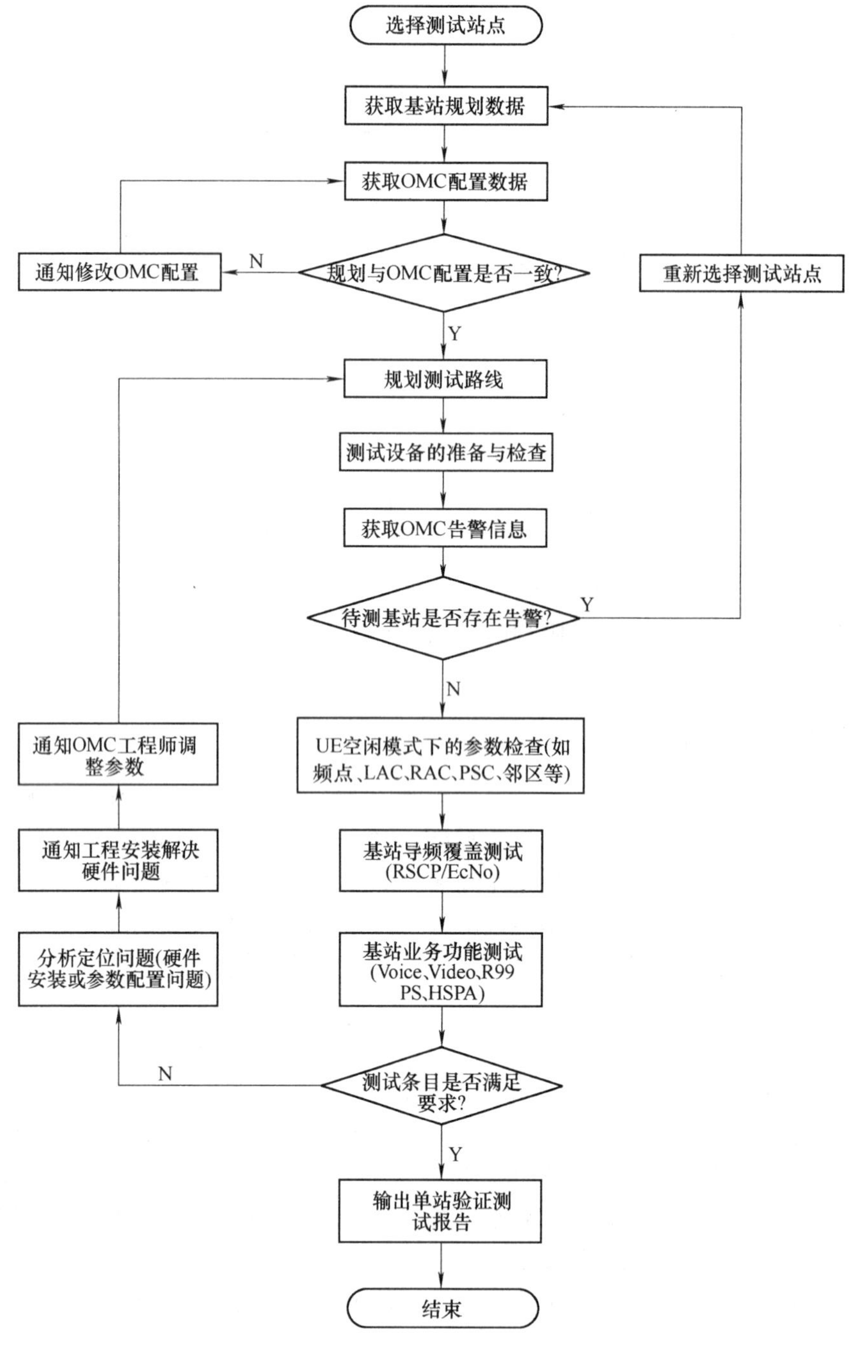

图 5-31　单站验证流程

素造成的等待时间。

（2）室内测试楼层和路线的选择　对于 10 层以上的高楼，选择 4 个楼层（地下室、地面、中间和最高层）测试。测试路线尽量根据室内分布系统设计（天线位置、热点区域）来安排。

（3）测试点的选择　选取单站覆盖范围内的重点和热点场所（如酒店、商场和住宅区等），测试点的选择尽量满足信号覆盖的要求（如 RSCP≥ -75dBm；Ec/Io≥ -9dB）。

2. 测试工具

室外单站验证测试设备见表 5-4，表 5-4 所列的测试工具数量为 1 个测试小组所需。室外设备连接示意图如图 5-32a 所示。其中点画线框内的设备放置在测试车辆内。

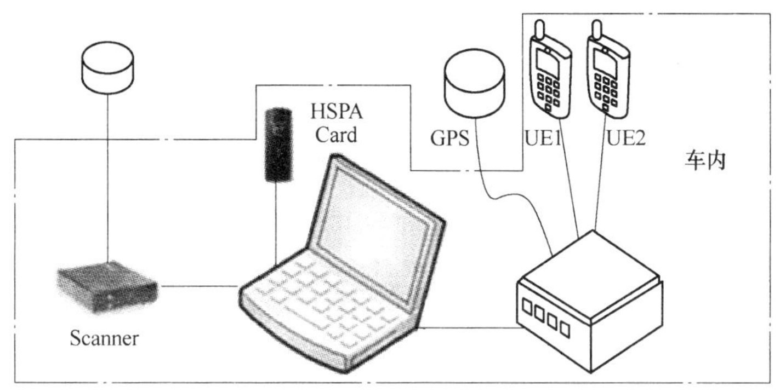

a) 室外设备连接示意图

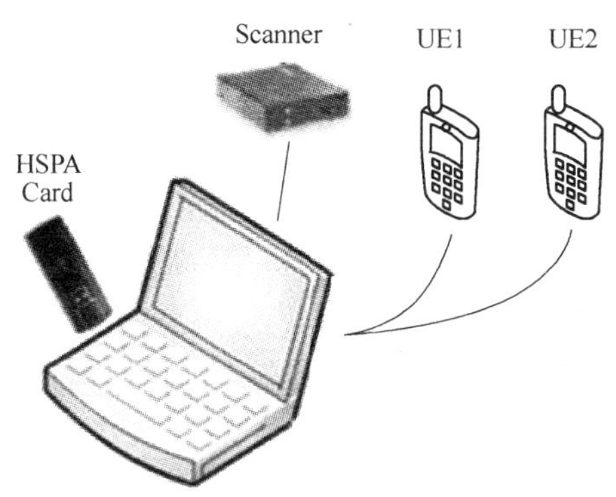

b) 室内设备连接示意图

图 5-32　设备连接示意图

表 5-4　室外单站验证测试设备

序号	测试工具的名称	描　　述
1	数据采集软件	支持 UMTS R99/HSPA 网络的测试，同时支持 UMTS 测试手机/数据卡和 Scanner 的数据采集
2	后处理分析软件	支持 UMTS R99/HSPA 网络测试手机/数据卡和 Scanner 数据的分析，包括覆盖分析、KPI 指标分析、越区覆盖分析、导频污染分析、缺加邻区分析和 Layer3 信令解码等
3	测试手机	支持 UMTS R99/HSPA 网络
4	HSPA 数据卡	支持 HSDPA 7.2M，HSUPA 2M
5	Scanner	支持 UMTS 2100 频段的测试
6	GPS	支持 USB 接口，测试数据采集时提供 GPS 信息
7	车载逆变器	从车辆点烟器取电，为车载测试笔记本、Scanner 和测试终端供电
8	测试笔记本计算机	运行数据采集软件，连接 Scanner 及测试终端
9	电子地图	为路测提供地理信息
10	测试车辆	具备方便测试操作的空间与平台，具备点烟器或者蓄电池供电装置

室内单站验证测试工具见表 5-5。表 5-5 所列数量为 1 个测试小组所需。室内设备连接示意图如图 5-32b 所示。

表 5-5　室内单站验证测试工具

序号	测试工具的名称	描　述
1	数据采集软件	支持 UMTS R99/HSPA 网络的测试，同时支持 UMTS 测试手机/数据卡和 Scanner 的数据采集
2	后处理分析软件	支持 UMTS R99/HSPA 网络测试手机/数据卡和 Scanner 数据的分析，包括覆盖分析、KPI 指标分析、越区覆盖分析、导频污染分析、缺加邻区分析和 Layer3 信令解码等
3	测试手机	支持 UMTS R99/HSPA 网络
4	HSPA 数据卡	Category 8 类终端。支持 HSDPA 7.2M，HSUPA 2M
5	Scanner	支持 UMTS 2100 频段的测试
6	Scanner 电池	为 Scanner 室内测试提供电源
7	测试笔记本计算机	运行数据采集软件，连接 Scanner 及测试终端
8	室内平面图	为步行测试提供地理信息

5.2.4　单站验证的测试

1. 基站基础信息检查

实地勘察基站经纬度、天线方位角、下倾角、挂高是否与规划数据相符。现场检查覆盖方向是否有阻挡，基站硬件工作状态是否正常，天线是否接反。与 GSM 共天线的基站需要检查是否与 GSM 的天馈接反。天馈系统工作正常，包括发射功率和驻波比等。传输系统工作正常，无传输告警。给出基站具体位置和周边描述，覆盖区域描述，同时给出待测基站和周围基站电子地图的截图。图 5-33 所示为待测站点位置截图。

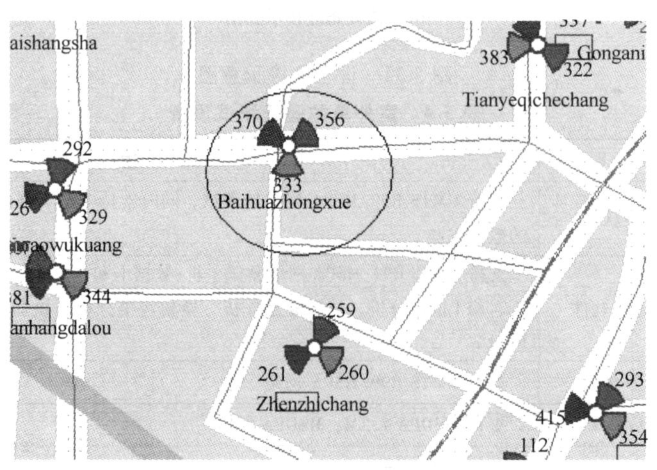

图 5-33　待测站点位置截图

2. 站点配置验证

通过测试手机和测试仪器检查待测小区的实际配置与规划数据是否一致。检查内容主要包括以下几个方面：

1）频率检查：通过手机检查待测小区的频点号与规划数据是否一致。

2）扰码检查：通过手机检查待测小区的扰码设置是否和规划数据一致。

3）LAC/RAC 检查：通过手机检查待测小区的 LAC/RAC 和规划数据是否一致。

4）小区邻区和重选参数检查：检查邻区列表是否与规划数据一致，检查小区选择和重选、切换参数的设置。

5）基站功率配置情况主要包括 P-CPICH、P-SCH、S-SCH、P-CCPCH、PICH、AICH、S-CCPCH 和 HS-SCCH 等公共信道的功率配置。

3. 室外站点导频覆盖测试

覆盖测试时，车速一般保持在 30～40km/h。通过路测检查 Scanner 接收的 RSCP 和 Ec/Io 是否异常（如是否存在其中一个测试小区的 RSCP 和 Ec/Io 明显差于其他小区），确认是否存在功放异常、天馈连接异常、天线安装位置设计不合理、周围环境发生变化导致建筑物阻挡、硬件安装时天线方位角/下倾角与规划不一致等问题。

在一些特殊地段，站间距少于 200m，站点的主覆盖区域很小，在 DT 路测时得不到足够的信息，需要测试人员步行测试。对于密集城区，一般的 GPS 接收信号漂移造成路测打点不准确，测试数据无法用来分析，需要特殊的 GPS 解决方案来解决这个问题。

4. 室内站点导频覆盖测试

首先需要获取室内平面图，如果用 Scanner 进行导频覆盖测试，需要准备好 Scanner 电池。将室内平面地图导入之后，进入室内测试模式，连接好硬件设备，进行步测（Walk Test）打点测试。

5. 基站业务功能测试

在单站优化测试中要对所有开通和支持的业务进行测试，包括语音业务、视频电话业务、R99 PS 业务和 HSPA 业务。其中，R99 PS 业务和 HSPA 业务可以进行定点测试。

（1）语音业务测试　通过拨打测试，检查语音业务呼叫功能。2 部 UE 互相拨打 5 次语音业务，每次呼叫保持至少 30s，空闲时间为 15s。记录主叫和被叫的接通情况，如果有呼叫失败的情况，分析和解决后重新测试。语音呼叫质量测试结果（好/一般/差）由测试人员主观判断。

（2）视频电话业务测试　通过拨打测试，检查可视电话业务呼叫功能。2 部 UE 互相拨打至少 5 次，每次呼叫可保持至少 30s，空闲时间为 15s。记录主叫和被叫的接通情况，如果有呼叫失败的情况，分析和解决后重新测试。视频业务呼叫质量测试结果（好/一般/差）由测试人员主观判断。

（3）数据业务测试　在待测基站附近选择信号覆盖良好的地点进行 R99/HSPA 数据业务的 FTP 测试。

6. 单站验证项目

综上所述，单站验证测试项目见表 5-6。

表 5-6　单站验证测试项目

序号	项　　目	评价标准
1	在 UE 空闲模式下检查参数：频点/扰码/LAC/RAC/Cell Selection& Reselection/Cell Reserved/Neighbour List	与规划数据一致

（续）

序号	项　目	评价标准
2	Scanner 覆盖测试结果检查（CPICH RSCP 和 Ec/Io）	对于室外站：在基站附近 100m 内，密集城区 > -70 dBm，普通城区 > -75dBm，郊区 > -83dBm，乡村 > -91dBm，Ec/Io > -9dB； 对于室内站：在室内覆盖区域内，CPICH RSCP > -75dBm，Ec/Io > -9dB
3	Scanner 覆盖区域检查	每个天线方向的信号正常，每个天线方向的覆盖范围与规划一致（排除天馈线接错的情况）
4	Voice Call 语音呼叫	语音业务的主叫与被叫正常，语音电话呼叫质量正常
5	Video Call 视频电话业务呼叫	视频电话业务的主叫与被叫正常，视频电话呼叫质量正常
6	PS384K FTP 下行平均吞吐率测试	PS384K DL Average Throughput > 288kbit/s
7	PS384K FTP 上行平均吞吐率测试	PS384K UL Average Throughput > 288kbit/s
8	HSDPA FTP 平均吞吐率测试（HSDPA 7.2Mbit/s）	HSDPA Average Throughput > 4.6Mbit/s（测试条件 CQI≥24）
9	HSUPA FTP 平均吞吐率测试（HSUPA 2Mbit/s）	HSUPA Average Throughput > 1.2Mbit/s（在与 HSDPA 测试相同的条件下进行）

➢ 技能能力 

5.2.5 工作任务描述

要求学生以组为单位，合理制订实施计划，完成学院 WCDMA 室外单站的验证测试。具体工作任务要求如下：

1）完成基站基本信息的检查。

2）完成现场定点测试。

3）完成现场路测。

4）完成相关数据文档。

5.2.6 工具、仪器及材料

所需工具、仪器及材料有 Pilot Pioneer 系统软件、测试手机、数据卡、Scanner、GPS、车载逆变器、笔记本计算机、数码相机、罗盘仪和数显倾角仪等。

5.2.7 操作步骤

1. 基站基本信息

1）对学院指定的 WCDMA 基站进行实地勘察和测试，检查基站基本信息并完成表 5-7 所示的基站基本信息表。

2）基站位置信息的确认。

① 具体站址：______________________________，同时给出基站和周围基站电子地图的截图。

② 基站周边描述：______________________________。

③ 覆盖区域描述：______________________________。

表 5-7 基站基本信息表

站名	CI	所属 RNC	LAC	类型	扰码	配置
小区	经度	纬度	挂高	方位角	俯仰角	天线类型
			3			

Sector 1 扇区主体覆盖____；

Sector 2 扇区主体覆盖____；

Sector 3 扇区主体覆盖____。

2. 现场定点测试

（1）语音业务 + HSPA

1）连接测试设备并配置软、硬件测试平台。

2）在每个扇区内选定一个 RSCP≥ -75dBm、Ec/Io≥ -9dB 的测试点，完成 3 个定点 CQT 的测试。

3）语音业务和 HSDPA/HSUPA 在一次测试过程中完成，记录测试 Log 文件。

4）手机锁定测试扇区的扰码，拨打语音测试号码，每次通话时长为 30s，呼叫间隔为 15s，总共拨打 5 次；如果出现未接通或掉话，应间隔 15s 进行下一次试呼。

5）在手机拨打语音电话的同时，使用数据卡做拨号上网，并使用 FTP 做 HSDPA 下载，每次下载的文件为 1Gbit 大小的压缩文档，完整下载 3 次，间隔 20s；如果掉线，也同样间隔 20s 再次进行。使用 3 次的平均速率统计平均值作为测试结果。

6）完成 HSDPA 下载测试后，使用 FTP 做 HSUPA 上传，每次上传的文件为 1Gbit 大小的压缩文档，完整上传 3 次，间隔 20s；如果掉线，也同样间隔 20s 再次进行。使用 3 次的平均速率统计平均值作为测试结果。

7）根据测试结果填写表 5-8 所示的单站 CQT 测试表。

（2）视频电话业务 + PS384

1）连接测试设备并配置软、硬件测试平台。

2）在每个扇区内选定一个 RSCP≥ -75dBm、Ec/Io≥ -9dB 的测试点，完成 3 个定点 CQT 的测试。

3）视频电话业务和 PS384k 上传/下载在一次测试过程中完成，记录 Log 文件。

4）手机锁定测试扇区的扰码，拨打视频电话，每次通话时长为 30s，呼叫间隔为 15s，总共拨打 5 次；如果出现未接通或掉话，应间隔 15s 进行下一次试呼。

5）在手机拨打视频电话的同时，使用数据卡做拨号上网，并使其锁定 R99 only，使用 FTP 做 PS384k 下载，每次下载的文件为 1Mbit 大小的压缩文档，完整下载 3 次，间隔 20s；如果掉线，也同样间隔 20s 再次进行。使用 3 次的平均速率统计平均值作为测试结果。

6）完成 PS384k 下载测试后，使用 FTP 做 PS384k 上传，每次上传的文件为 1Mbit 大小的压缩文档，完整上传 3 次，间隔 20s；如果掉线，也同样间隔 20s 再次进行。使用 3 次的平均速率统计平均值作为测试结果。

7）根据测试结果填写表 5-8 所示的单站 CQT 测试表。

表 5-8 单站 CQT 测试表

基站名称	CI	主扰码	测试点	经度	纬度	上行 RSSI /dBm	RSCP /dBm

Ec/Io /dB	语音			可视电话			PS384k(DL)/ kbit · s^{-1}	PS384k(UL)/ kbit · s^{-1}	HSDPA/ kbit · s^{-1}	HSUPA/ kbit · s^{-1}
	主/被叫次数	接通次数	通话质量	主/被叫次数	接通次数	通话质量				

注：1. 语音通话质量填写良好、噪声、单通、断续和回音等。

2. 可视电话通话质量填写良好或问题简单描述，如马赛克和刷新慢等。

3. R99/HSDPA/HSUPA 填写平均速率。

3. 现场路测

1）连接测试设备并配置软、硬件测试平台。

2）扫频仪锁在当前基站 3 个扇区的扰码上，扫描扰码的 CPICH Ec 和 Ec/Io。

3）拨打语音电话（AMR12.2K）并保持通话。如果发生掉话，隔 15s 再次拨通并保持通话。通话在测试结束后正常挂断。

4）记录测试 Log 文件，扫频测试和语音业务在 1 次测试过程中完成。

5）测试路线需要考虑能够给出基站的覆盖范围，至少 200m 左右距离内，顺时针和逆时针方向各测 1 圈，测试路线尽量不要重复，RSCP 强（≥75dBm）、中（－75 ~ －95dBm）、弱（≤95 dBm）的测试点尽量均匀采集。如果采样值强、中、弱不全，需要扩大测试覆盖范围，以便找到覆盖边缘，进一步判断覆盖范围是否合理。

6）根据测试数据给出 RSCP、Ec/Io 等参数的统计。

5.2.8 任务单

任 务 单

任务名称	单站验证测试	学时		班级	
学生姓名		学生学号		任务成绩	
实训材料	参阅 5.2.6 节	实训场地		日期	
工作任务	WCDMA 室外单站的验证测试				
任务目的	1）掌握单站验证的基本原理、规范和有关 WCDMA 系统的性能指标。 2）在实施任务的过程中，掌握测试软、硬件设备和仪器的使用方法。 3）掌握单站验证测试的基本步骤、操作规范和评价标准。 4）培养学生团队合作、爱护工具、爱岗敬业、吃苦耐劳的精神，加强安全意识。				

（续）

（一）资讯
资讯引导： 1）收集并分析待测站点的有关信息。 2）查看实训软、硬件产品说明书，分组讨论，深入了解设备、工具和仪器的性能指标。 3）按小组分析各组任务，按照工作任务总结涉及到的相关知识和技能。 4）认真分析单站验证测试中有关的 WCDMA 系统参数和指标。
（二）决策与计划
（三）实施
（四）检查（评价）

5.2.9　考核标准

考 核 标 准

序号	工作过程	主要内容	评分标准	配分	学生（自评）		教师	
					扣分	得分	扣分	得分
1	资讯（10 分）	任务相关知识查找	查找相关知识，该任务知识掌握度达到 60%，扣 5 分	10				
			查找相关知识，该任务知识掌握度达到 80%，扣 2 分					
			查找相关知识，该任务知识掌握度达到 90%，扣 1 分					
2	决策、计划（10 分）	确定方案编写计划	制订整体设计方案，在实施过程中修改一次，扣 2 分	10				
			制订实施方法，在实施过程中修改一次，扣 2 分					
3	实施（10 分）	记录实施过程步骤	实施过程中，步骤记录不完整度达到 10%，扣 2 分	10				
			实施过程中，步骤记录不完整度达到 20%，扣 3 分					
			实施过程中，步骤记录不完整度达到 40%，扣 5 分					

（续）

序号	工作过程	主要内容	评分标准	配分	学生（自评）		教师	
					扣分	得分	扣分	得分
4	检查、评价（60 分）	基站基本信息	基站基本信息错误，一处扣 1 分	10				
			基站位置描述不当，一处扣 1 分					
			软、硬件设备操作不正确，一处扣 1 分					
		现场定点测试	测试点选择不当，一处扣 2 分	20				
			软、硬件设备操作不正确，一处扣 1 分					
			测试结果存在偏差，一处扣 1 分					
		现场路测	路测线路规划不当，扣 5 分	20				
			软、硬件设备操作不正确，一处扣 1 分					
			测试结果存在偏差，一处扣 1 分					
		文件与报告	相关文件不完整，扣 5 分	10				
			输出统计不完整，扣 5 分					
5	职业规范、团队合作（10 分）	安全文明生产	违反安全文明操作规程，扣 3 分	3				
		组织协调与合作	团队合作较差，小组不能配合完成任务，扣 3 分	3				
		交流与表达能力	不能用专业语言正确流利地简述任务成果，扣 4 分	4				
合计				100				

学生自评总结			
教师评语			
学生签字	年　月　日	教师签字	年　月　日

5.2.10　知识能力测试

1）比较 CS12.2K、CS64K、PS384K、HSPA 等业务的区别。

2）简述单站验证的主要内容。

3）查阅相关资料，给出在单站验证中主要关注的系统参数和指标。

任务 5.3　室内覆盖系统测试

教 学 目 的

知识能力：掌握室内覆盖系统测试的原理、内容以及有关测试规范。

技能能力：掌握 Walktour 系统的操作和配置的方法，利用 Pilot Pioneer 或 Walktour 系统完成有关业务的测试和统计。

社会能力：培养学生分析问题、解决问题的能力。培养学生的沟通能力及团队协作精神。

➢ 知识能力

5.3.1　室内覆盖系统

室内覆盖系统是针对室内用户群解决建筑物内移动通信网络的覆盖、容量、质量问题的一种方案。室内覆盖是移动通信网络在建筑物内部的延伸，是提高网络覆盖广度和深度、吸收室内话务和提高通信质量的有效手段，同时也是提高网络容量的有效解决方案。据统计，3G 系统室内话务量占总话务的 70% 左右。由于 3G 更侧重于数据业务，而数据业务更多发生在室内，因此室内覆盖的好坏将直接影响到 3G 系统的网络质量。

在 3G 系统中引入室内覆盖有以下作用：首先通过引入室内覆盖克服建筑屏蔽，填补建筑物内的盲区，改善网络指标，扩充网络容量；其次，可以解决高层建筑导频污染严重、信号干扰大的问题；通过室内覆盖增强信号覆盖，吸纳话务量，可以增加话费收入，提高网络的竞争力。

室内覆盖系统主要由信号源和信号分布系统两部分组成。信号源包括 Node B、Micro Node B、射频远端和直放站等设备。室内分布系统主要有无源分布、有源分布、光纤分布和泄漏电缆 4 种分布方式。

1. 信号源

在室内信号较弱或覆盖盲区的环境中，如果覆盖区域面积较小，有明显的主控小区，可考虑采用直放站作为室内分布系统的信号引入。例如，对于隧道、地铁车站、地下商场、地下酒吧等餐饮娱乐场所及其他信号屏蔽严重的场所，可以考虑用室内直放站引入基站信号，但必须考虑基站的容量和直放站对室外覆盖干扰产生的容量下降等问题。

对于大型建筑，如星级宾馆和写字楼等，由于室内用户集中，话务量较高，可以考虑通过建设微蜂窝室内分布系统来承担室内的部分话务量，改善用户通信质量，同时避免由于室内用户的高功率发射而引起室外网络的容量下降。

对于话务容量需求量大的特大型场所，如商场、机场、展览中心和会议中心等场所，宜采用宏蜂窝基站作室内分布系统的信号源。

对于一些设计线缆较长的场所，可以考虑采用射频拉远（RRU）设备来减少线缆的损耗，从而减少因线缆损耗而增加的干放，保证高质量的覆盖效果。

2. 室内分布系统

(1) 无源分布方式　无源分布通过无源器件和天线、馈线将信号传送和分配到室内所需环境，以实现良好的信号覆盖。由于没有有源设备的故障点，所以故障率低，可靠性高，几乎不需要维护，且容易扩展，但信号在馈线及各器件中传递时产生的损耗无法得到补偿，因此覆盖范围受信源输出功率影响较大。信源输出功率大时，无源系统可应用于大型室内覆盖工程，如大型写字楼、商场和会展中心等；信源输出功率较小时，无源系统可应用于小范围区域覆盖，如小的地下室和超市等。

(2) 有源分布方式　有源分布通过有源器件（如有源集线器、有源放大器、有源功分器和有源天线等）和天馈线进行信号放大和分配。有源系统中的有源设备可以有效补偿信号在传输中的损耗，从而延伸覆盖范围，受信号源输出功率影响较小。有源系统可广泛应用于各种大中型室内覆盖系统工程。

(3) 光纤分布方式　光纤分布采用光纤作为传输介质，由覆盖端（主单元、接口单元）、远端覆盖单元、天线、光分/合路器件组成。由于光纤损耗小，适合于长距离传输，该系统广泛应用于大型写字楼、酒店、地下隧道和居民楼等室内覆盖系统的建设。

(4) 泄漏电缆分布方式　信号源通过泄漏电缆传输信号，并通过电缆外导体的一系列开口在外导体上产生表面电流，从而在电缆开口横截面上形成电磁场，这些开口就相当于一系列的天线，起到信号的发射和接收作用。它适用于公路隧道、过江隧道、地铁和地下长廊等环境。

5.3.2 测试内容与要求

1. 测试内容

室内覆盖系统测试主要包括基本业务测试、覆盖测试、切换测试、干扰测试和话音 CQT 5 部分。室内覆盖系统测试内容见表 5-9。

表 5-9　室内覆盖系统测试内容

序　　号	测试项目	测试类别	测试说明
1	基本业务测试	CS12.2K	步测，测试掉话率、接入成功率、误码率等指标
		CS64K	步测，测试掉话率、误码率、接入成功率等指标
		PS384K	步测，测试边缘吞吐率、平均吞吐率、误块率等指标
		HSDPA	步测，测试边缘吞吐率、平均吞吐率、误块率等指标
		HSUPA	步测，测试边缘吞吐率、平均吞吐率、误块率等指标
2	覆盖测试	导频覆盖测试	步测
3	切换测试	室内外切换 CS12.2K	步测
		室内外切换 CS64K	步测
		电梯内外切换 CS12.2K	步测
		电梯内外切换 CS64K	步测
		地下停车场内外切换 CS12.2K	步测
		地下停车场内外切换 CS64K	步测
4	干扰测试	本系统内部的干扰	后台统计
		室内/外的干扰	步测
5	话音 CQT	话音质量	步测

2. 测试要求

1）步测时，测试步行速度应该适中、迈步应均匀（一般步速控制在 50 步/min 以内）。

2）测试的路径一定要全面，保证每个天线覆盖的范围都要测试，不能测试的区域要在报告中说明情况。

3）楼层在 10 层（含 10 层）以下的测试间隔为 2 层；楼层在 10 层以上 20 层（含 20 层）以下的测试间隔为 3 层；楼层在 20 层以上的测试间隔为 5 层。具体在测试中应保证地下楼层、一楼大厅及顶层必测，如果楼层较高，可以适当增加调整测试密度。电梯进出、大堂进出、高层窗边为测试的重点，应加大这些位置区的测试频度，在开展对这些区域的测试时，应更加小心谨慎，保证测试质量。

4）每部电梯均要测试，由电梯覆盖的最高层到最低层，或由最低层到最高层。从进入电梯前开始记录，到出电梯进入电梯厅后停止。

5）在打点记录测试路径轨迹时，应严格依据上北下南、左西右东的规则对应记录测试位置的真实方向。记录路径的长度应按照比例进行对等均衡分配。对于可以导入楼层平面图的，应该导入楼层平面图。

6）对于测试 Log 文件，应进行统一规范的编号，以保证能方便地处理后续数据。编号统一采用如下：场景名称 + 测试建筑物名称 + 楼层号（如果有楼层） + 业务 + 测试次数 + 测试时间（精确到分）。

5.3.3 Walktour

Walktour N85 是一种便携式无线网络测试系统，如图 5-34 所示。它基于 Symbian 智能操作系统，全面支持测试或监控 GSM/GPRS/EDGE/UMTS/ HSDPA 网络无线空口数据和用户服务质量。它支持室内分布和 CQT，同时也可使用连接 GPS 实现室外 DT。测试时无需外接测试设备，仪表小巧便携，与传统路测相比，可以在某些传统路测设备无法起作用的场所或建筑物内实现测试，极大地方便了现场测试人员。采用 Walktour N85 进行室内测试的基本操作流程如图 5-35 所示。

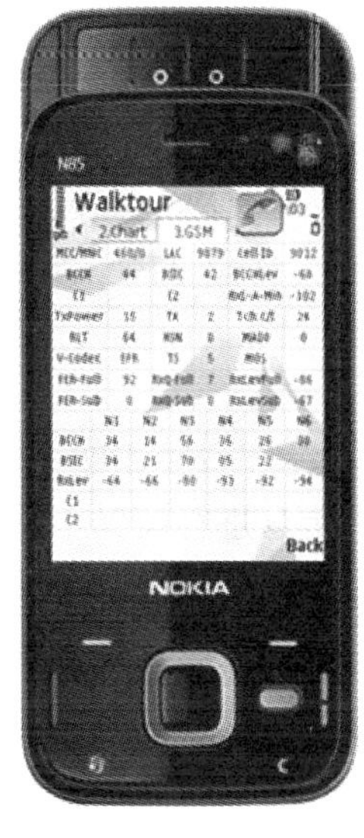

图 5-34 Walktour N85

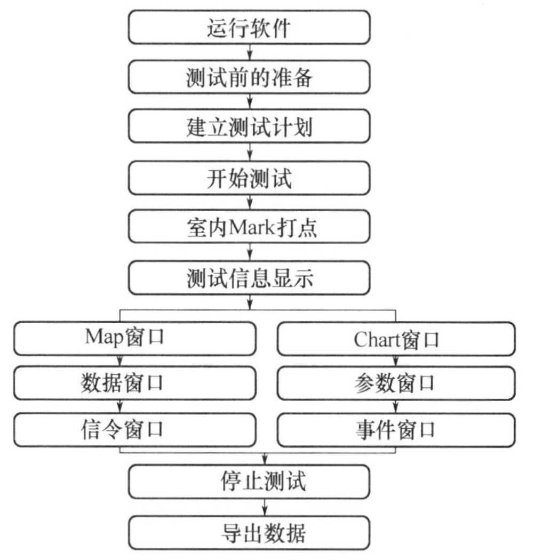

图 5-35 采用 Walktour N85 进行室内测试的基本操作流程

1. 打开 Walktour

Walktour 测试软件内置在 N85 手机中，可通过选择 N85 手机中“菜单键→主菜单→应用程序→Walktour 图标”的方式；或使用方向键选择 N85 手机主屏上的 Walktour 快捷图标，调用 WalkTour 测试软件。Walktour 主界面和操作按键如图 5-36 所示。

图 5-36　Walktour 主界面和操作按键

2. 系统设置

在进行有关语言、数据等业务的测试前，需对手机和测试软件进行相关设置。

1）当采用两部 N85 手机执行主被叫互拨测试之前，两部手机必须进行时间同步，便于后续对数据进行主被叫关联分析和统计。可通过“Walktour 主菜单→常规设置→同步时间工具”完成。

2）如果需进行 FTP 数据业务测试，测试前需检查拨号 APN 选项“N85 主菜单→工具→设置→连接→承载方式→互联网”，如无当前网络的 APN 或需输入特定 APN，则单击“选项”进行编辑、新增。其次，通过“Walktour 主菜单→系统设置→Internet 接入点”配置数据业务接入点。

3）有关 FTP 上传/下载服务器，可通过“Walktour 主菜单→系统设置→FTP 分页→左下角‘选项’→添加新的服务器”，对 FTP 服务器名称和 IP 地址等信息进行配置。

4）配置本机手机号码，通过“Walktour 主菜单→系统设置→常规”，将本机手机号码输入到本机号码中。

5）进行多楼层室内分布测试，需要预定义楼层关系图。预定义楼层与地图关系可通过“Walktour 主菜单→系统设置→室内配置分页→添加建筑物→配置建筑物流程→添加楼层→配置楼层地图”的步骤完成地图配置。预定义楼层与地图关系如图 5-37 所示。

如果不需室内 Mark 打点或者习惯每次测试前导入指定室内地图，可以略过此步操作。

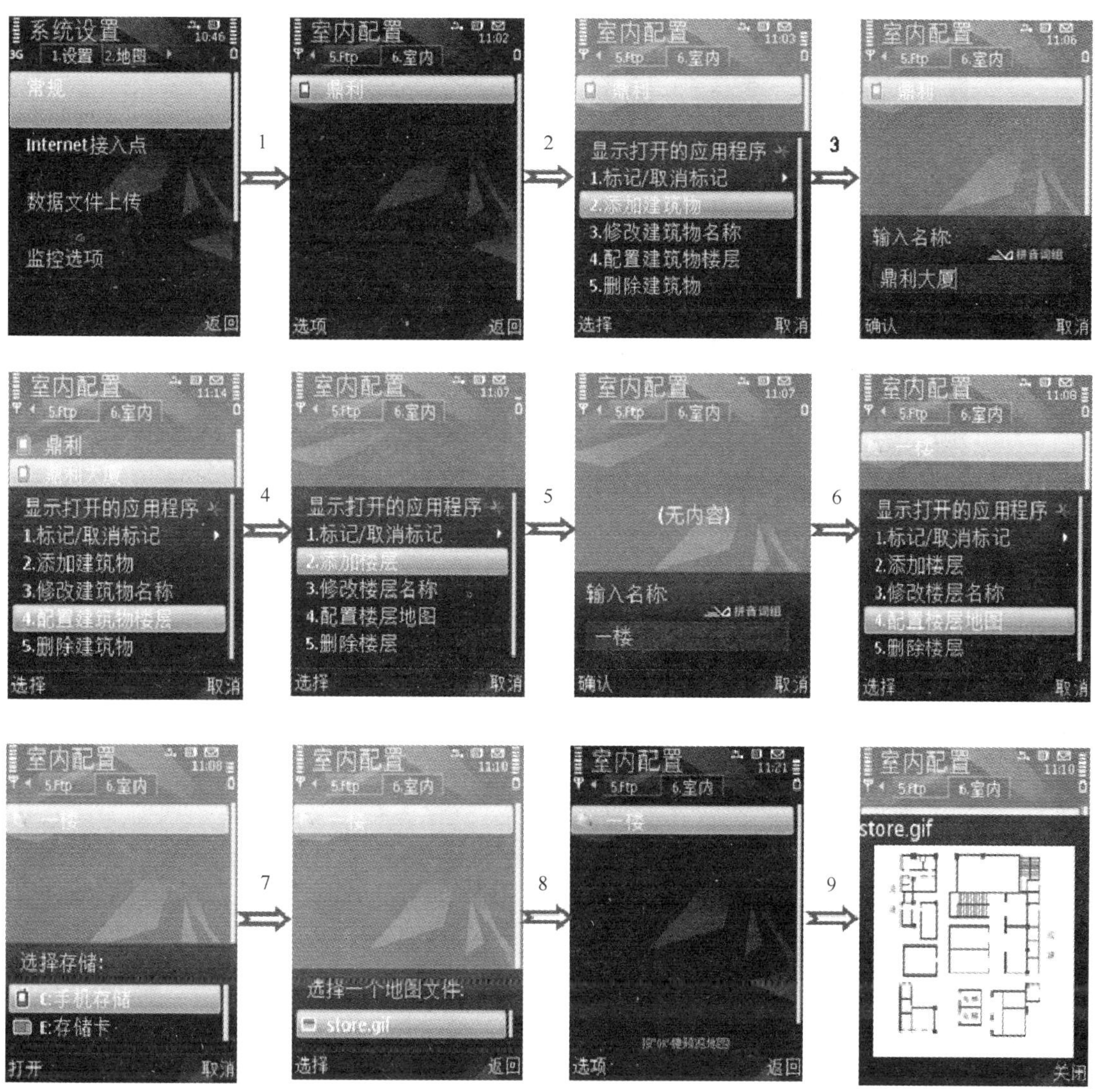

图 5-37　预定义楼层与地图关系

3. 测试模板配置

与 Pilot Pioneer 测试相同，在开始测试任务前必须对测试模板进行配置，通过“Walktour 主菜单→测试任务”进入配置选型。由图 5-38 可看出 Walktour 提供了空闲测试、拨打测试、数据测试和增值业务 4 大类测试任务。

（1）拨打测试　拨打测试选项中提供有语音通话 CS12.2K 和视频电话 CS64K 两种配置模板。语音模板的配置如图 5-39 所示。以语音通话测试模板为例，图 5-39 所示的各选项的含义如下。

重复次数：测试次数；呼叫类型：手机作为主叫或被叫（MOC/MTC）；呼叫号码：被叫号码；语音评估测试：MOS；连接时间：呼叫建立超时时长，超过该时长且未接通，则自动挂断，进行下一次呼叫；持续时间：通话持续时间；每次间隔：两次通话间隔时间。

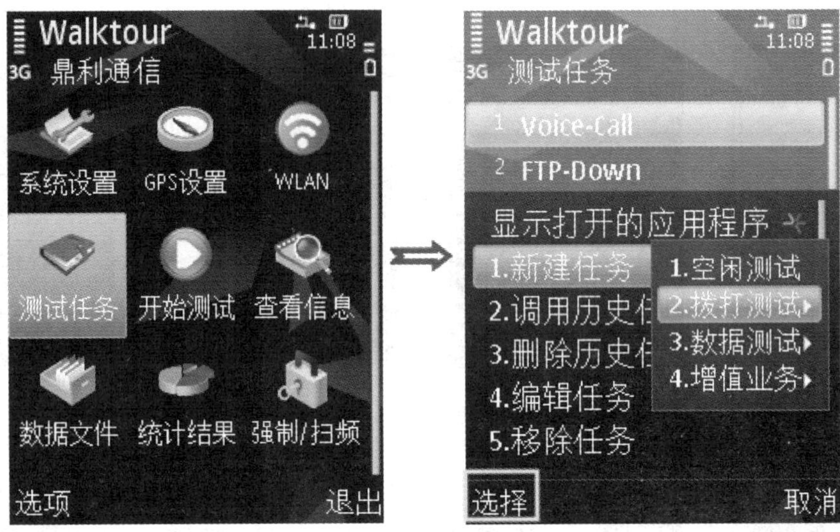

图 5-38　测试任务页面

当需要两部手机完成主/被叫互拨测试时，被叫手机的“呼叫类型”设置为 MTC，其他设置同主叫手机模板设置。需要注意的是测试顺序：开始测试时，被叫手机先执行测试计划，之后主叫手机再执行测试计划。

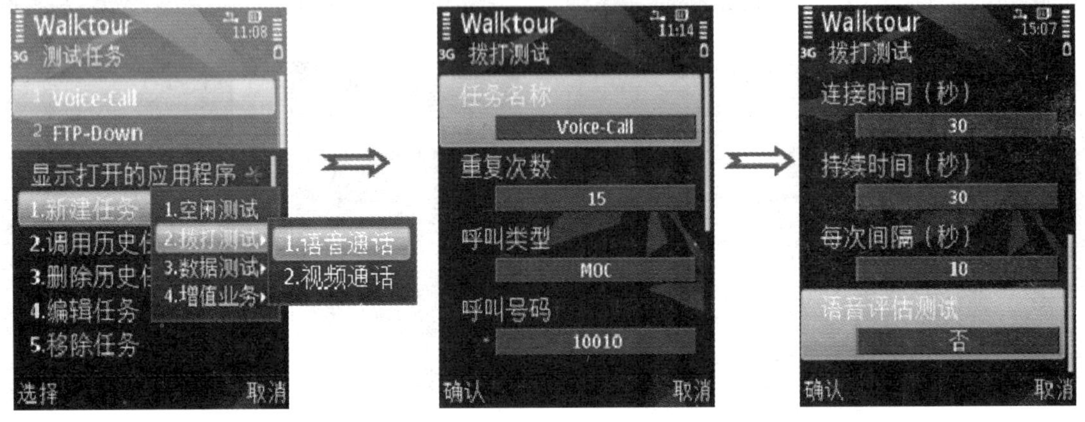

图 5-39　语音模板的配置

（2）并发业务测试　在 WCDMA 系统下，Walktour 提供了并发业务测试。可以选择将语音业务和任何已建立的 FTP、HTTP、WAP 或 Email 等业务计划并发进行。在语音业务模板中设置“并发数据业务”项，选择并发业务类型即可自动设定并发关系。并发业务测试设置如图 5-40 所示。

（3）数据测试　Walktour 提供有多种数据测试模板。下面以 FTP 下载为例说明配置方法。选择“数据测试→FTP 下载”进入配置页面。FTP 下载模板的配置如图 5-41 所示，其中各选项的含义如下。

重复次数：测试次数；FTP 服务器：选择下载服务器；下载文件：下载目标文件的路径和文件名称；下载限时：超过该时间停止下载；每次间隔：两次下载间隔；无响应时间：在该时长内连接不上 FTP 服务器，则断开 PPP，开始下一次下载测试；每次断开网络：是否在每次下载完成后断开 PPP；被动模式：Passive 模式或 Port 模式；多线程下载：是否选择多线

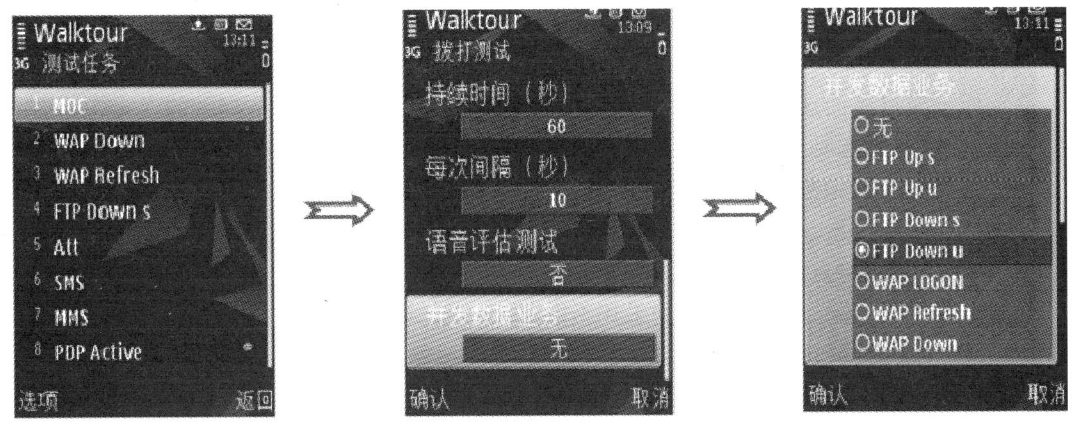

图 5-40　并发业务测试设置

程下载模式。

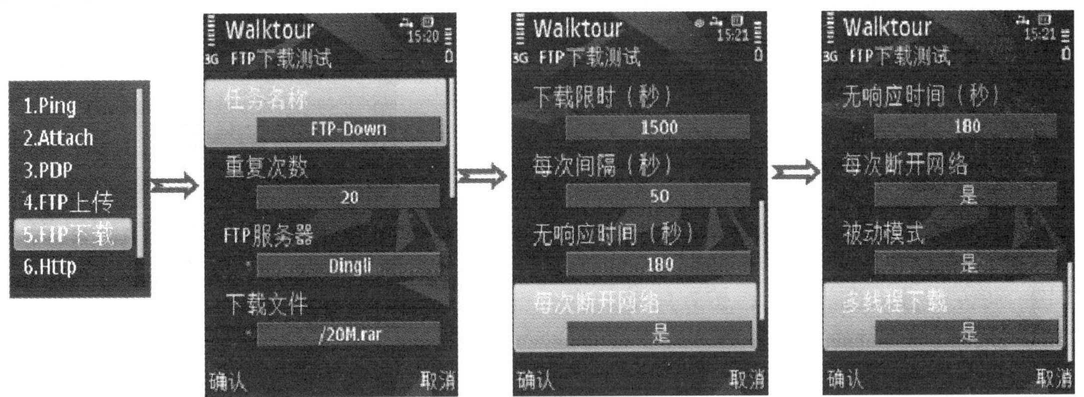

图 5-41　FTP 下载模板的配置

4. 开始测试

测试模板配置完成后，返回 Walktour 主菜单，选择“开始测试”，执行测试计划，系统自动进入图 5-42 所示的测试信息界面。

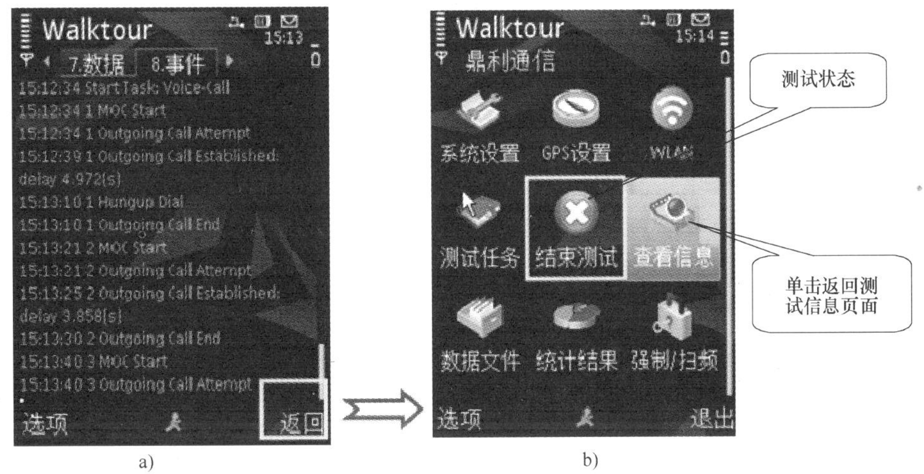

a)　　b)

图 5-42　测试信息界面

1）按屏幕下方的左右方向键，切换不同的显示页面。例如，图 5-42a 当前显示为“事件”页面信息。

2）任一窗口界面选择屏幕右下角的“返回”，则退回到图 5-42b 所示的 Walktour 主菜单，此时可对其他选项进行操作。

3）选择“查看信息”再次进入测试信息查看界面，单击“结束测试”结束当前测试任务。

5. 室内 Mark 打点操作

进行室内覆盖系统测试时，无法采用 GPS 进行测试定位，需采用 Mark 打点的方式在室内地图上标注测试点和测试路径。具体操作方法如下。

（1）地图操作　图 5-43 所示为地图操作。选择“加载地图”选项，其中“常规地图”可手工添加地图，“室内地图”为预定义楼层地图。

（2）打点操作　开始测试之前，按方向键的中心键打点均为浅色的预定义 Mark 点；开始测试之后，按方向键的中心键则会按照预定义 Mark 点进行连线，Mark 标记点变为深色；预定义点标记完成后，自动切换至实际打点模式，此时可继续进行 Mark 打点连线。Mark 打点效果如图 5-44 所示。

开始测试之后，按键打点均为实际 Mark 点。按键盘上的 <#> 键，切换到地图 Mark 打点模式。按左右方向键，可左右移动当前光标；按方向键的中心键，在地图窗口光标处对应标记 Mark 点。

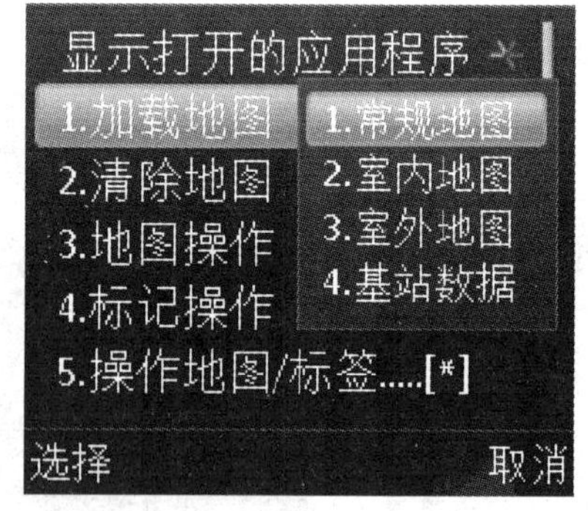

图 5-43　地图操作

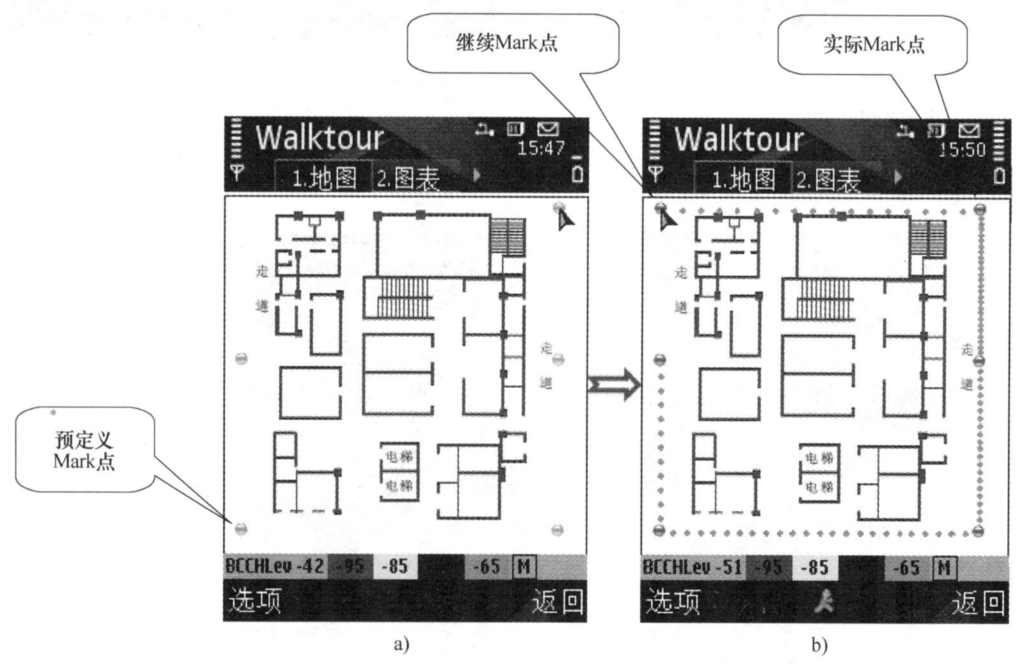

图 5-44　Mark 打点效果

6. 数据的保存

测试完成后，Walktour 会自动保存数据。等测试计划执行完毕后，系统显示测试完成信息，如图 5-45 所示。事件列表会报告“Test Finished”。此时，Walktour 会自动停止测试，数据会自动存储在指定目录。如果需中途停止测试，则在任一测试信息页面（如事件页面等）单击“返回”，退到 Walktour 主菜单界面，单击“停止测试”即可。

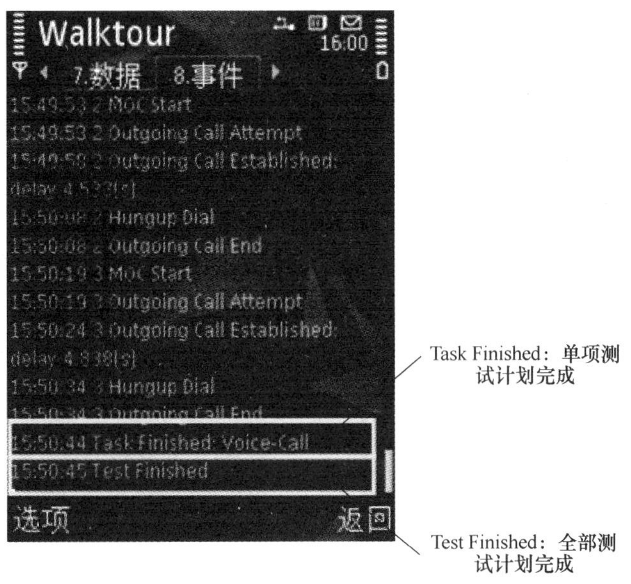

图 5-45　测试完成信息

Walktour 数据的存储位置是可以自定义的，通过“Walktour 软件→系统配置→常规→存储位置”，可以选择手机或者外置存储卡。

（1）手机存储目录

1）工程测试数据：手机存储（C:）→Data→Walktour→Test。

2）监控模式数据：手机存储（C:）→Data→Walktour→Monitor。

3）室内测试数据：手机存储（C:）→Data→Walktour→Indoor。

（2）外置存储卡目录

1）工程测试数据：存储卡（E:）→Data→Walktour→Test。

2）监控模式数据：存储卡（E:）→Data→Walktour→Monitor。

3）室内测试数据：存储卡（E:）→Data→Walktour→Indoor。

7. 数据导出

如果需将测试数据导出，可参照如下方法：

1）安装 Nokia PC 套件程序。

2）用数据线连接 N85 手机和 PC。

3）通过“Walktour 主菜单→系统设置→常规→存储位置”查看图 5-46 所示的数据存储路径。

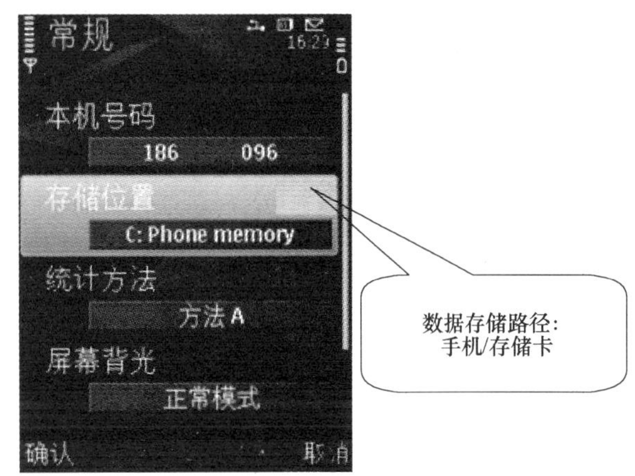

图 5-46　数据存储路径

4）Walktour 测试数据文件扩展名为“＊. rcu”，文件名自动按照测试时间命名，并分别按照 Test、Monitor、Indoor 文件夹分类存储。

5）将对应测试数据复制到 PC 中，可使用后台分析软件 Navigator 进行统计和分析。

8. 强制功能

Walktour 提供有强制功能。在 Walktour 主菜单中单击强制/扫频一项，进入强制/扫频页面，如图 5-47 所示。单击该页面中的选项，弹出各种强制功能菜单。

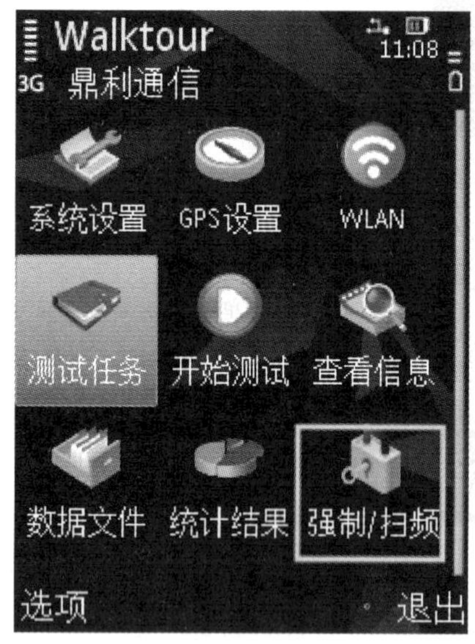

a)

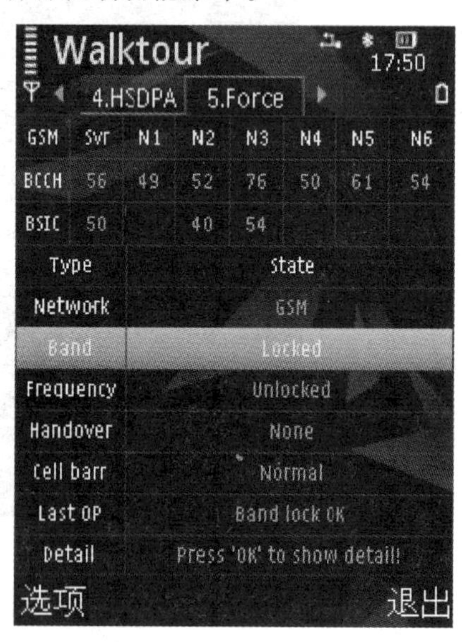

b)

图 5-47　强制/扫频页面

（1）锁频点　当前处于 WCDMA 网络，切换到 Force 分页；单击菜单“选项”，选择“锁定频点→锁定 WCDMA”；频点锁定设置如图 5-48 所示，在弹出的对话框中可输入 WCDMA 频点和主扰码，如 10813、113。

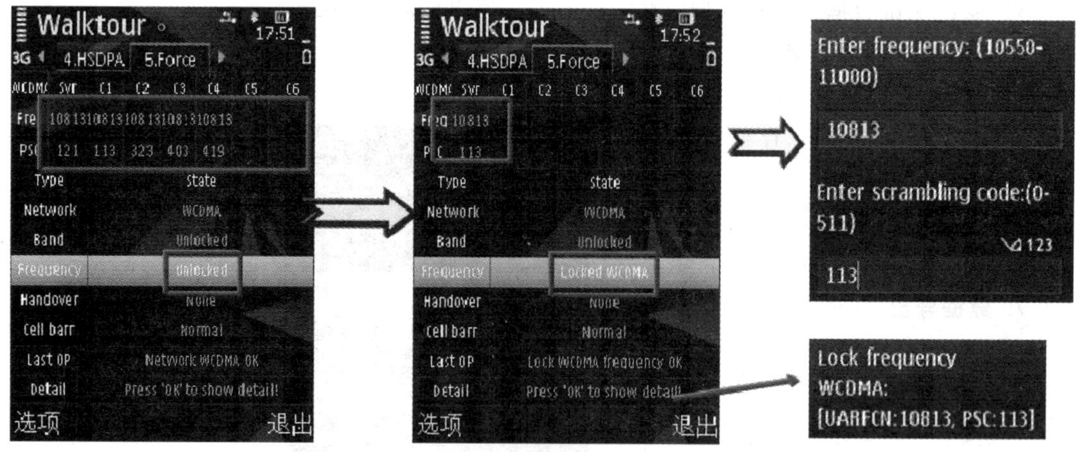

图 5-48　频点锁定设置

（2）强制切换　当前处于 WCDMA 网络，切换到 Force 分页；单击菜单“选项”，选择“强制切换→锁定 WCDMA”；强制切换设置如图 5-49 所示。在弹出的对话框中输入 WCDMA 频点和主扰码，如 10813、121。

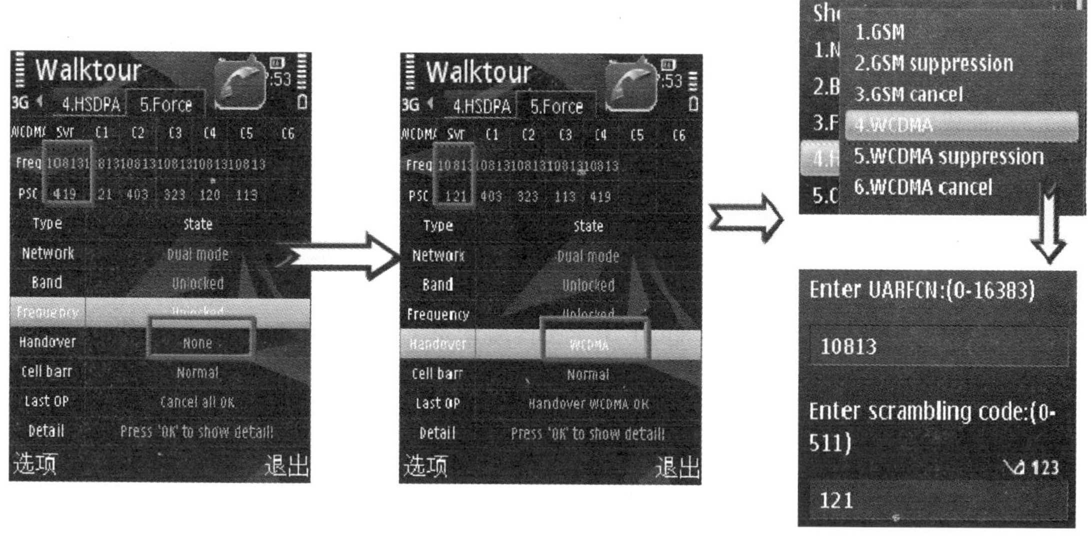

图 5-49　强制切换设置

9. 数据统计

Walktour 提供有简单的数据统计功能，可对任务、事件和参数进行统计，如图 5-50 所示。统计任务，软件会对应用业务的每个指标进行统计，如接通率、掉话率、掉线率、时延和平均速率等；统计事件，软件会对软件运行时发生的网络事件进行统计，如切换成功率、切换失败次数和位置更新次数等；统计参数，软件会对部分主要参数进行均值、最大值和最小值的统计。

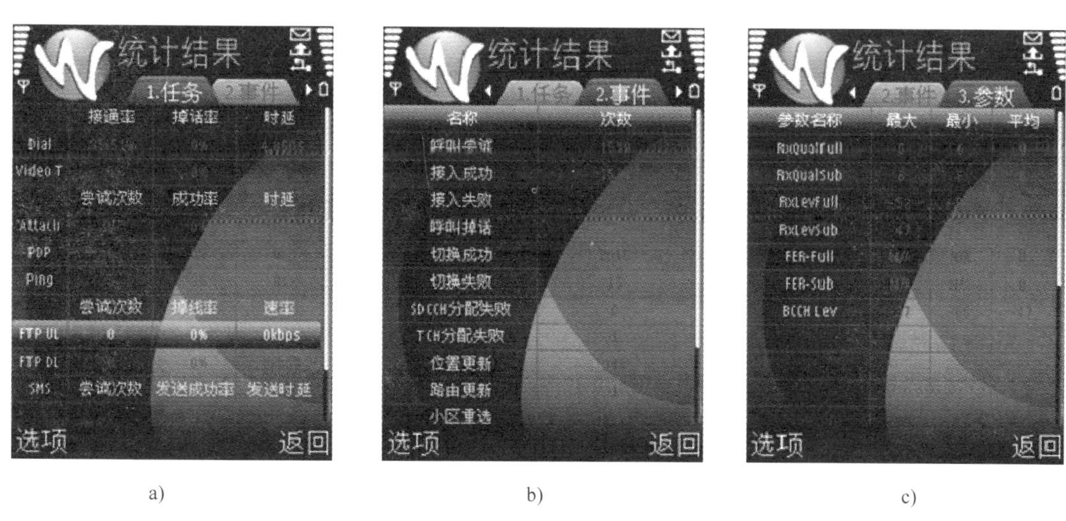

a)　　b)　　c)

图 5-50　数据统计功能

➢ 技能能力

5.3.4　工作任务描述

要求学生以组为单位，合理制订实施计划，完成指定建筑物 WCDMA 室内覆盖系统的测试，具体工作任务要求如下：

1）完成室内覆盖系统语音、视频和 FTP 业务的测试。

2）完成室内覆盖测试。

3）完成室内外切换测试。

4）完成室内信号外泄测试。

5）完成相关数据文档。

5.3.5 工具、仪器及材料

常用工具、仪器及材料有 Walktour N85 便携测试系统、Pilot Pioneer 系统软件、测试手机、数据卡、Scanner、GPS、测试笔记本计算机和室内平面图等。

5.3.6 操作步骤

1. 测试要求

1）各组根据指导教师指定的待测室内覆盖系统对相应建筑物进行勘察，获取室内覆盖系统的信息，确定测试楼层、测试路线和测试点。

2）有关测试内容要求采用 Walktour N85 便携测试系统或 Pilot Pioneer 测试系统完成。两种测试系统所需的工具、仪器和软、硬件平台等均由各组自行选择，同时向指导教师提交测试设备清单。

3）各组根据指定的室内覆盖系统自行制订测试计划和配置测试模板。

4）测试完成后提交 Log 文件、统计文档、实训报告，并以 PPT 的形式总结本组的测试情况。

2. 覆盖测试

1）连接测试系统，导入室内平面图，设置测试计划，要求测试终端锁定 WCDMA 网络。

2）在手机空闲模式下进行室内步测。测试的路径一定要全面，保证每个天线覆盖的范围都要测试；如有电梯，则电梯内测试需从最低层至最高层，或者从最高层至最低层。

3）测试室内覆盖系统的 CELL-ID、CPICH RSCP 和 CPICH Ec/Io 等数据。记录并统计 CPICH RSCP、CPICH Ec/Io 和覆盖率。

3. 语音测试

1）连接测试系统，导入室内平面图，配置测试模板，要求测试终端锁定 WCDMA 网络、发起语音呼叫采用长呼方式（呼叫接入号码由指导教师给出），进行室内步测。

2）测试的路径一定要全面，保证每个天线覆盖的范围都要测试；如有电梯，则电梯内测试需从最低层至最高层或者从最高层至最低层。

3）记录 CELL-ID、CPICH RSCP、CPICH Ec/Io、BLER、手机发射功率、手机最大发射功率、RTWP、基站业务信道实际发射功率和基站业务信道最大发射功率等数据。统计掉话率、接入成功率和误码率。

4. 视频电话测试

1）连接测试系统，导入室内平面图，配置测试模板，要求测试终端锁定 WCDMA 网络。

2）一部测试手机位于信号较强区域（RSCP ____________ dBm，Ec/Io ____________ dB），测试系统在每个测试点拨打 3 个以上的电话，呼叫间隔为 15s，每个电话呼叫保持 30s 以上。

3）记录 CELL-ID、CPICH RSCP、CPICH Ec/Io 和 BLER 等数据。统计掉话率、接入成功率和误码率。

5. HSPA 测试

1）接好测试系统，导入室内平面图，配置测试模板。上传/下载服务器信息和数据文件由指导教师给出。

2）分别选取室内覆盖远点（RSCP < -85dBm）、中点（-85dBm < RSCP < -75dBm）、近点（RSCP > -65dBm）进行定点测试。3 个测试点分别进行 FTP 数据上传/下载测试。

3）在测试点进行移动状态下的测试，记录 CELL-ID、CPICH RSCP、CPICH Ec/Io、CQI 、BLER 和下载速率等数据。监视实时业务质量，统计平均吞吐量。

6. 室内切换测试

1）接好测试系统，导入室内平面图，配置测试模板，在室内分布系统建筑物的出入口处选择进入或离开建筑物的测试路径。

2）在选择的测试路径上建立 CS12. 2K 语音呼叫，观察测试系统的“信令”和“事件”窗，要求切换次数不得少于 15 次。

3）记录 CELL-ID、CPICH RSCP 和 CPICH Ec/Io 等数据。记录并统计切换尝试次数、切换成功次数、切换成功率、掉话次数和掉话率。

7. 室内信号外泄测试

1）外泄定义：10m 范围内，室内信号强度 > -80dBm；5m 范围内，室内信号 > -70dBm。5m 范围内室内信号强度超过室外信号 10dB 以上，均认为存在外泄。

2）采用拨打 CS12. 2K 语音电话，长呼方式，锁定室内系统扰码，绕建筑物步测 1 圈，测试室外道路的 CELL-ID、CPICH RSCP 和 CPICH Ec/Io 测试。

3）记录并统计室内信号外泄的地理范围和程度。

5.3.7　任务单

任　务　单

任务名称	室内覆盖系统测试	学时		班级	
学生姓名		学生学号		任务成绩	
实训材料	参阅 5. 3. 5 节	实训场地		日期	
工作任务	指定 WCDMA 室内覆盖系统的测试				
任务目的	1）掌握室内覆盖系统测试的基本内容、规范和 Walktour 测试系统的使用。 2）在实施任务的过程中灵活掌握测试系统方法，能够独立制订测试计划。 3）掌握室内覆盖系统测试的基本步骤、操作规范和评价标准。 4）培养学生团队合作、爱护工具、爱岗敬业、吃苦耐劳的精神，加强安全意识。				

（续）

（一）资讯
资讯引导： 1）收集并分析待测室内覆盖系统的有关信息。 2）查看实训软、硬件产品说明书，分组讨论，深入了解设备、工具和仪器的性能指标。 3）按小组分析各组任务，按照工作任务总结涉及到的相关知识和技能。 4）认真分析室内覆盖系统测试中的有关 WCDMA 系统的参数和指标。
（二）决策与计划
（三）实施
（四）检查（评价）

5.3.8　考核标准

考 核 标 准

序号	工作过程	主要内容	评分标准	配分	学生（自评）		教师	
					扣分	得分	扣分	得分
1	资讯（10 分）	任务相关知识查找	查找相关知识，该任务知识掌握度达到 60%，扣 5 分	10				
			查找相关知识，该任务知识掌握度达到 80%，扣 2 分					
			查找相关知识，该任务知识掌握度达到 90%，扣 1 分					
2	决策、计划（10 分）	确定方案编写计划	制订整体设计方案，在实施过程中修改一次，扣 2 分	10				
			制订实施方法，在实施过程中修改一次，扣 2 分					
3	实施（10 分）	记录实施过程步骤	实施过程中，步骤记录不完整度达到 10%，扣 2 分	10				
			实施过程中，步骤记录不完整度达到 20%，扣 3 分					
			实施过程中，步骤记录不完整度达到 40%，扣 5 分					

（续）

<table>
<tr><th rowspan="2">序号</th><th rowspan="2">工作过程</th><th rowspan="2">主要内容</th><th rowspan="2">评分标准</th><th rowspan="2">配分</th><th colspan="2">学生（自评）</th><th colspan="2">教师</th></tr>
<tr><th>扣分</th><th>得分</th><th>扣分</th><th>得分</th></tr>
<tr><td rowspan="14">4</td><td rowspan="14">检查、评价（60 分）</td><td rowspan="3">基本业务测试</td><td>测试路线和测试点选择不当，一处扣 1 分</td><td rowspan="3">20</td><td></td><td></td><td></td><td></td></tr>
<tr><td>测试计划不当，一处扣 1 分</td><td></td><td></td><td></td><td></td></tr>
<tr><td>软、硬件设备操作不正确，一处扣 1 分</td><td></td><td></td><td></td><td></td></tr>
<tr><td rowspan="3">覆盖测试</td><td>测试路线选择不当，一处扣 1 分</td><td rowspan="3">10</td><td></td><td></td><td></td><td></td></tr>
<tr><td>测试计划不当，一处扣 1 分</td><td></td><td></td><td></td><td></td></tr>
<tr><td>软、硬件设备操作不正确，一处扣 1 分</td><td></td><td></td><td></td><td></td></tr>
<tr><td rowspan="3">室内切换测试</td><td>测试路线选择不当，一处扣 1 分</td><td rowspan="3">10</td><td></td><td></td><td></td><td></td></tr>
<tr><td>测试计划不当，一处扣 1 分</td><td></td><td></td><td></td><td></td></tr>
<tr><td>软、硬件设备操作不正确，一处扣 1 分</td><td></td><td></td><td></td><td></td></tr>
<tr><td rowspan="3">室内信号外泄</td><td>路测线路规划不当，扣 1 分</td><td rowspan="3">10</td><td></td><td></td><td></td><td></td></tr>
<tr><td>测试计划不当，一处扣 1 分</td><td></td><td></td><td></td><td></td></tr>
<tr><td>软、硬件设备操作不正确，一处扣 1 分</td><td></td><td></td><td></td><td></td></tr>
<tr><td rowspan="2">文件与报告</td><td>相关文件不完整，扣 5 分</td><td rowspan="2">10</td><td></td><td></td><td></td><td></td></tr>
<tr><td>输出统计不完整，扣 5 分</td><td></td><td></td><td></td><td></td></tr>
<tr><td rowspan="3">5</td><td rowspan="3">职业规范、团队合作（10 分）</td><td>安全文明生产</td><td>违反安全文明操作规程，扣 3 分</td><td>3</td><td></td><td></td><td></td><td></td></tr>
<tr><td>组织协调与合作</td><td>团队合作较差，小组不能配合完成任务，扣 3 分</td><td>3</td><td></td><td></td><td></td><td></td></tr>
<tr><td>交流与表达能力</td><td>不能用专业语言正确流利地简述任务成果，扣 4 分</td><td>4</td><td></td><td></td><td></td><td></td></tr>
<tr><td colspan="4">合计</td><td>100</td><td colspan="2"></td><td colspan="2"></td></tr>
<tr><td colspan="2">学生自评总结</td><td colspan="7"></td></tr>
<tr><td colspan="2">教师评语</td><td colspan="7"></td></tr>
<tr><td colspan="2">学生签字</td><td colspan="2">年　月　日</td><td colspan="2">教师签字</td><td colspan="3">年　月　日</td></tr>
</table>

5.3.9 知识能力测试

1）在室内覆盖系统中，采用直放站和微蜂窝室内分布系统的主要区别是什么？

2）试采用 Walktour N85 便携测试系统完成“任务 5.2 单站验证测试”中的工作任务。

3）查阅相关资料，给出室内覆盖系统测试中主要关注的系统参数和指标。

参 考 文 献

[1] 杜庆波，罗文茂 . 3G 技术与基站工程［M］. 北京：人民邮电出版社，2008.
[2] 魏红，黄慧根 . 移动基站设备与维护［M］. 北京：人民邮电出版社，2009.
[3] 窦中兆，雷湘 . WCDMA 系统原理与无线网络优化［M］. 北京：清华大学出版社，2009.
[4] 张长钢 . WCDMA 无线网络规划原理与实践［M］. 北京：人民邮电出版社，2005.
[5] 刘宝玲，付长东，张铁凡 . 3G 移动通信系统概述［M］. 北京：人民邮电出版社，2008.
[6] 刘建成 . 移动通信技术与网络优化［M］. 北京：人民邮电出版社，2009.
[7] 王莹，刘宝亮 . WCDMA 无线网络规划与优化［M］. 北京：人民邮电出版社，2007.
[8] 通信建设监理培训教材编写组 . 通信工程监理实务［M］. 北京：人民邮电出版社，2006.